JN492463

베이직 맨즈 컷 프로

BASIC MEN'S CUT PRO

저자 프로필

이 재 숙
- 광주여자대학교 미용과학과 교수
- 미용기능장, 이용기능장

김 용 순
- 루디아 헤어 디자인 아카데미 원장
- 대전보건대학교 겸임교수
- 前) 광주여자대학교 미용과학과 겸임교수
- 미용기능장, 이용기능장

전 소 리
- 서경대학교 외래교수
- 前) 광주여자대학교 미용과학과 겸임교수
- 미용기능장, 이용기능장

문 소 희
- (주)코아띠 산업현장교수
- 청암대학교 겸임교수
- 前) 광주여자대학교 미용과학과 외래교수
- 現) 호남대학교 뷰티미용학과 전임교수

머리말

인간의 몸을 주제로 하는 헤어디자인은 특별한 철학적 관점을 지향하게 된다. 철학적 지향점은 시대적 특징을 수용하고 인간의 행동 양식과 그 시대를 규정하는 미학이며, 이러한 미학이 하나의 흐름을 만들어 한 세대의 트렌드가 되어 왔음을 역사 속에서 볼 수 있다.

헤어디자인은 인체에 심미적, 실용적, 예술적, 문화적 가치를 부여하는 제요소들을 종합하여 개인의 개성에 가장 적합한 특성을 창출하는 지적 조형활동으로 정의된다.

따라서 헤어디자인은 얼굴을 비롯한 신체적 조건과 그에 따른 이미지를 가장 심미적으로 표현할 수 있는 미용인의 능력에 의해 창출되는 창조활동이다.

현대 남성들이 자신만의 개성을 연출하기 위해 얼굴과 신체적 조건에 따른 이미지를 자신이 원하는 심미적 이미지로 이해하고 표현하고자 한다. 이처럼 자신만의 열굴형과 신체조건에 대한 이미지를 보완하고 강조하기 위한 중요한 방법 중 하나가 헤어스타일이다.

현대의 디자인은 다양성을 수용하기에 헤어디자인 역시 개성을 표출하면서도 다양성과 열림을 추구하는 예술로서 발전하고 있다. 이에 따라 현대 헤어디자인은 예술 감성을 신체를 통해 구체적으로, 그러면서도 심미성을 추구하는 표현양식으로 발전하였다.

외모가 곧 경쟁력인 시대에, 급변하는 트렌드에 맞춰 자신을 가꾸는데 아낌없이 투자하는 남성들이 크게 늘면서 남성 뷰티 시장은 고속성장하고 있다.

여성만 꾸미던 시대가 아니라 자신을 가꾸는 남성, 이른바 그루밍족이 보편화되면서 남성의 '그루밍'을 위한 공간으로 남성 전문미용실인 바버샵 또한 크게 증가하고 있다.

본 교재는 남성커트에 입문한 학생부터 남성 디자인 헤어커트를 공부하는 취업준비생, 이용사 자격증 준비생, 현장에서 고객의 패션타입을 진단하고 고객의 이미지 연출을 위해 남성 디자인 커트를 연구하는 헤어디자이너까지 도움이 되도록 구성하였다.

본서는 기본 베이직을 중심으로 한 베이직 스타일과 쉽고 실용적인 살롱 디자인커트, 이용사 국가자격증 내용까지 전문성 있는 미용인이 될 수 있는 필요한 내용으로 구성하였다.

취업과 창업에 필수 코스인 남성 헤어 커트 교재를 준비함으로써 현장에 있는 분들에게는 당당한 자신감을, 학생들에게는 사회 첫 출발을 좀 더 자신감있게 준비시키고자 한다.

바쁜 일정가운데서도 마음을 합하여 교재의 완성도를 높여준 공동 집필자와 촬영에 도움을 주신 최동하 사장님, 이 교재가 출판될 수 있도록 배려해 주신 도서출판 구민사 조규백 사장님과 직원 여러분께 진심으로 감사드린다.

저자 일동

Contents

제1장 이론편

제2장 실기편

Contents

제3장 자격증편

제1장 이론편

BASIC MEN'S CUT PRO

1. 남성 헤어커트의 이해

(1) 이용의 개념

미용은 여성의 용모를 아름답게 가꾸는 것을 의미한다면, 이용은 남성의 용모를 단정하게 한다는 의미로서 머리카락이나 수염을 정돈하는 일을 의미한다.
과거 남성 커트는 머리을 깎는다는 '이발'을 의미하였다면 현대는 디자인을 고려한 남성 디자인 헤어 커트라는 포괄적인 의미를 가진다. 1986년 제정된 공중위생법에서는 이용업을 〈손님의 머리카락 및 수염을 깎거나 다듬는 등의 방법으로 손님의 용모를 단정하게 하는 영업〉이라고 정의하고 있다.

현재의 바버샵의 바버(Barber)는 라틴어의 턱수염(Barba)에서 유래된 말로 이발사란 뜻을 지닌다.

(2) 이용의 역사

1) 서양 이용의 역사

이용의 역사는 B.C(서기전) 1900년경에 헤브라이(Hebrai)족의 추장이 죄인을 처벌할 때 두발을 삭발한 후, 그 두발이 자랄 때까지 죄를 뉘우치며 속죄하던 유래로부터 시작되었다. 그 후 여러 세기 동안에 인류문화가 발달되고 부족간의 상호 협조로 생활의 향상도 있었지만, 투쟁도 많아 전쟁 시 머리에 부상을 입은 사람들의 두발을 삭발하고 치료를 해줌으로써 이용사와 의사의 직분을 겸하게 된 것이 이용의 시작이다.

서기 1804년에 프랑스의 나폴레옹의 제1제정 당시에 수많은 인구의 증가와 사회 구조가 점차 복잡해지자 이용원과 병원을 겸할 수 없다고 인식한 정치인들은 병원과 이용원을 분리하여 프랑스 최초의 이용사 장 바버(Jean Barber)가 탄생되었다.

이용원과 외과병원에서 사용하던 청(정맥), 홍(동맥), 백(붕대)의 사인볼은 이용원에서 사용되고 있다.

이용 문화의 급진적인 발달과 더불어 싸인보드는 이용원에서 사용하게 되었고, 전 세계에서 공통으로 사용되고 있으며 병원은 적십자 표시를 공통으로 사용하게 되었다.

2) 한국 이용의 역사

과거 우리나라 남자들은 결혼 전에는 머리를 땋아 내렸고 결혼 후에는 상투를 틀어 올렸다. 그러나 일본과 서양문물이 들어오면서 개화의 물결이 거세지자 서기 1895년 11월 17일 전 국민에게 삭발하라는 준엄한 단발령이 공포됐다.

고종은 단발령에 솔선수범하여 가위를 든 안종호에게 세자와 함께 머리를 깎았으며 내부대신 유길준은 관리들이 우선적으로 이발을 하도록 고시를 내렸다.

우리나라에는 옛적부터 머리를 소중히 여기는 전통이 있었는데 이것은 "신체발부는 수지부모라" 부모에게서 받은 것이니 감히 훼손하지 않는 것이 효도의 시작이라는 유교의 가르침에서 유래된 것으로, 많은 선비들은 〈손발을 자를지언정 두발을 자를 수는 없다〉고 분개하여 정부가 강행하려는 단발령에 완강하게 반대했다. 그러나 오랜 진통 끝에 선진 문명을 흡수하려는 개화사상을 받아들여 한국 이용의 역사를 창조하게 되었다. 당시 고종과 세자의 머리를 깎았던 안종호는 일찍 등과하여 18세에 전라도 완주 군수를 역임했고 왕족 자제들만을 가르치는 대강원에서 정삼품독의 강사로 국정을 보필했다. 안종호는 봉건 정책을 타파하는 순회공연과 방역회를 조직했고, 그 첫 사업으로 서울 종로에서 이용원을 개설했다고 한다.

우리나라의 이용사 시험제도는 1923년 당시 일제시대에 만치 야마모도라는 일본인이 주동이 되어 최초의 강습회를 시작하여 그해 가을에 우리나라에서는 처음으로 국가가 시행하는 이용사 자격시험을 실시하게 되었다. 그 당시의 시험출제는 주로 당시 의학 박사인 주방주씨의 저서인 "위생독본"이란 책에서 출제되었으며 생리해부학, 소독법, 전염병학, 면접시험, 실기시험 등을 실시했다고 한다.

해방 이후 서울특별시의 이용사 시험 실시는 1948년 대한민국 정부가 수립된 이후부터였고 부산광역시의 시험은 1954년도부터 실시되었으며 그 후 각 시 · 도에서 이 · 미용사법에 따라서 한국산업인력공단이 보건복지부에서 제정한 공중위생법에 따라 실시하고 있다.

(3) 남성 헤어커트의 특징

헤어 커트란 남성 모발 길이 변화의 결과물이다.

사전적 의미로는 모발을 자르거나 모량을 조절하여 헤어스타일을 만드는 미용기술을 말하며 헤어스타일을 만들기 위한 기초적인 과정으로, 마치 조각가가 조각품을 빚어 예술작품을 만드는 것처럼, 헤어 스컬프팅 즉, 머리 조각이라고도 일컫는다.

예술의 한 형태로서 예술적, 과학적 개념을 포함하고 있다.

남성은 여성의 헤어스타일과는 다르게 모발의 길이가 짧아 두상 골격 및 얼굴형이 두드러져 보이는 것이 특징이다.

남성의 얼굴은 여성과 달리 뼈의 골격이 발달하여, 여성보다 전체적인 골격선이 강하게 보이므로 헤어 스타일 연출시 두상 및 얼굴형 분석을 통해 헤어스타일을 결정해야 한다.

(4) 디자인의 원리 및 법칙

디자인의 법칙은 디자인의 요소들이 어떤 특정한 효과를 성취하기 위해 어떻게 결합하여야 하는가를 결정하는 연관법칙 또는 구성 계획이라 할 수 있으며, 예술가들이 디자인 요소를 구성하는데 사용하는 구성 배열 패턴이라 할 수 있다. 조화, 비례, 균형, 율동 등이 상호 보완적인 관계를 갖고 형식적인 요소나 감각적 요소의 영향에 의해 총체적으로 나타나는 것이다.

① **반복** : 모든 단위가 동일한 패턴(모든 단위가 동일하게 되풀이되는 것)
ex) 형태, 크기, 모양, 색상, 방향, 질감

② **교대** : 두 개 또는 그 이상의 단위가 반복적으로 나타나는 패턴

③ **대조** : 상반되는 요소들이 인접해 있는 것을 말하며, 상반되는 요소들이 다양한 디자인을 만들어 낸다.

④ **강조** : 사람의 관심을 집중시키는 초점

⑤ **진행** : 점진적으로 차차 커지거나 작아지는 변화의 패턴

⑥ **조화** : 비슷한 단위들의 어울리는 혼합

⑦ **비조화** : 단위 간의 극적인 대조의 배치

(5) 디자이너로서의 관찰과 사고

1) 디자인 분석

① **질적 분석** : 물질의 성질, 특성 등을 관찰, 분석

② **양적 분석** : 디자인의 크기, 비율, 부피 등의 분석

2) 관찰의 3단계

① **기본관찰** : 단순한 시각적 관찰. 즉, 디자인의 전체적인 외형의 윤곽, 실루엣을 관찰하는 단계
ex) 디자인의 윤곽(머리형)을 살피는 것

② **세부(정밀) 관찰** : 신체적 특징과 구체적 특징의 비교
ex) 모발의 조건 – 머릿결(질감), 색상(컬러) 등

③ **이상적(추상적) 관찰** : 길이 배열(구조) 측정, 연상
ex) 혼합형의 경우 혼합 정도, 비율을 살피는 단계

3) 디자이너로서의 사고

① 디자인을 분석, 관찰하여 사고(思考)하여야 하며, 이때 좌뇌와 우뇌를 사용하여 이해하게 된다.
좌뇌 – 대체적으로 꼼꼼하고 체계적이며 수리에 밝고 분석적이며 실제 스타일을 만들어 내는 기술적인 능력이 뛰어나다.
우뇌 – 예술적, 미적, 시각적, 창조적, 상상력이 뛰어나며 실제 스타일을 구상하는 창의적인 능력이 뛰어나다.

② 디자이너는 고객을 보면서, 고객에게 가장 어울리는 스타일을 구상하고 제안할 수 있는 제시력이 있어야하고, 제안한 스타일을 실제로 완성해 낼 수 있는 기술력이 있어야 한다.

2. 고객 분석

고객이 왔을 때 가장 먼저 고객의 조건을 파악해야 한다. 고객에게 어울리는 헤어스타일을 해주기 위해서는 반드시 필요한 절차이다.

(1) 커트 시 확인해야 할 사항들

1) 시술 전 확인사항

– 고객의 조건파악

① 모발 길이

② 얼굴형, 얼굴 크기

③ 각도(층)

④ 형태선 – 수평, 전대각, 후대각

⑤ 이미지

⑥ 신체조건 – 체형, 크기

⑦ 두상의 크기와 형태

⑧ 모량 확인

⑨ 모질 확인 – 손상도(건강모, 일반모, 손상모), 곱슬정도(직모, 곱슬, 반곱슬), 모발의 굵기

⑩ 모류 확인

⑪ 헤어스타일과 관련된 버릇

2) 시술 중 확인

① 좌우 균형(밸런스)

② 단차의 형태

③ 단차의 흐름(수평, 전대각, 후대각)

3) 시술 후 확인 – 이미지 및 질감처리

① 이미지 확인

② 질감처리

(2) 남성 얼굴형과 헤어 스타일

1) 남성 얼굴형

① 계란형 얼굴

얼굴형 중 가장 표준이 되는 형으로 어떠한 헤어 스타일도 소화할 수 있다.
헤어스타일 선택의 폭이 넓기 때문에 체형을 고려한 헤어스타일을 선택하는 것이 필요하다.

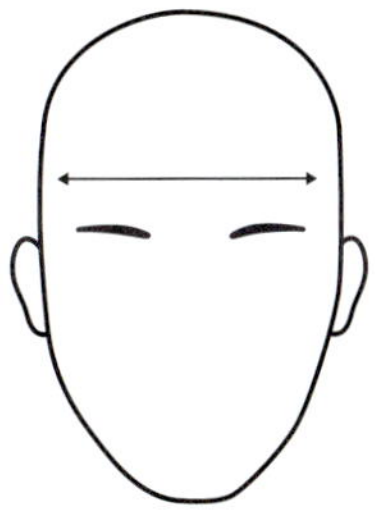

② 둥근형 얼굴

얼굴의 넓이와 길이가 거의 비슷하며 얼굴이 통통하여 나이에 비해 어려 보이며 귀여운 이미지를 가지고 있다. 얼굴의 넓이와 길이가 같아 보이지만 코와 볼의 부분이 넓고 턱과 이마 라인은 그보다 조금 좁은 둥근 라인을 가지고 있다.
두상의 윗부분은 볼륨을 살리고 양 사이드의 볼륨은 축소 시킨다. 앞머리를 내릴 경우 비대칭의 직선 흐름이 얼굴을 갸름하게 보일 수 있으며 전반적으로 짧고, 엑티베이트한 질감표현, 직선의 흐름을 응용한 헤어스타일이 조화롭다.

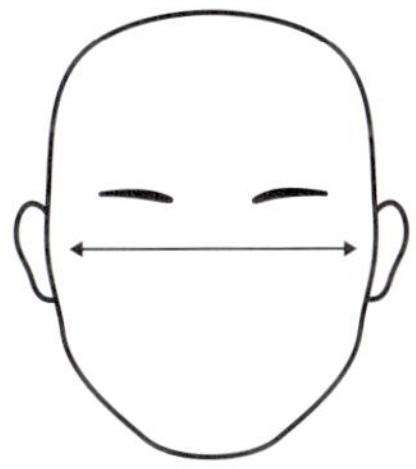

③ 사각형 얼굴

얼굴의 넓이와 길이가 거의 비슷하며 광대뼈와 턱의 하악 부분이 발달되어 도출 되어 있다. 살이 많은 것보다는 뼈의 발달로 인해 각져 보이는 얼굴형을 말한다.
헤어스타일은 얼굴의 라인이 직선을 많이 가지고 있기 때문에 직선보다는 부드러운 곡선의 헤어스타일과 시선을 다른 방향으로 향하게 하여 갸름하게 보일 수 있도록 짧게 세우는 스타일도 조화로운 헤어 스타일이다.

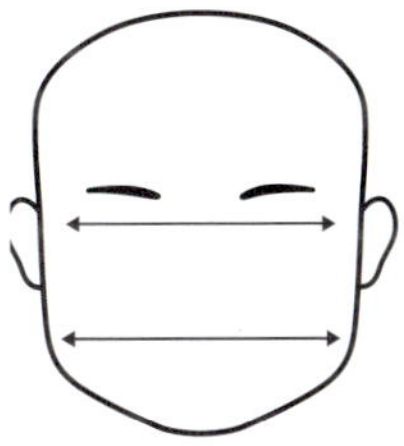

④ 마름모형 얼굴

턱과 이마보다 광대가 발달하여 튀어나와 있지만 이마와 턱은 매우 좁다.
마른 체형에서 많이 볼 수 있으며 헤어스타일 연출 시 광대를 가리기보다는 다른 곳으로 시선이 갈 수 있도록 하여 연출하며 턱과 이마에 볼륨을 강화하고 광대 부분의 볼륨은 최대한 축소한다.

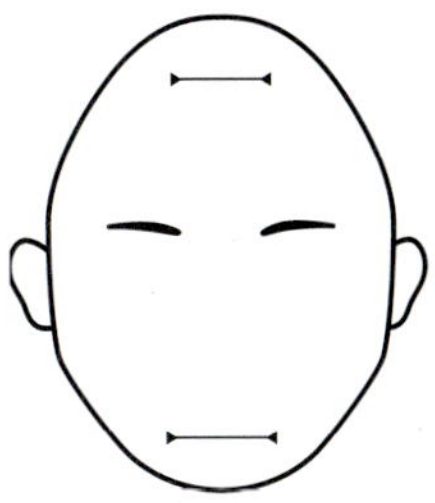

⑤ **역삼각형 얼굴**

이마의 폭이 넓고 아래로 내려갈수록 폭이 좁아지는 얼굴형을 말한다.

이마가 넓고 눈과 눈 사이가 간격이 넓으며 시원한 이미지를 준다. 턱이 뾰족하기 때문에 사이드의 길이는 도톰하게 볼륨을 주는 것이 좋으며 이마를 커버하고 싶을 때는 앞으로 내려 너무 직선적이지 않도록 곡선을 넣어 헤어스타일을 만들어 준다.

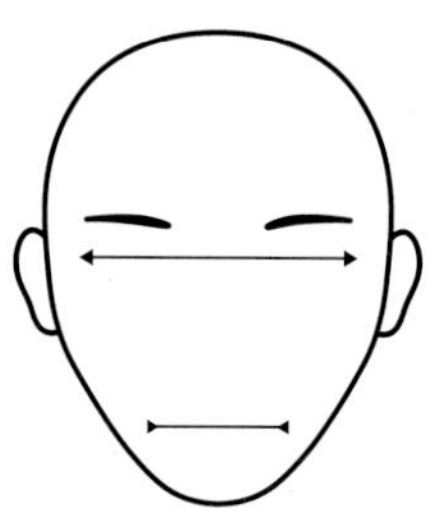

⑥ **장방형 얼굴**

얼굴의 가로 폭보다 세로의 길이가 긴 얼굴형이다. 턱이 길고 돌출되어 있으며 날카로운 인상을 준다. 짧고 단정한 스타일이 잘 어울리며 얼굴 길이를 커버한다고 너무 길게 앞머리를 내면 자칫 얼굴이 더 길어 보일 수 있기 때문에 이마가 살짝 보이는 길이가 적당하며 사이드의 길이는 너무 짧거나 뾰족한 형태는 피해야 조화로운 스타일을 만들 수 있다.

2) 남성 얼굴형에 맞는 헤어 스타일의 유형

헤어 스타일은 디자인이나 길이에 따라 여러 가지 형태로 만들 수 있다.

이런 다양한 헤어스타일이 어떠한 얼굴형에 조화로운지 얼굴형에 맞는 헤어스타일 유형을 알아보자.

① **계란형 얼굴**

다양한 헤어스타일 연출이 가능하다.

② **둥근형 얼굴**

T.P에 볼륨을 준다.

③ 사각형 얼굴

T.P에 볼륨을 준다.

④ 마름모형 얼굴

과한 볼륨은 피하며 앞머리 연출이 가능하다.

⑤ 역삼각형 얼굴

과한 볼륨은 피하며 앞머리 연출이 가능하다.

⑥ 장방형 얼굴

사이드에 볼륨을 주며 앞머리 연출이 가능하다.

3. 헤어커트의 요소

구조그래픽(도해도)이란?

두상 곡면에서 90도로 들어올린 세로 간의 길이 배열을 뜻한다.

세로는 세로간의 길이 배열을, 가로는 형태선의 흐름, 즉 어느 정도의 컨케이브인지, 컨벡스인지를 표현한 것으로, 디자인은 형태와 형태의 조화이다. 어떤 디자인을 만들 때 우뇌가 작용하여 디자인을 구상하고 결과를 목표로 절차를 세운다.

(1) 두상포인트

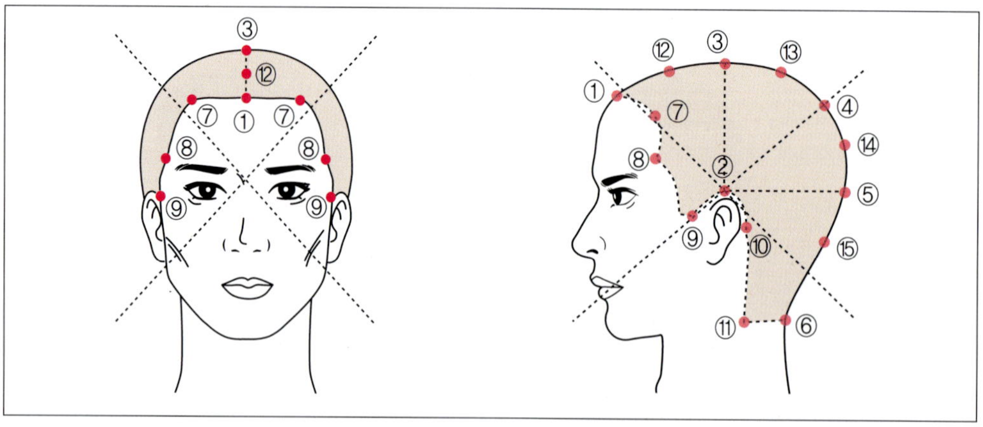

번호	포인트 위치	설 명
①	C.P	Center Piont (센터 포인트)
②	E.P	Ear Point (이어 포인트–좌우)
③	T.P	Top Point (탑 포인트)
④	G.P	Golden Point (골든 포인트)
⑤	B.P	Back Point (백 포인트)
⑥	N.P	Nape Point (네이프 포인트)
⑦	F.S.P	Front Side Point (프런트 사이드 포인트–좌우)
⑧	S.P	Side Point (사이드 포인트–좌우)
⑨	S.C.P	Side Corner Point (사이드 코너 포인트–좌우)
⑩	E.B.P	Ear Back Point (이어 백 포인트–좌우)
⑪	N.S.C.P	Nape Side Coner Point (네이프 사이드 코너 포인트–좌우)
⑫	C.T.M.P	Center Top Medium Point (센터 탑 미디움 포인트)
⑬	T.G.M.P	Top Golden Medium Point (탑 골든 미디움 포인트)
⑭	G.B.M.P	Golden Back Medium Point (골든 백 미디움 포인트)
⑮	B.N.M.P	Back Nape Medium Point (백 네이프 미디움 포인트)

(2) 두부(Zone)의 명칭과 역할

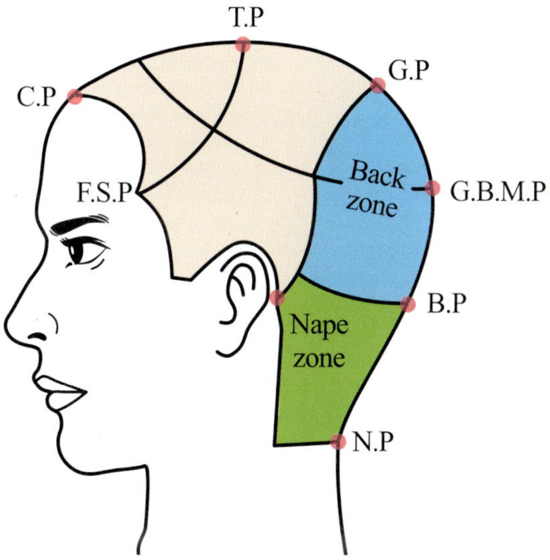

① **프린지(Fringe)** : T.P~F.S.P 사이의 영역. 앞머리(bang), 인상, 이미지

② **사이드(Side)** : F.S.P~E.B.P 사이의 영역. 측면 실루엣, 흐름 컨트롤, 방향(A라인/U라인)

③ **크라운(Crown)** : C.T.M.P~G.B.N.P 사이의 영역. 볼륨, 입체감

④ **백(Back)** : G.P~B.P 사이의 영역. 무게감(Weight), 흐름 컨트롤

⑤ **네이프(Nape)** : 모발의 길이 결정, 가이드 결정

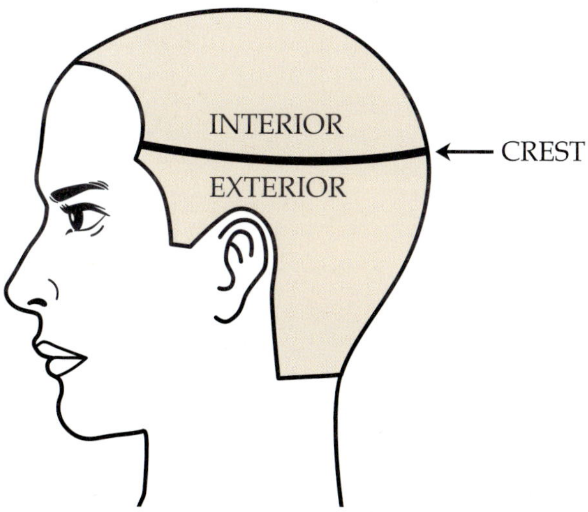

⑥ **크레스트(Crest)** : 두상의 가장 넓은 부분

크레스트 윗부분(인테리어/interior)과 크레스트 아랫부분(엑스테리어/exterior)을 구분해준다.

⑦ **인테리어(Interior)** : 크레스트의 윗부분

⑧ **익스테리어(Exterior)** : 크레스트의 아랫부분

(3) 라인(Line)

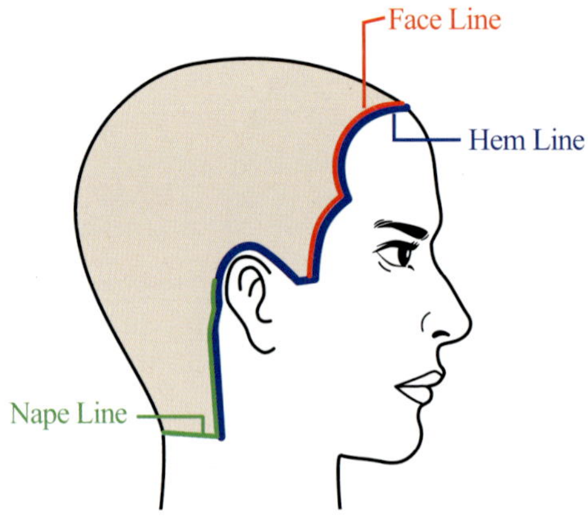

① **페이스라인(Face Line)** : 얼굴 주변의 모발이 나기 시작한 부위

② **햄라인(Hem Line)** : 두상에서 모발이 나기 시작하는 전체 부위

③ **네이프라인(Nape Line)** : E.B.P에서 N.P에 이르기까지

(4) 파트(Part)

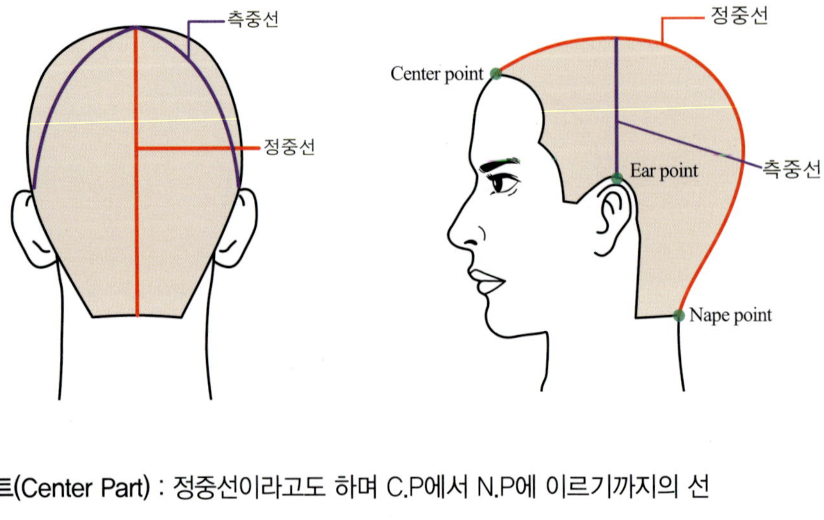

① **센터 파트(Center Part)** : 정중선이라고도 하며 C.P에서 N.P에 이르기까지의 선

② **이어 투 이어 파트(Ear to Ear Part)** : 측중선이라고도 하며 E.P에서 T.P를 지나 반대편 E.P까지 이르는 선

(5) 각도(Angle)

1) 일반각도(두상각도)

모발을 두상의 곡면에서 90˚로 들어 올린 상태로서 디자인의 길이 배열을 분석할 수 있다.

2) 자연각도

중력에 의해 모발이 자연스럽게 늘어뜨려 지는 상태(원랭스/그래쥬에이션)

① 중력 방향

② 모류의 성장 패턴 : 가마 부분

③ 손님의 평소 손질 스타일

④ 자연각도 적용 : 원랭스, 그래쥬에이션, 하이레이어

일반각도 두상에 의한 각도	**자연각도** 중력에 의한 각도(천체축을 중심으로)
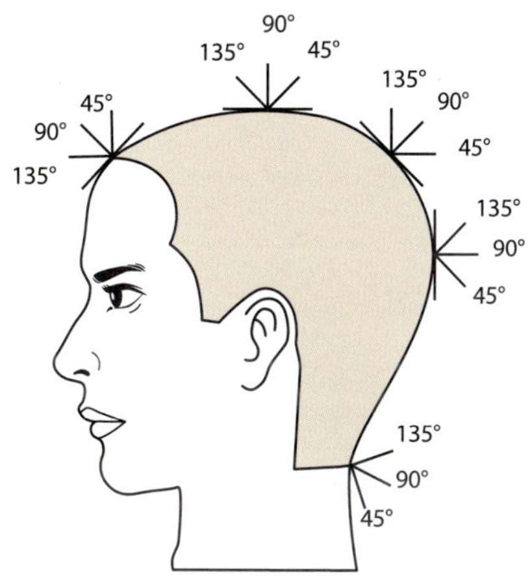	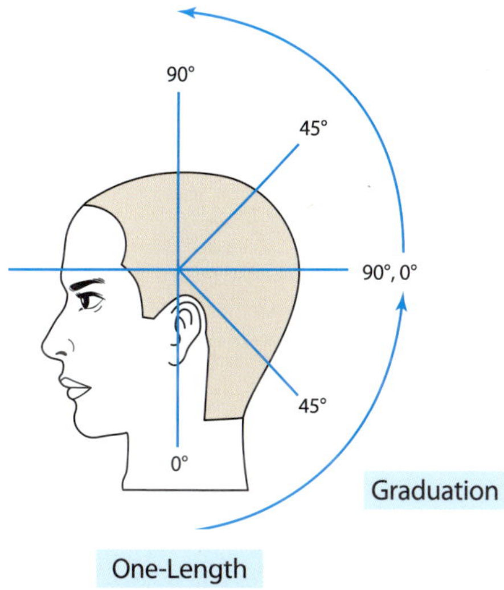

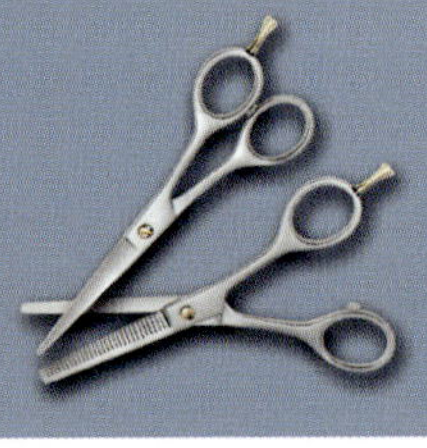

(6) 베이스(Base)

커트할 때 기준이 되는 가이드라인. 좌우의 형태를 만들며, 베이스는 '기초', '토대'라는 뜻으로 파팅과 파팅 사이의 모다발을 의미한다. 베이스에는 On the base, Side base, Free base, Off the base, Twist base, Up base, Down base가 있다.

1) 온 더 베이스(On the base)

폭의 중앙에 접점이 형성되는 것이며 좌우 길이를 동일하게 같은 길이로 커트할 때 사용한다.

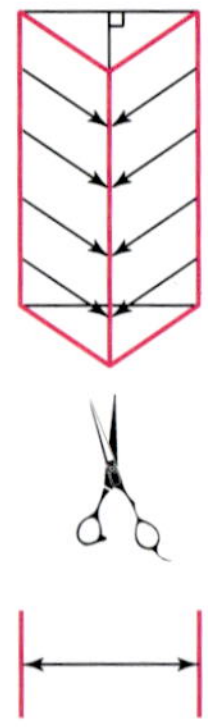

2) 사이드 베이스(Side base)

베이스의 한쪽면으로 접점이 형성되는 것이며 한쪽 길이를 길어지게 만들 때 사용한다.

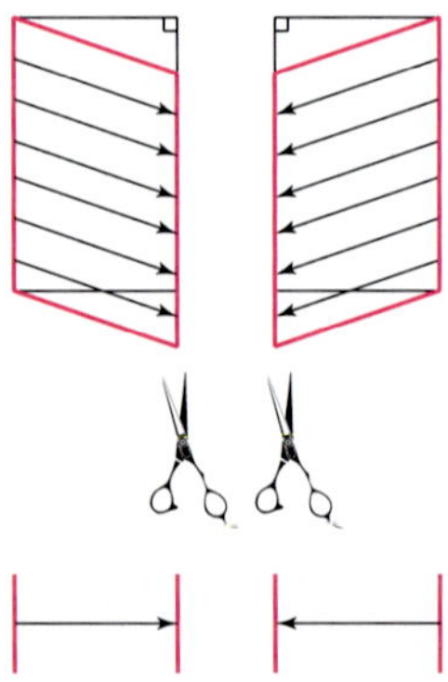

3) 프리베이스(Free base)

온 더 베이스와 사이드 베이스 사이에 있는 베이스이며, 미세한 길이 증가 또는 감소시킬 때 사용한다.

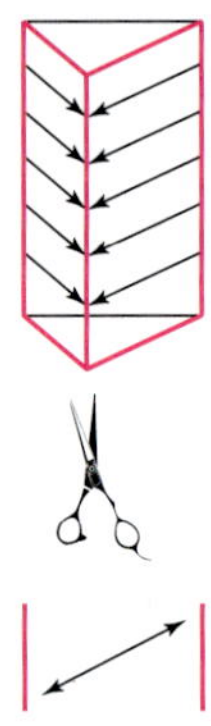

4) 오프 더 베이스(Off the base)

베이스에서 벗어난 상태로서 길이의 기준에 따라 많이 증가 또는 감소시킬 때 사용한다.

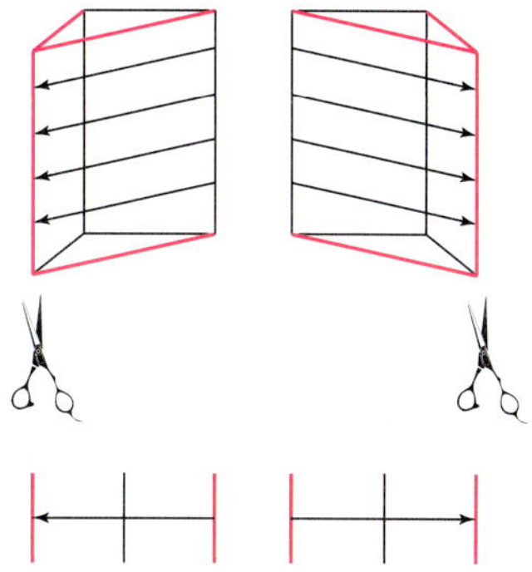

5) 트위스트 베이스(Twist base)

베이스를 잡고 비튼 것으로 차이가 많은 서로 다른 길이를 연결할 때 사용한다.

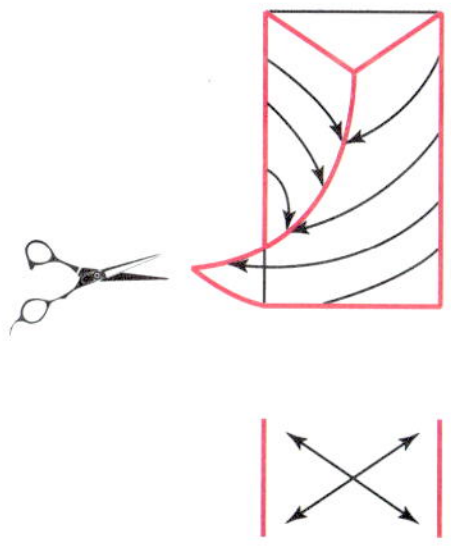

6) 업 베이스(Up base)

수평 파팅이나 사선 파팅에서 위로 들어 아래 길이를 증가시킬 때 사용한다.

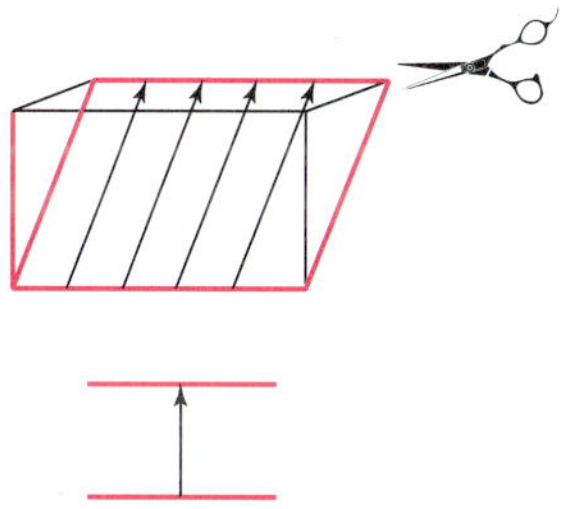

7) 다운 베이스(Down base)

수평 파팅이나 사선 파팅에서 아래로 내려 윗 길이를 증가시킬 때 사용한다.

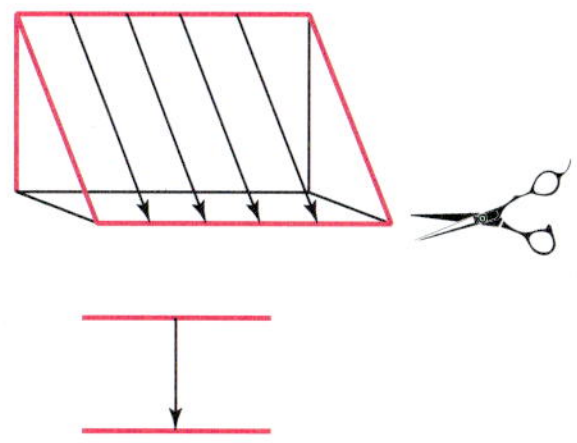

(7) 섹션/파팅(Section/Parting)

섹션에는 가로(Horizontal) 섹션, 세로(Vertical) 섹션, 사선(Diagonal) 섹션, 방사선(Radial) 섹션이 있다. 커트를 좀 더 쉽고 편리하게 하기 위해 작게 나누는 방법으로 아웃라인의 형태 흐름에 따라 적절한 섹션을 선택한다.

1) 가로 섹션(Horizontal section)

① 장점 : 좌우밸런스 맞추기가 쉬우며, 무거운 커트선을 만들기 쉽다.
② 단점 : 층의 자국이 남기 쉬우며, 가벼운 커트선을 만들기 어렵다.

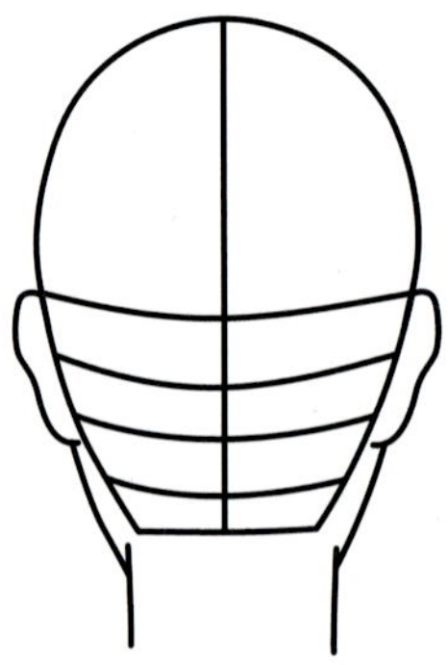

2) 세로 섹션(Vertical section)

① 장점 : 가벼운 단차를 내기 쉬우며, 세로로 상 · 하층의 작업에 용이하다. 또 세로로 섹션을 잡아 손의 기울기에 따라 스퀘어, 그래쥬에이션, 아웃 레이어 등의 라인을 결정해 준다.
② 단점 : 베이스에 대한 좌우 밸런스 맞추기가 어렵다. 베이스를 잡을 때 자세나 빗질, 각도가 틀어지게 되면 좌우 길이가 맞지 않는다.

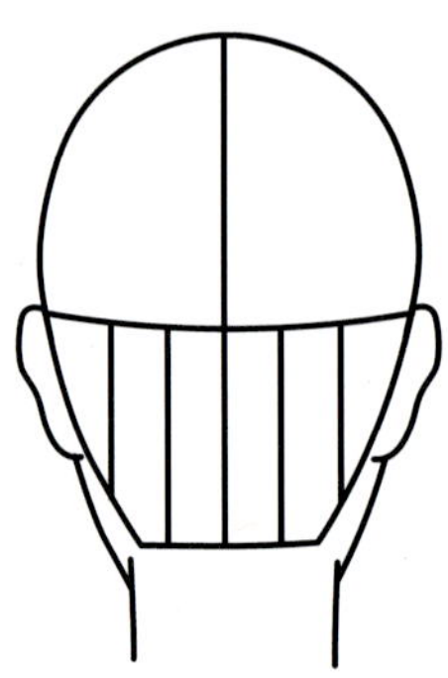

3) 사선 섹션(Diagonal section)

그래쥬에이션 스타일에 주로 사용되며 부드러운 볼륨감을 표현한다. 미듐이나 숏에 많이 사용하며 버티컬에 가까운 기울기일수록 가볍고 볼륨감 있는 스타일을 만들고, 호리존탈에 가까운 기울기일수록 무겁고 볼륨감있는 스타일이 만들어진다.

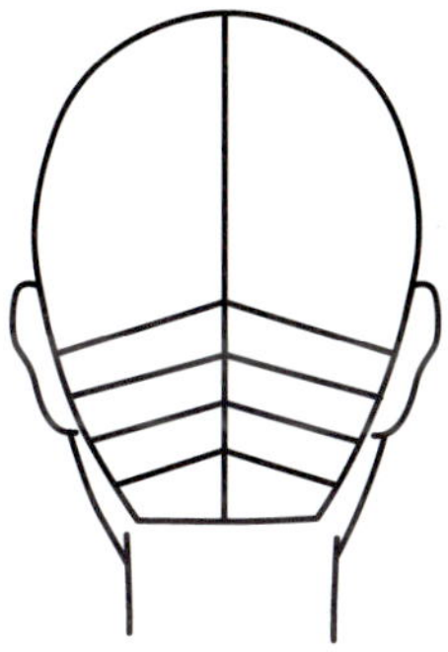

4) 방사선 섹션(Radial section)

피봇섹션이라고도 하며, 탑을 중심으로 두상의 곡면을 따라 나눈 섹션.

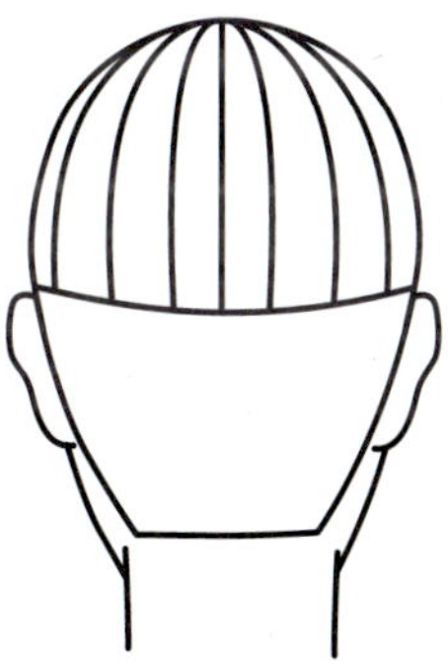

4. 커트의 시술 도구

(1) 빗(Comb)

1) 빗의 종류

① 나무 커트 빗

남자 커트 시 사용되며 호수별 빗의 길이와 넓이가 다르다.

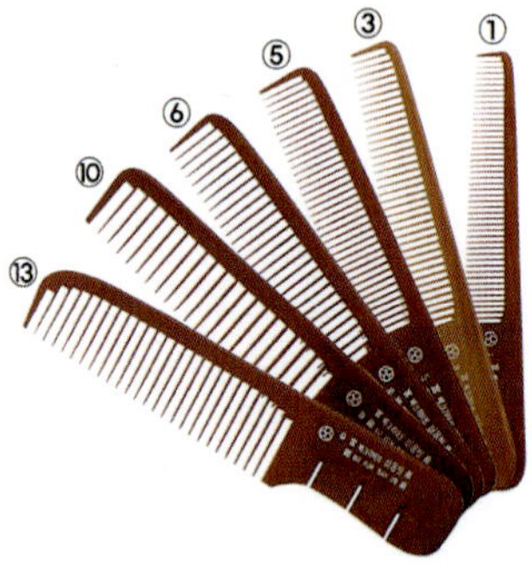

② 아이론 빗

열에 대한 내구성이 강하여 아이론이 닿아도 녹지 않으며 홈이 파여 있어 아이론이 두피에 닿지 않도록 하는 역할을 한다.

③ 클리퍼 빗

클리퍼를 사용할 때 주로 사용하며 빗의 면적이 넓어 윗 면적을 한 번에 잡고 자를 때 유용하다.

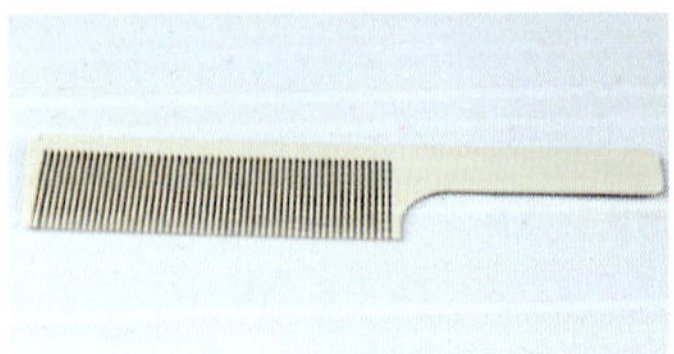

2) 빗 잡는 방법

① 빗살이 위로 향하도록 잡는 방법

두상 위치에 따라 빗 손잡이를 다양하게 잡는다.

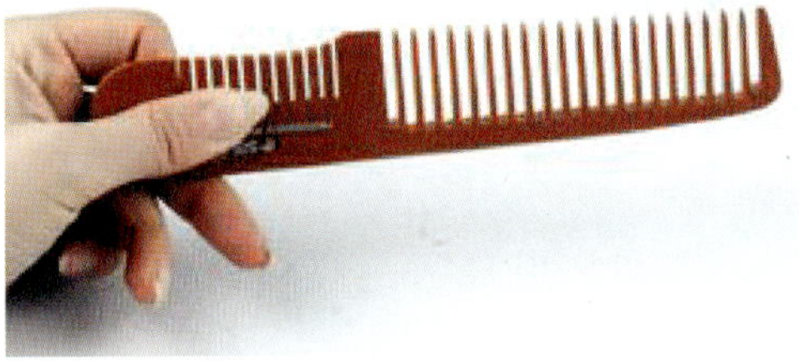

빗 손잡이 중심을 엄지손가락을 대고 잡는 방법

▶ 엑스테리어 부분 커트 시 사용한다.

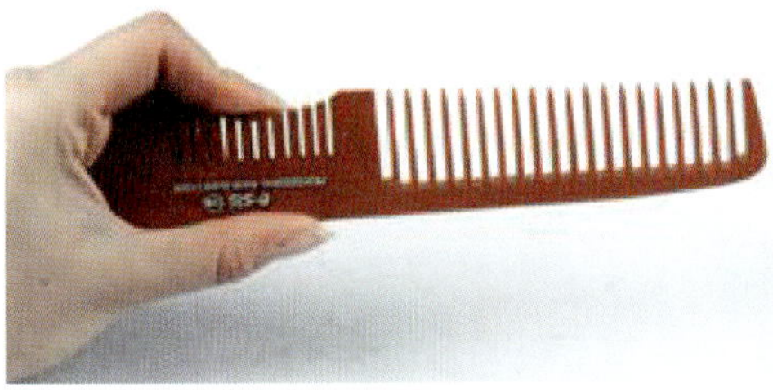

빗 손잡이의 양 끝은 엄지와 검지로 잡고 중지 손가락으로 빗 손잡이 뒷면을 고정하여 잡는 방법

▶ 템플 부분, 인테리어 커트 시 사용한다.

② 빗살이 아래로 향하도록 잡는 방법

모발 표면 빗질 시 사용하는 방법으로 위에서 아래 방향으로 내려 빗질한다.

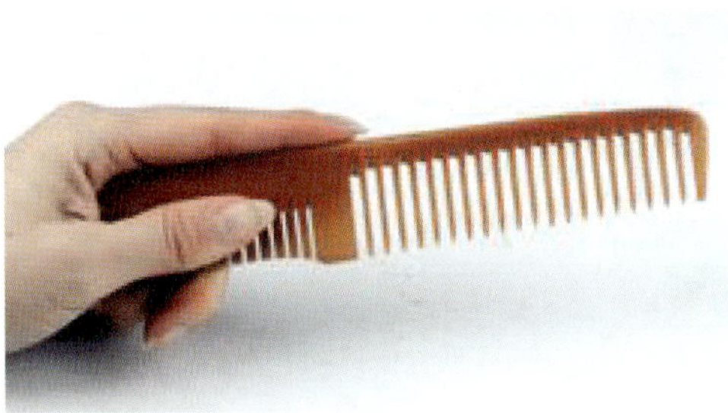

(2) 장 가위(Long scissors)

커트는 빗질 + 손가락 + 가위질이 하나가 되어 이루어진다.
빗으로 깨끗하게 빗질해 주고 손가락으로 정확한 커트라인을 설정하고 가위로서 정확한 커트선으로 헤어스타일을 완성할 수 있다.

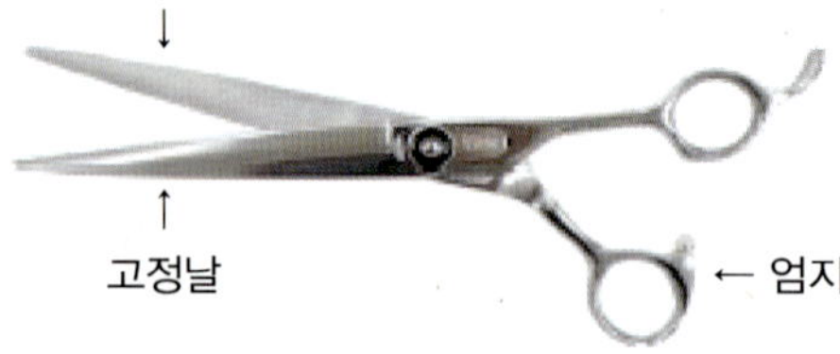

남성 커트 시 많이 사용되는 도구로서 패널을 단번에 커트하여 정돈된 선을 형성한다.
남성 커트 시 싱글링, 지간커트 등 가장 많이 사용되며 날이 일반 가위보다 가위 날이 길어 한 번에 많은 양을 커트할 때 용이하다.

1) 장가위 커트 테크닉 종류

① 지간깎기
모발을 잡아 개폐 동작을 크게 하여 한 번에 커트하는 동작

② 끌어깎기

전 섹션을 가이드로 모발을 끌어 두상각 90°로 커트한다.

③ 연속 깎기

빗을 모발 안쪽에 넣고 위로 빗 등으로 나온 모발을 연속으로 올라가면서 커트하는 동작을 말한다.

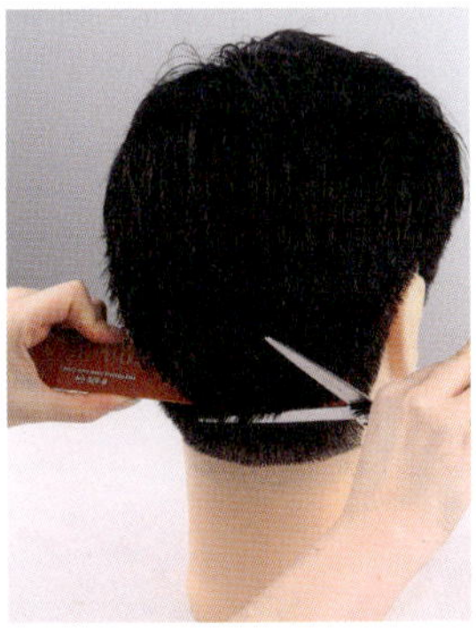

④ 돌려깎기

두상의 곡면을 따라 돌아가며 커트하는 동작을 말한다.

⑤ 떠올려 깎기

모발을 빗으로만 빗질하여 커트하는 방법을 말한다.

⑥ 소밀 깎기

빗을 두상에 밀착하여 세밀하게 수정하는 커트를 말한다.

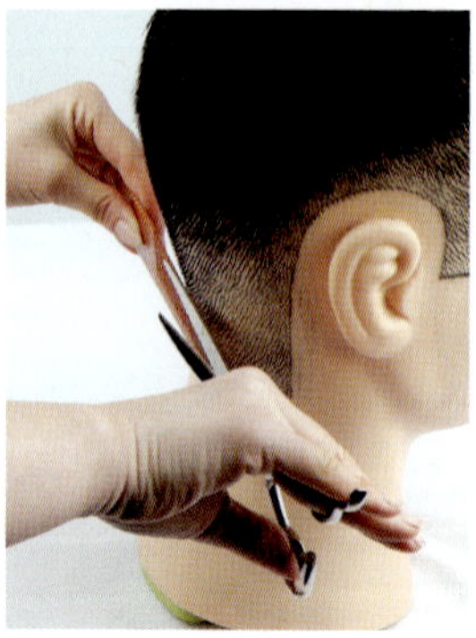

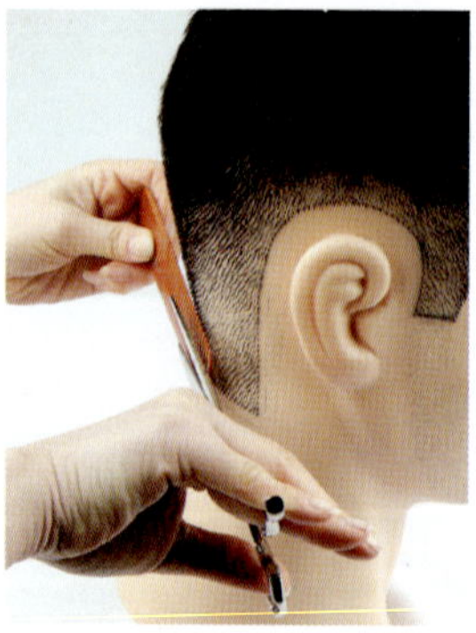

⑦ 세워 깎기(옆가위질)

- 밀어 깎기

  중지 손가락을 중심축으로 가위 끝 날을 엄지에 대고 가위 날을 밀어주는 커트 동작을 말한다.

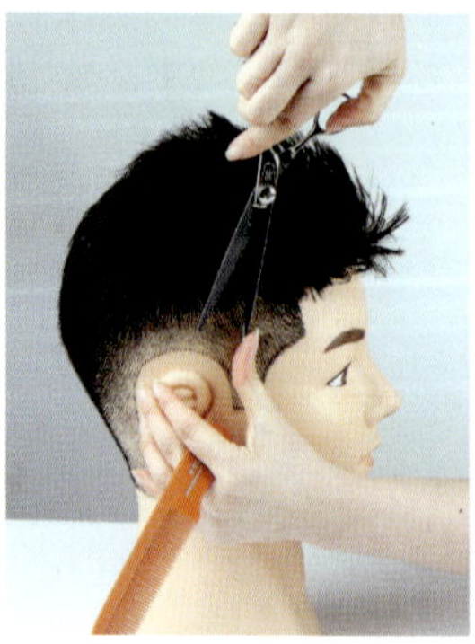

• 당겨깎기

엄지를 중심축으로 가위 끝 날을 중지 위에 놓고 당겨오며 커트하는 동작을 말한다.

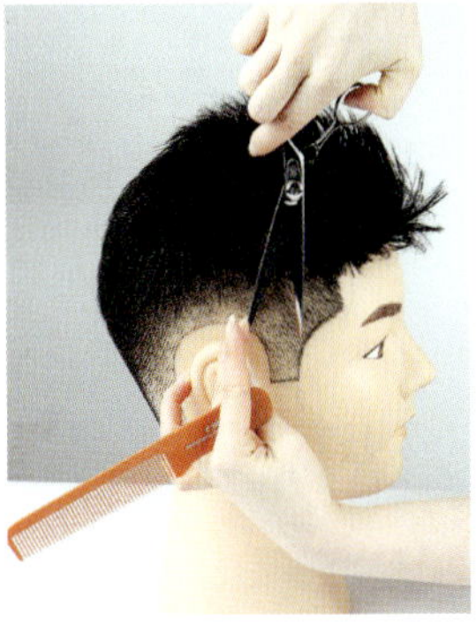

⑧ **솎음 깎기**

모발에 숱이 많을 때 모발 숱은 정리하기 위한 방법으로 모발을 빗으로 떠올려 모근 쪽의 모발을 잡아내리며 커트한다.

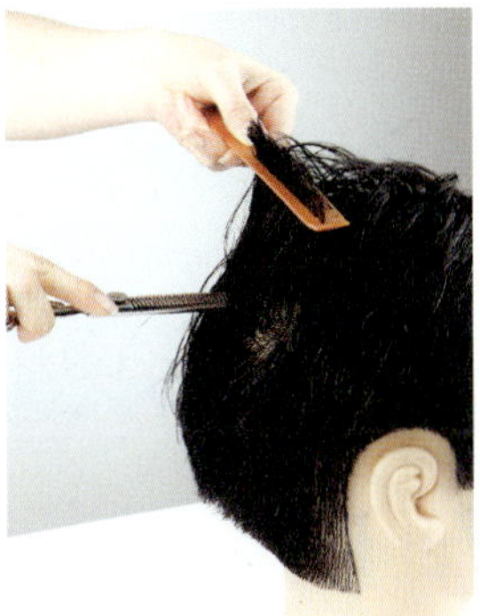

⑨ **표면 깎기**

모발 표면에 튀어나온 모발을 정리하는 커트를 말한다.

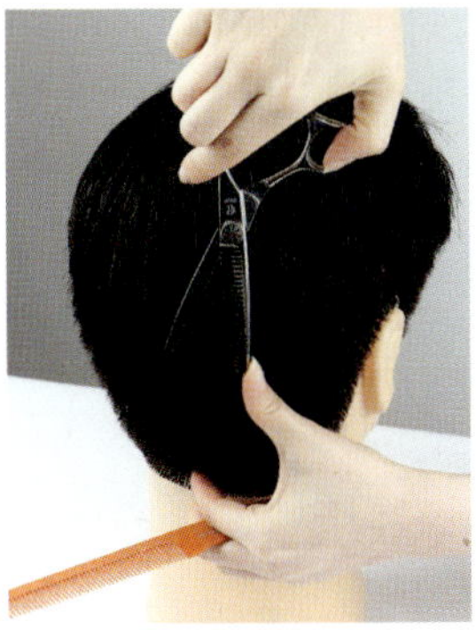

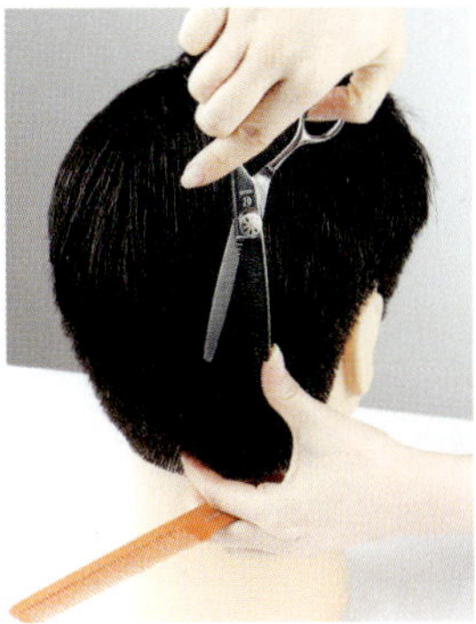

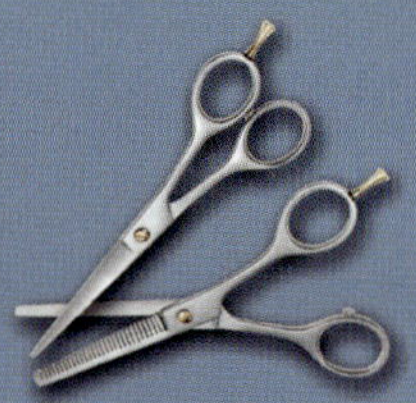

(3) 가위(Scissors)

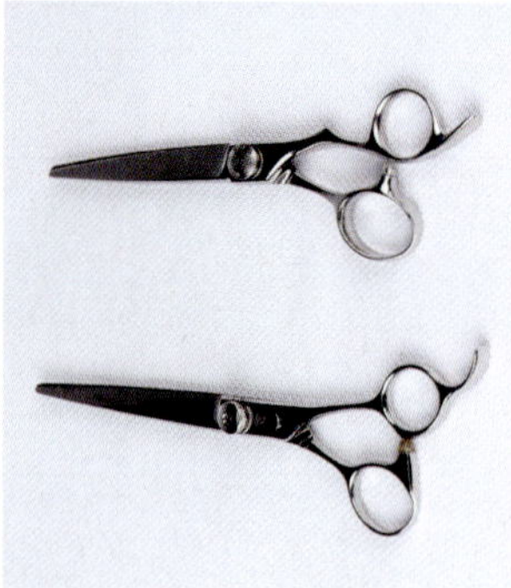

커트는 빗질 + 손가락 + 가위질이 하나가 되어 이루어진다.
빗으로 깨끗하게 빗질해주고 손가락으로 정확한 커트라인을 설정하고 가위로서 정확한 커트선으로 헤어스타일을 완성할 수 있다.

일반적으로 블런트 커트(Blunt cut) 시 많이 사용되는 도구로서 패널을 단번에 커트하여 정돈된 선을 형성한다. 단 슬라이스 테크닉을 할 경우 판넬에 대해 가위의 안쪽 날은 깊게 넣어 주고, 들어가는 각도를 좁게 하고, 가위 끝날의 방향을 패널의 바깥쪽으로 하여 가위의 개폐를 섬세하게 진행한다.

1) 가위 커트 테크닉 종류

① **블런트 커트(blunt cut)** : 모발과 가위가 90°를 만들어 자르는 테크닉. 커트라인이 강하고 정교하게 잘려진 형태로 깨끗한 라인을 만들 때 사용된다.

② **나칭 커트(Naching cut)** : 모발과 가위가 45° 각도를 유지하며 커트하는 테크닉. 커트라인의 불규칙한 형태를 만들어 내며 약간의 블런트 한 느낌을 없애주며 자연스러운 라인이 형성된다.

③ **콤 커트(Com cut)** : 빗살로 모발을 고정하여 최소한의 텐션으로 커트. 사이트 커트 시 사용.

④ **블록 커트(Block cut)** : 모량이 적은 사람 혹은 빠른 시간 내 커트를 끝내고자 할 때 많은 양의 모발을 한꺼번에 커트하는 방식

⑤ **슬라이드 커트(Slide cut)** : 자연스럽게 흐르는 선을 만들기 위한 커트로 모다발을 잡고 위에서 아래로 미끄러지게 연결하는 커트

2) 가위 질감 테크닉 종류

① **테이퍼링(Tapering)** : 머릿단의 끝을 붓의 끝처럼 점차 가늘어지게 커트하는 기법, 모다발의 지점에 따른 (엔드, 노멀, 딥) 테이퍼링이 있다.

ⓐ 모다발의 위치에 따른 테이퍼링

- 엔드 테이퍼링(end tapering) : 모다발의 1/3 지점에서 숱량을 감소하는 테이퍼링
- 노멀 테이퍼링(normal tapering) : 모다발의 1/2 지점에서 숱량을 감소하는 테이퍼링
- 딥 테이퍼링(deep tapering) : 모다발의 2/3 지점에서 숱량을 감소하는 테이퍼링

② **포인트 커트(Point Cut)** : 패널에 대해서 비스듬한 각도로 커트하는 기법이며, 모발 끝의 모량을 감소시키고 아웃라인을 부드럽게 만들어준다.

③ **슬리더링 커트** : 백콤을 넣은 모발에 가위로 모량을 감소시켜 숱을 쳐내는 커트 방법, 볼륨을 형성하기 용이하다.

3) 기본 가위 잡는 방법

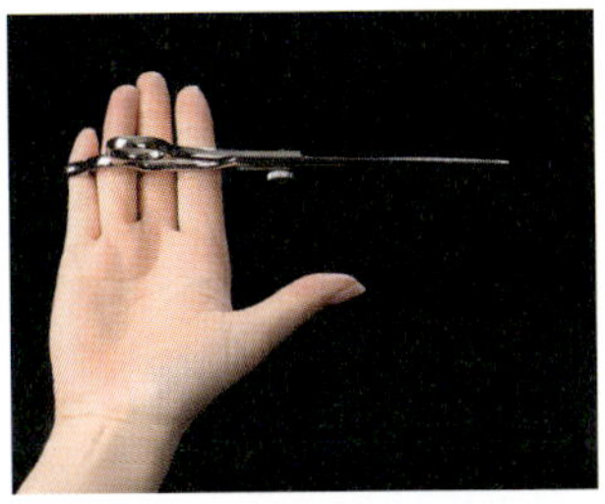

① 네 번째 손가락 두 번째 마디에 가위의 약지환을 넣어 수평을 유지하도록 한다.

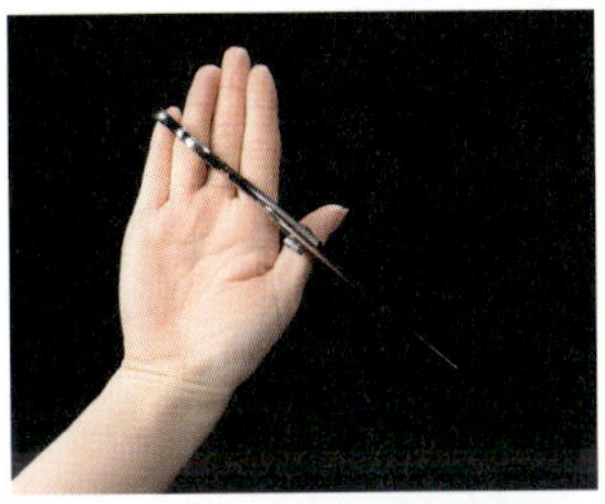

② 손바닥 안쪽으로 45° 가위날 끝을 기울인다.

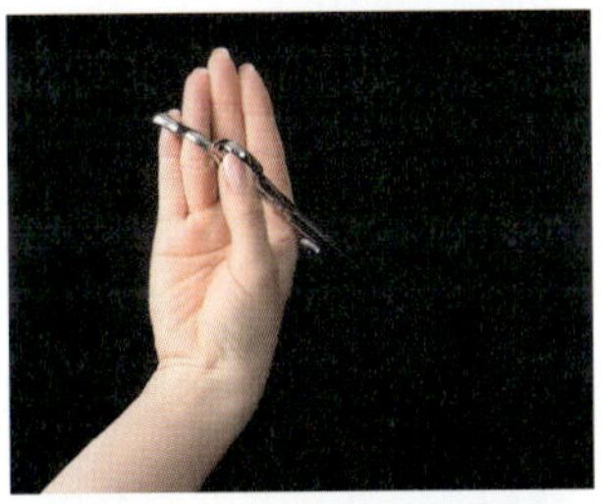

③ 엄지환에 엄지손가락을 살짝 걸친다.

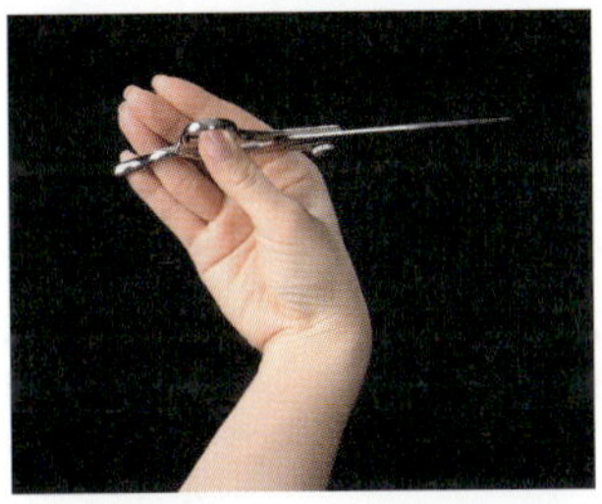

④ 손목을 꺾어 가위날이 수평이 되도록 만든다.

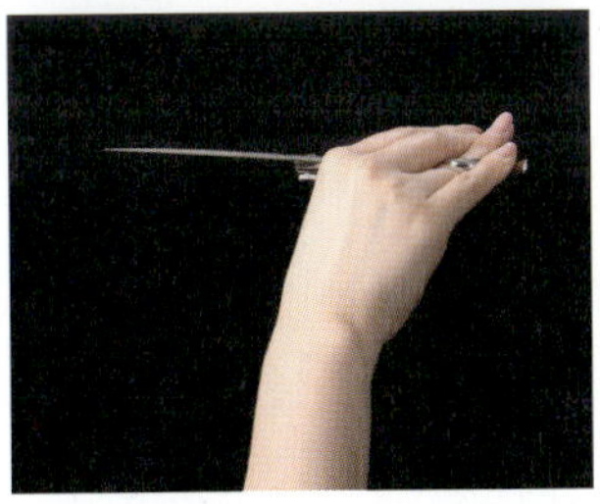

⑤ 손등을 뒤집었을 때 손끝이 45° 방향으로 돌아가도록 잡아준다.

4) 가위 개폐동작

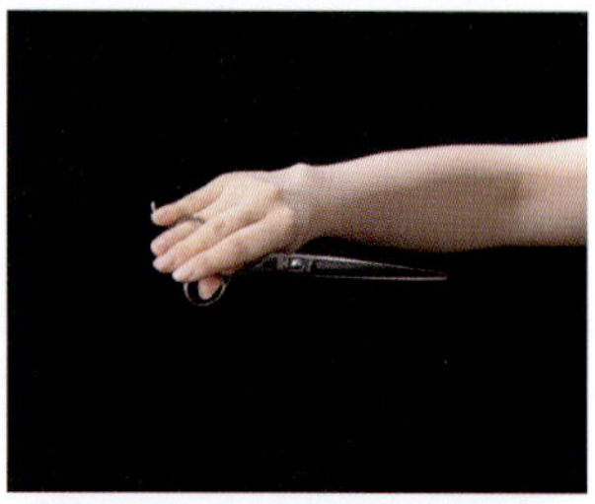

① 엄지를 뺀 네 손가락을 곧게 뻗어 가위를 잡아주고 엄지환에 엄지를 걸쳐준다.

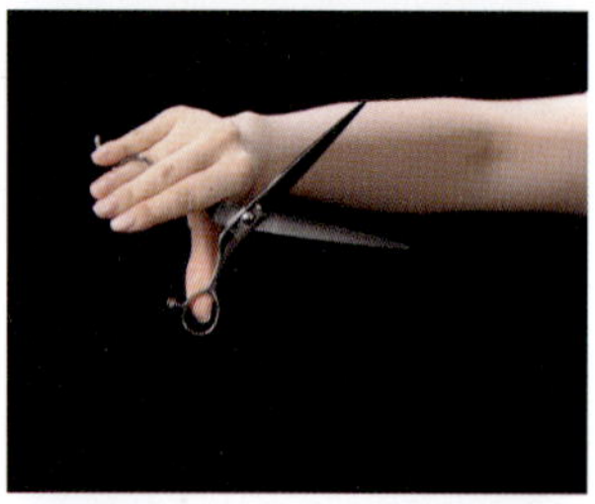

② 엄지를 넓게 벌려 가위를 개폐한다.

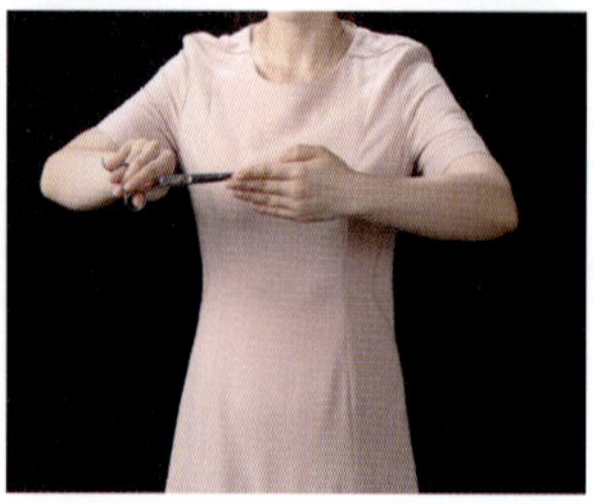

③, ④ 왼손 중지 손가락에 가위를 올려놓고 개폐 동작을 실습한다.

5) 응용 가위 잡는 법 1

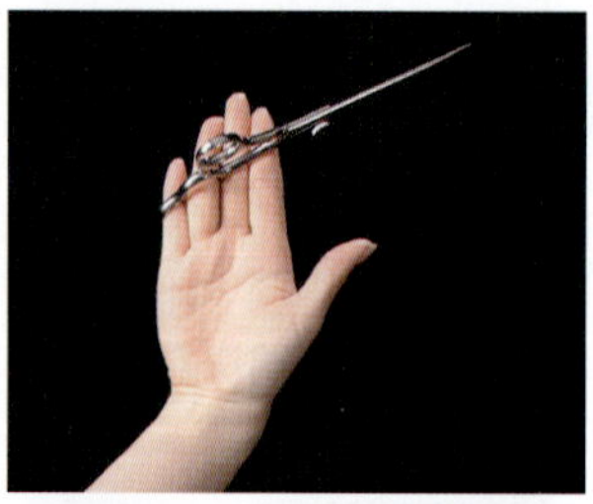

① 네 번째 손가락 두 번째 마디에 가위의 약지환을 넣고 손끝 45° 방향으로 가위날을 기울인다.

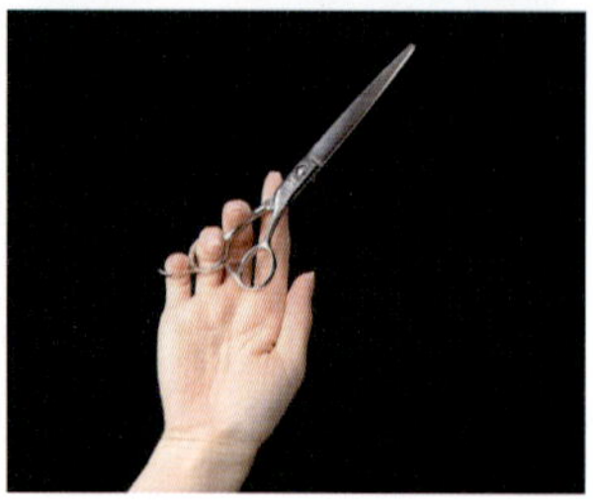

② 새끼, 약지, 중지 손가락을 구부려 가위를 잡는다.

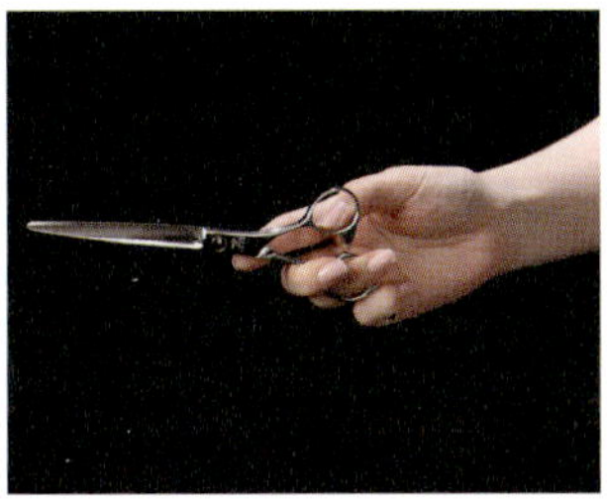

④ 엄지환에 엄지손가락을 살짝 걸친다.

6) 응용 가위 잡는법 2 (나칭 기법)

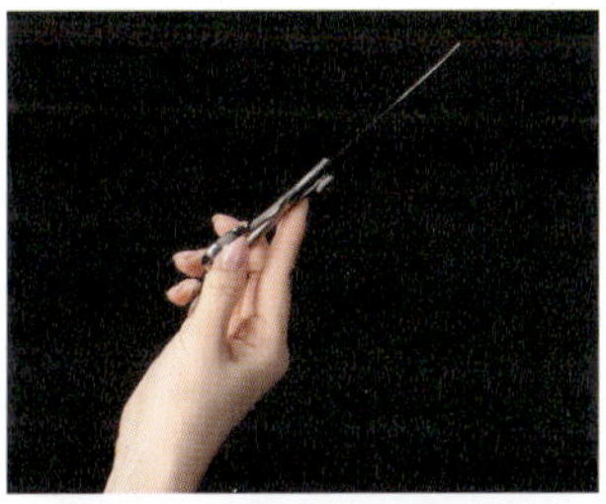

① 네 번째 손가락 두 번째 마디에 가위의 약지환을 넣고 손끝 45° 방향으로 가위날을 기울여 새끼, 약지, 중지 손가락을 구부려 가위를 잡는다.

② 손목을 몸쪽으로 당겨 가위를 움켜잡는다.

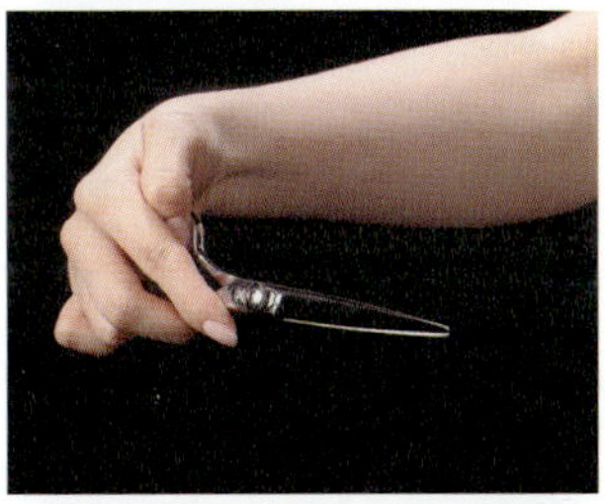

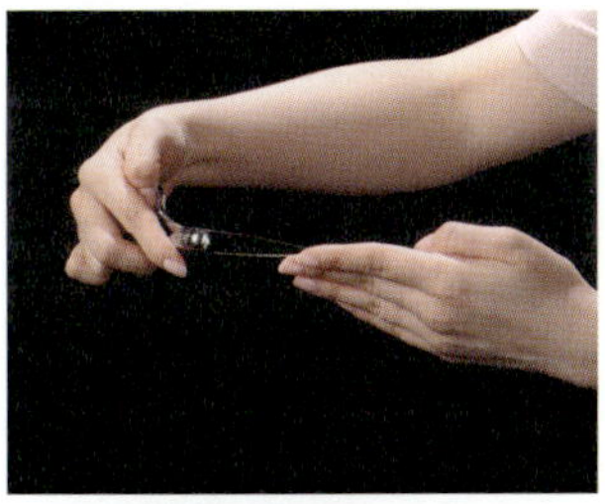

7) 응용 가위 잡는 법 3 (블런트 커트)

① 네 번째 손가락 두 번째 마디에 가위의 약지환을 넣고 손끝 45° 방향으로 가위날을 기울여 새끼, 약지, 중지 손가락을 구부려 가위를 잡는다.

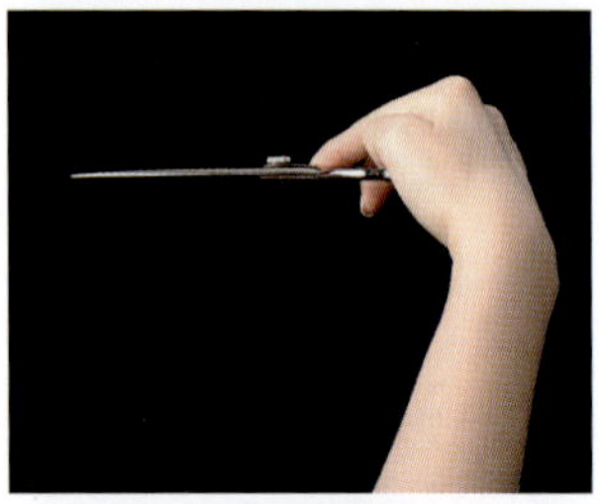

② 손목을 꺾어 가위 날을 수평으로 만든다.

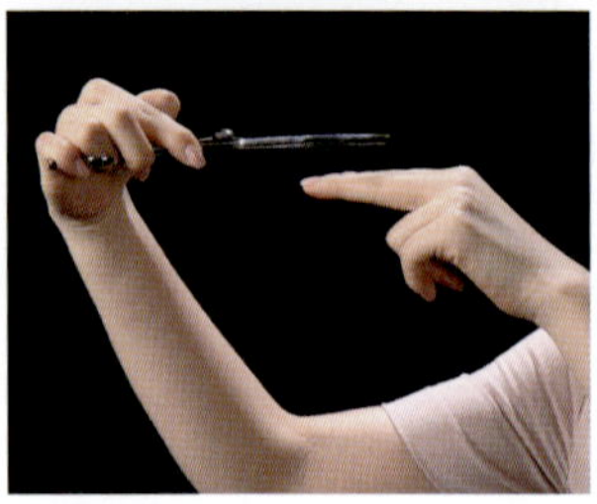

③, ④ 왼손 중지 손가락에 가위를 올려놓고 개폐 동작을 실습한다.

8) 응용 가위 잡는법 4 (포인팅 커트)

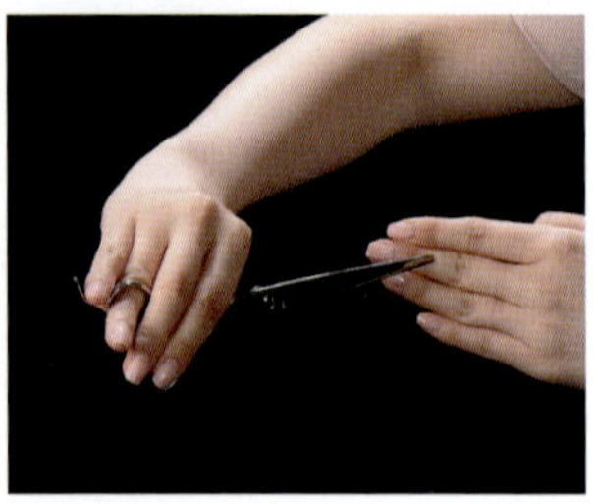

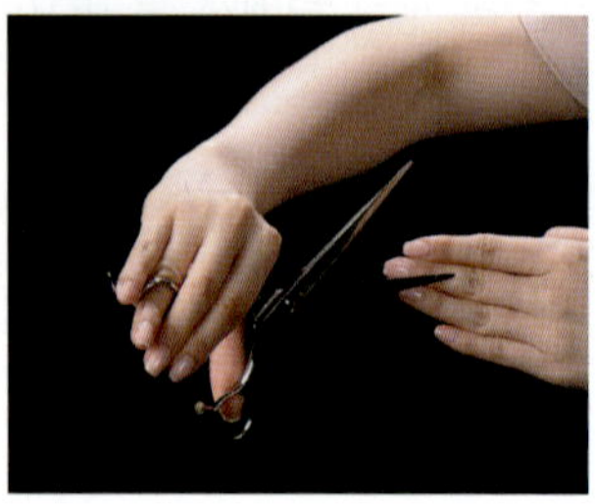

포인팅 ①, ②, ③ 왼손 손등 위로 가위를 올려 45° 각도로 커트한다.

(4) 틴닝가위(Thinning scissors)

길고 짧은 길이를 규칙적으로 반복할 수 있게 가위날을 변형시켜 제작된 가위이다. 라인 커트가 끝난 후 모량을 조절하고자 할 때 사용되는 가위(Scissors)이다.

패널의 커트되는 부분의 모량이 1/2가량씩, 1/3가량씩 감소하므로, 모발끝에 부드러운 질감과 율동감과 모량을 제거하는데 사용되는 가위(Scissors)이다.

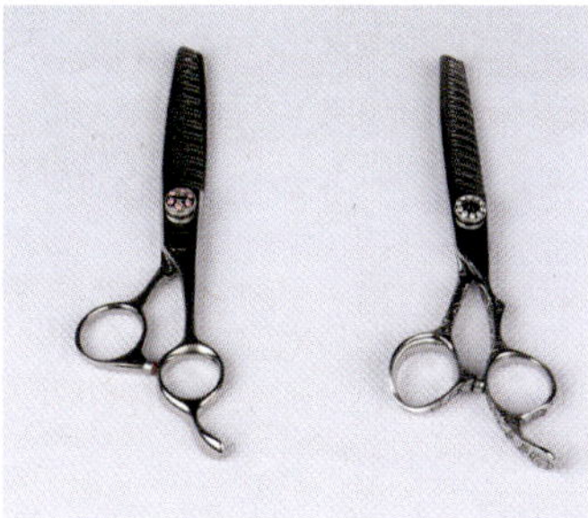

1) 틴닝 테크닉 종류

① **루트 틴닝(Root thinning)** : 모근 부분의 모량 조절과 버릇 머리가 있는 곳의 강한 모류를 교정하기 위한 질감 기법

② **이너 틴닝(Inner thinning)** : 골격이 납작하거나 튀어나온 곳을 보정하기 위한 방법으로

ⓐ 이너 레이어 틴닝 : 겉마름 효과

ⓑ 이너 그래쥬에이션 틴닝 : 볼륨효과, 모발의 밀도감과 양감, 골격과 형태선을 조절할 수 있다.

③ **라인 틴닝(Line thinning)** : 커트 형태선에서 질감을 정리하는 방법으로 가위의 자국을 최소화하거나 손질이 쉽도록 방향성을 만들어주는 효과가 있다.

(5) 슬라이싱 가위(Slicing scissors)

가위 날이 C커브되어 있기 때문에, 슬라이드 커트 테크닉을 하는 경우 모발을 뜯지 않고, 가위의 개폐가 부드러우며, 모발 위에서 잘 미끄러지기 때문에 슬라이드 커트하기에 적합한 가위이다.

슬라이싱 커트(slicing cut)를 위한 가위로 C커브 모양으로 외곡이 된 가위를 사용한다.

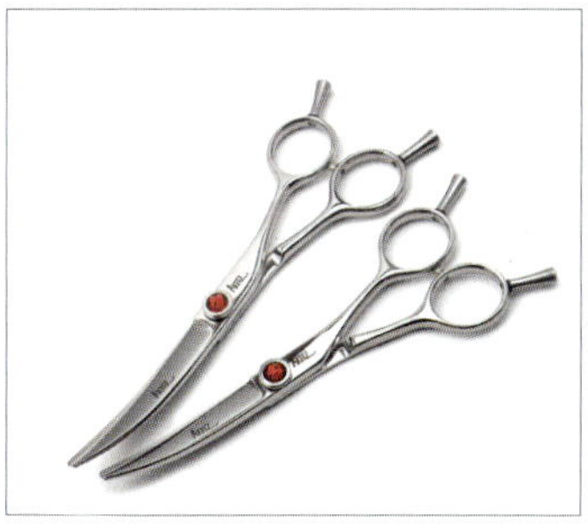

1) 슬라이싱 정의

모발 다발에 가위를 개폐했다 오므렸다 하면서 미끄러지듯이 내려오며 질감처리를 한다. 슬라이싱은 가위의 위치에 따라 모발의 방향성이 좌우되기도 한다.

(6) 레져(Razor)

레져는 모발 끝의 숱을 스트록 하거나, 모발길이의 중간 부분에 수직으로 긁어내듯이 질감 처리하여 가볍고 부드러운 스타일을 만들 때 사용되는 도구이다.

1) 레져 테크닉 종류

① razor eating(**레져 에칭**) : 레져 기법중 가장 많이 사용되는 테크닉. 겉말음으로 표현할 때 사용하는 테크닉. 모발과 레져가 예각(약 45° 정도)으로 쳐내듯이 커트하는 기법

② razor arcing(**레져 아킹**) : 안말음으로 표현할 때 사용하는 테크닉. 모발의 안쪽에서 모발을 들어 올리면서 레이져를 90°로 각을 쥐고 홀을 그리듯하여 앞쪽으로 당기듯이 커트하는 기법이다. 이 기법은 모발 안쪽에 경사를 만들어 안쪽으로 들어가는 효과를 준다.

③ razor pilling(**레져 필링**) : 크라운 부분에 커트할 때 사용하는 테크닉이다. 모발 다발에 레져를 90°각도로 넣어 뜯듯이 커트하는 기법.

④ bevel up(**베벨업**) : 모발 바깥쪽에 경사를 주는 질감 기법으로 바깥말음의 효과가 있다. 손의 텐션을 너무 주지 않도록 한다.

⑤ bevel under(**베벨언더**) : 모발 안쪽에 경사를 주는 질감 기법으로 안말음의 효과가 있다. 모발 안쪽에 홀을 그리듯 해주면서 레져와 빗을 회전한다. 강한 텐션을 주지 않도록 한다.

⑥ Razor Rotation(**레져 로테이션(레져 회전기법)**) : 모발을 두상의 곡면에 붙이기 위해 사용되는 테크닉. 네이프 목선이나 앞머리의 뭉침을 줄이고 커트 된 머리형을 연결하기 위해 빗과 레져를 회전하면서 원을 그리듯 하는 테크닉으로 머리 질감 만들기 기법.

2) Razor cut 주의사항

① 물 분무를 충분히 해야 모발 손상이 적다.

② 모발이 뜯기는 느낌을 주기 때문에 고객들이 싫어하는 경향이 있다. 새날을 자주 교체하여 불쾌감을 느끼지 않도록 한다.

③ 왼손에 텐션을 준다. 가르마 쪽으로 당겨서 자르되 왼손이 움직여 따라가지 않도록 고정해 자르고 반대편도 마찬가지 가르마쪽으로 당겨서 Cut.

④ 오른쪽은 레이져의 안쪽날, 왼쪽은 레져의 앞쪽날을 사용.

3) Razor cut의 특징

① 커트와 질감을 동시에 가능하다.

② Razor를 길게 사용하여 cut하면 : 샤기한 느낌 연출

③ Razor를 짧게 사용하여 cut하면 : 모던한 느낌 연출

(7) 클리퍼(Clipper)

프랑스의 유명 기계제작회사 바리캉.미르(Bariganc l.mer)에서 나온 이용 기구를 발음이 안 되는 일본 사람들이 바리깡(バリカン)이라고 불러 한국에 들여오게 되었다. 현재 한국에서는 바리깡은 일본식 발음이라 사용하지 않고 '클리퍼'라는 명칭으로 사용하고 있다.

1) 클리퍼의 종류

① 2단 조절 클리퍼

- 고정날과 작동날이 서로 교차로 움직이며 모발을 커트한다.
- 스위치를 위로 올리면 짧게 모발이 잘리고 아래로 내리면 0.1mm 길게 커트 된다.
- 덧 빗은 2, 4, 9, 12mm로 클리퍼에 장착하여 자를 시 모발의 길이를 조절할 수 있다.

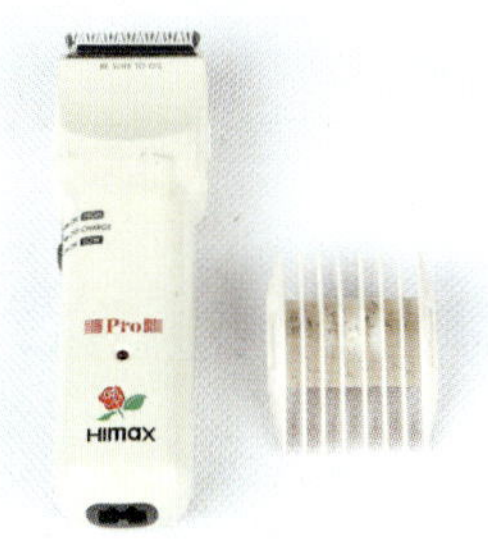

② 3단 조절 클리퍼

- 고정날고 작동날이 서로 교차로 움직이며 모발을 커트한다.
- 클리퍼의 목부분을 회전하여 1, 2, 3단으로 단수를 조절하여 커트할 수 있다.
- 덧 빗은 3, 6, 9mm로 클리퍼에 장착하여 자를시 모발의 길이를 조절할 수 있다.

③ 미니 클리퍼

가볍고 강력한 모터로 짧은 모발을 깔끔하게 정리할 때 사용한다.

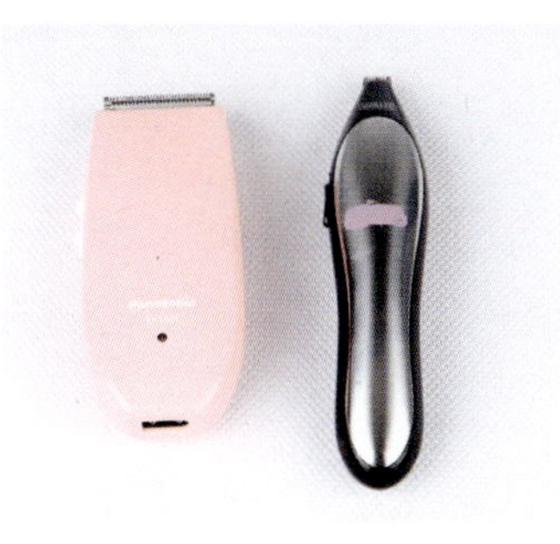

2) 클리퍼 응용 방법

① 면치기

– 빗과 수평을 이뤄 빗 사이에 나온 모발을 커트한다.

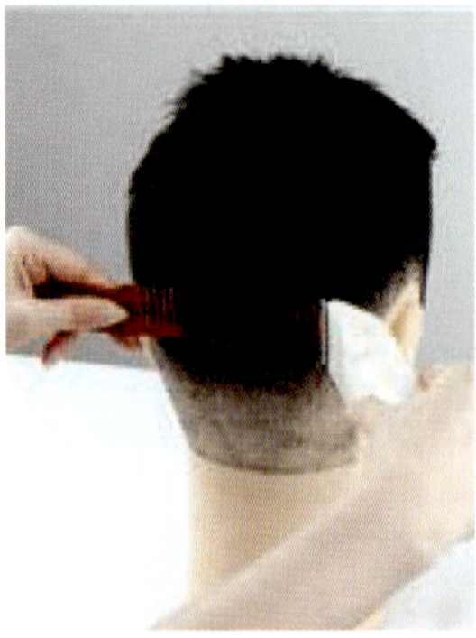

– 빗과 수직 방향으로 커트한다.

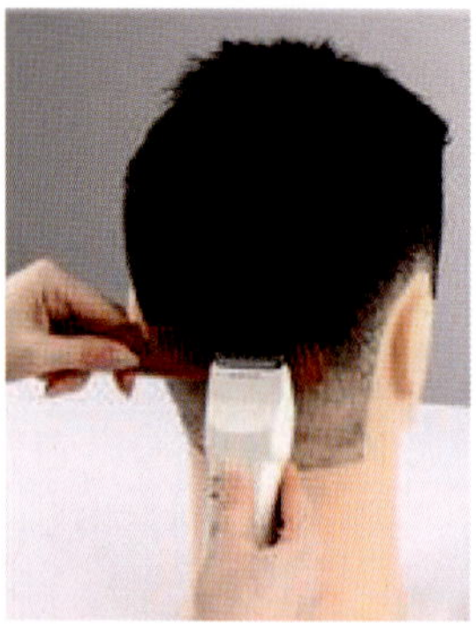

② 돌려깎기

자연스럽게 연결하기 위해 빗살 끝을 두상 곡면에 대고 회전하며 빗 등에 나온 모발을 클리퍼로 제거한다.

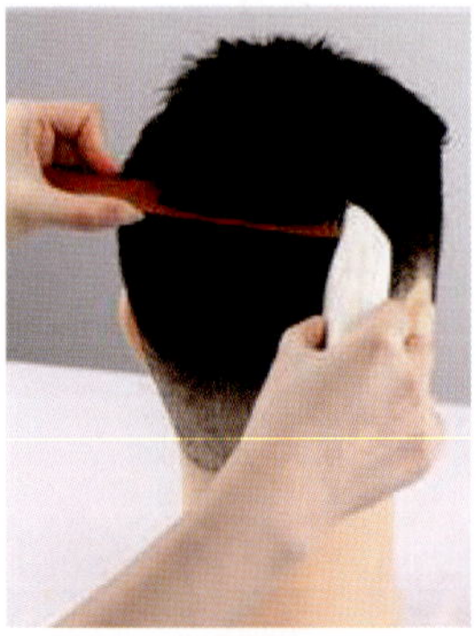

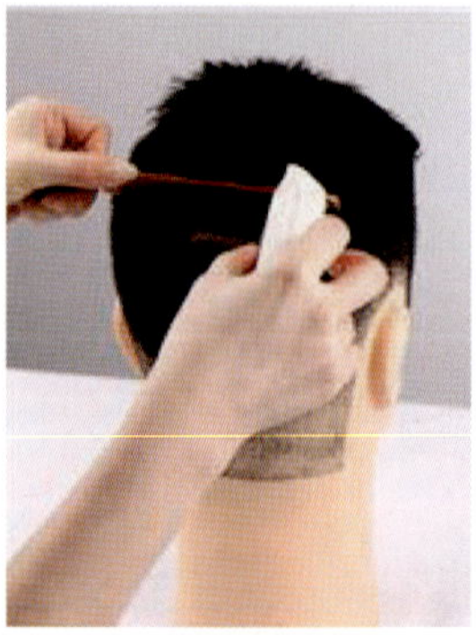

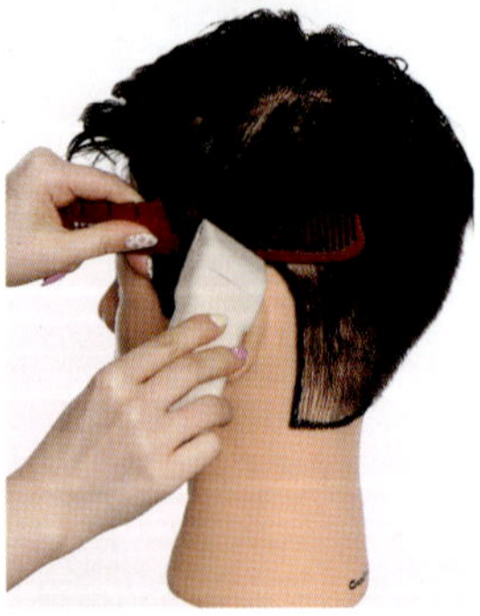

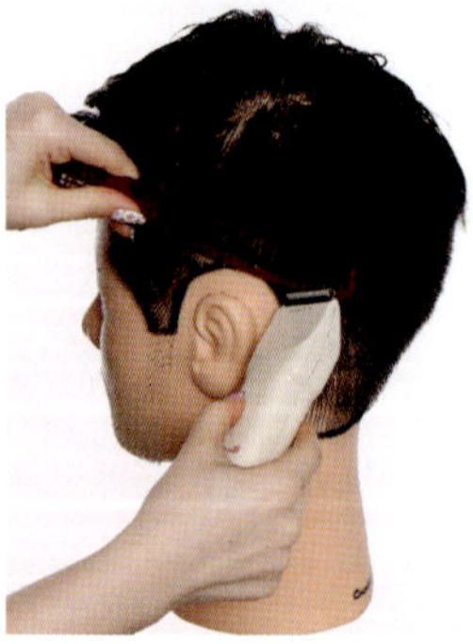

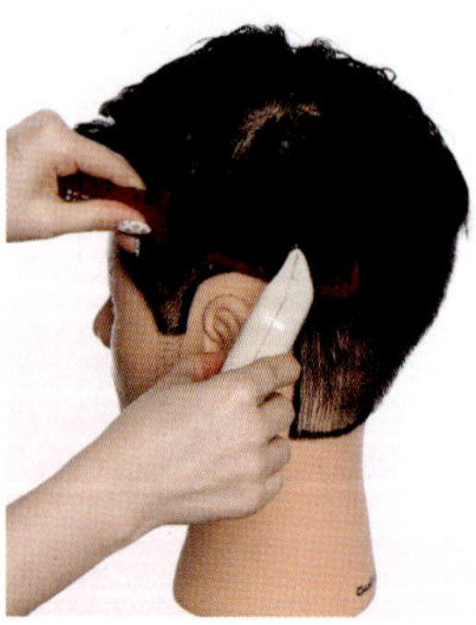

③ 클리퍼 양손 잡기

이어 라인, 네이프를 올려칠 때 클리퍼가 흔들이지 않도록 양손으로 고정하여 커트한다.

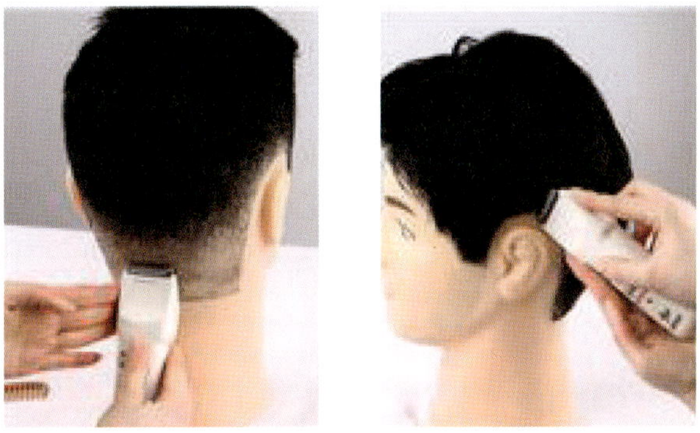

④ 스윙

클리퍼를 커트 각도에 따라 네이브 부분에서 빠르게 올리며 커트한다.

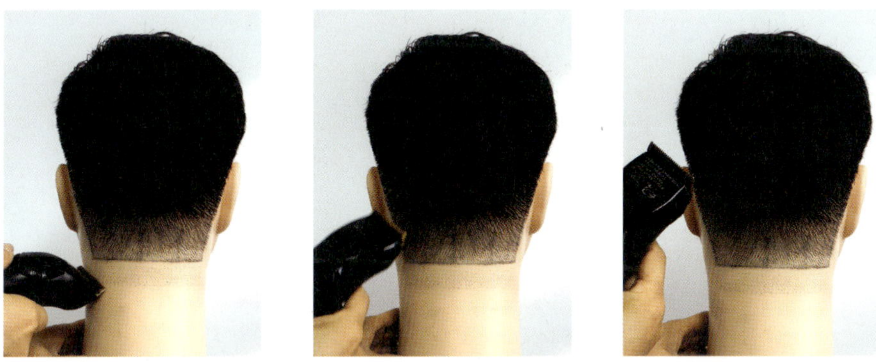

⑤ 굴리기

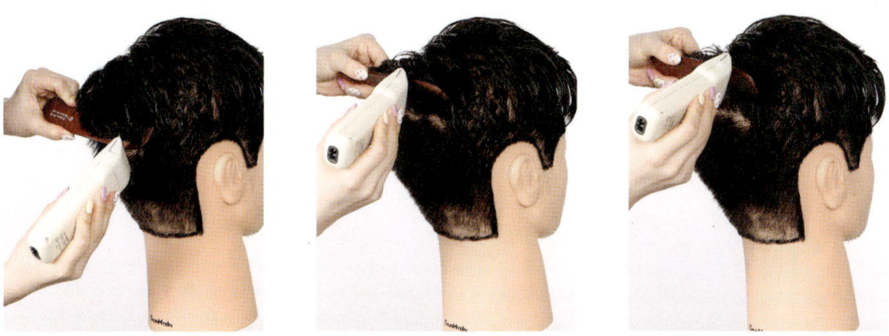

⑥ 끌어올리기

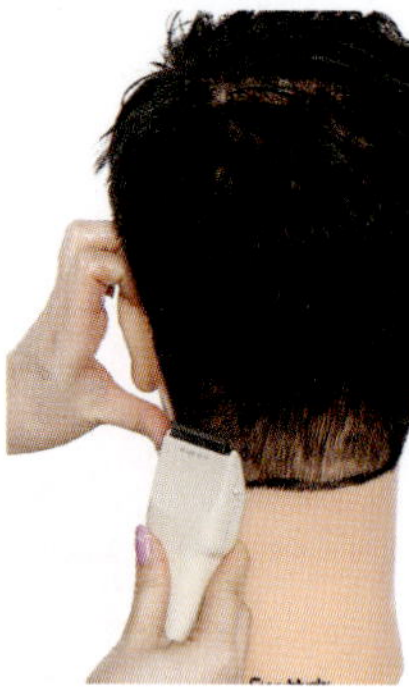
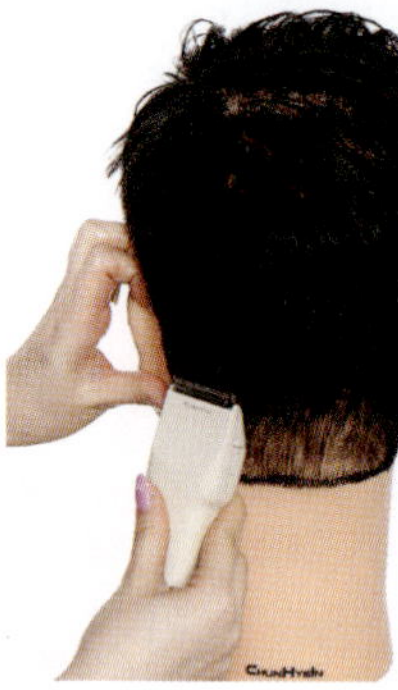
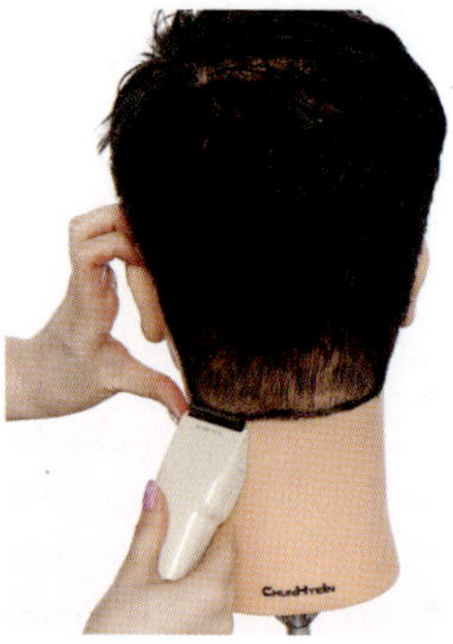

⑦ 명암처리 기법(삼색의 조화)

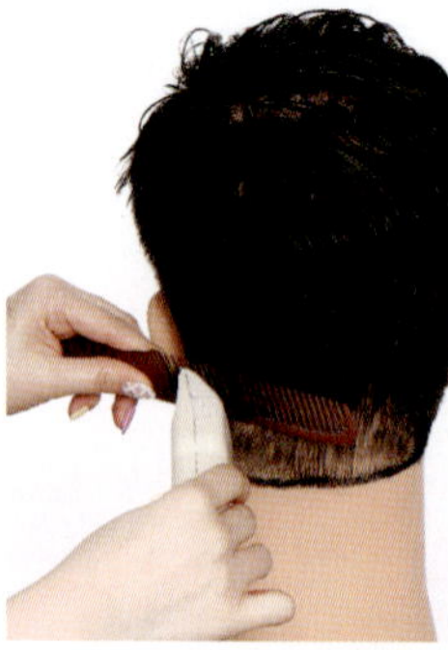
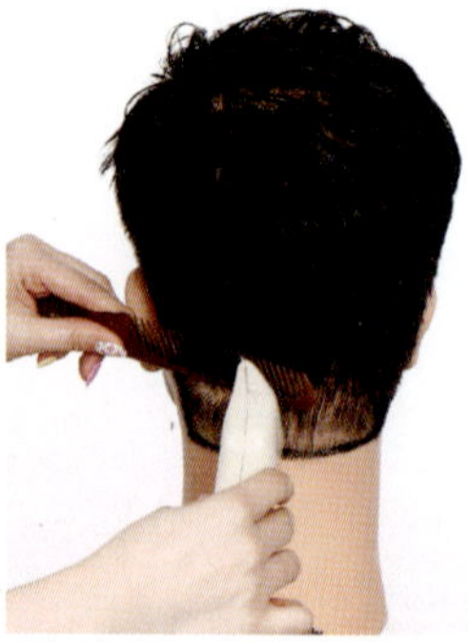
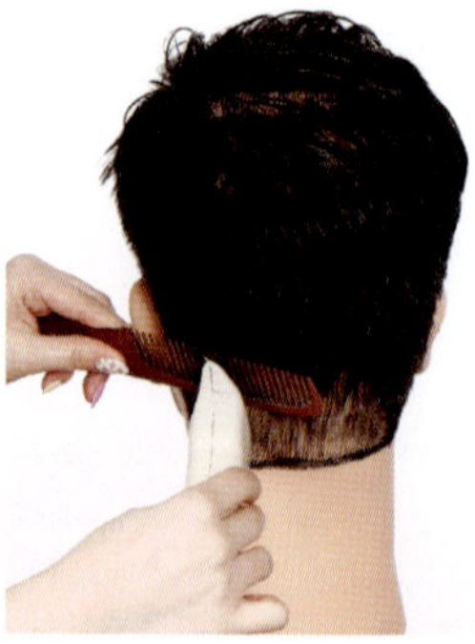
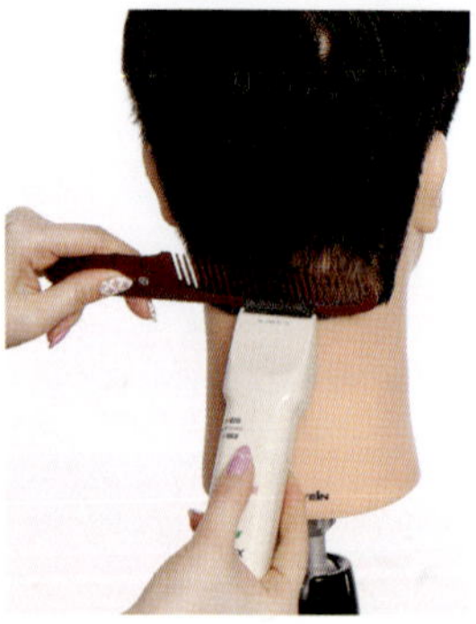
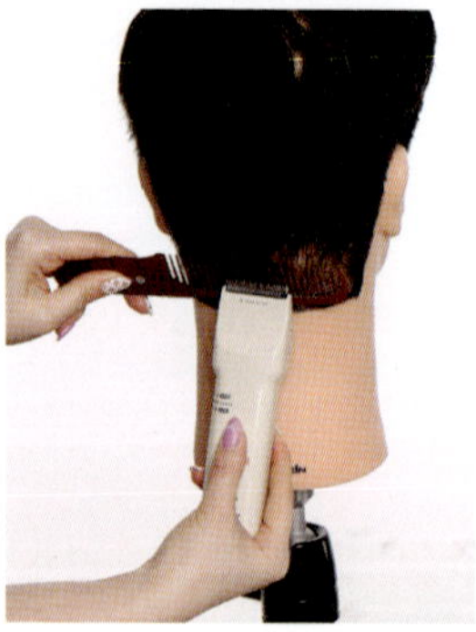
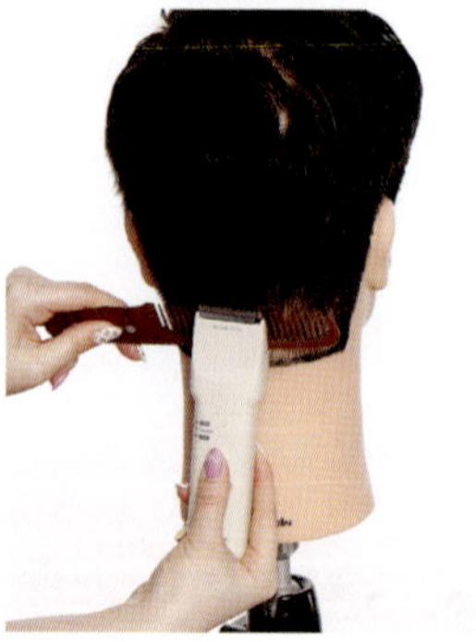

3) 클리퍼 잡는 방법

① 한 손 잡기

- 엄지손가락을 클리퍼 위에 올리고 나머지 네 손가락으로 뒷면을 잡는다.
- 가장 많이 사용하는 방법으로 손목에 힘을 빼고 올려칠 때 사용한다.

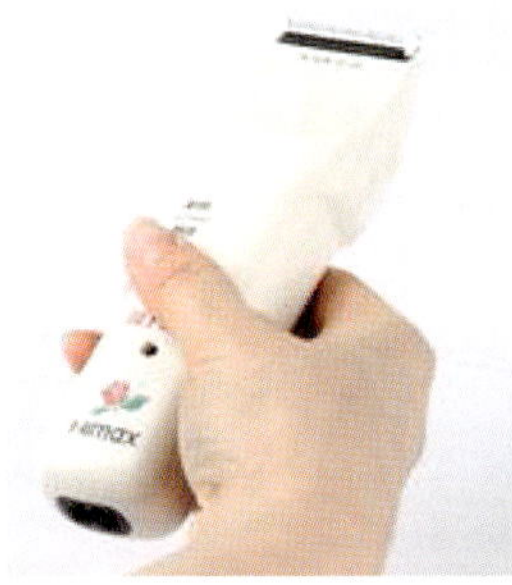

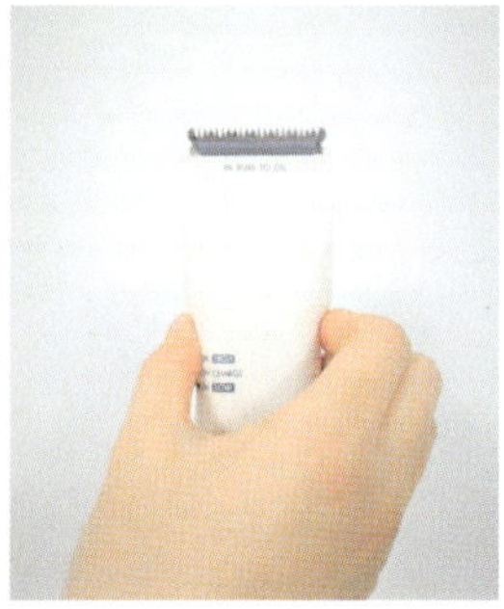

② 양손 잡기

- 양손 검지로 옆면을 잡고 나머지 손가락은 자연스럽게 잡아준다.
- 클리퍼가 흔들리지 않도록 잡아주는 역할을 한다.

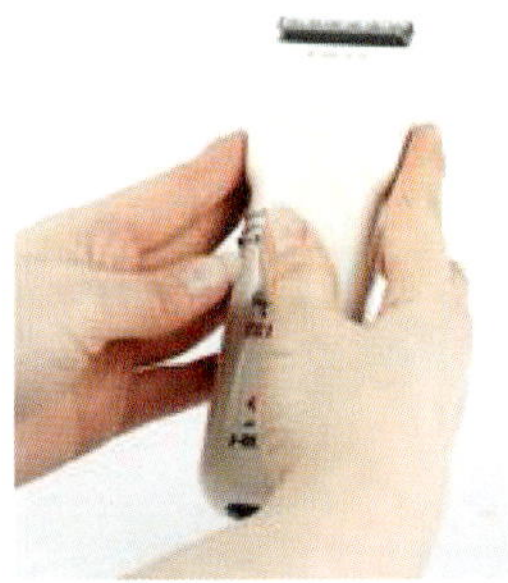

③ 펜슬 잡기

연필을 쥐듯이 잡는 방법으로 크라운 부위 커트 시 혹은 짧게 올려칠 때 주로 사용한다.

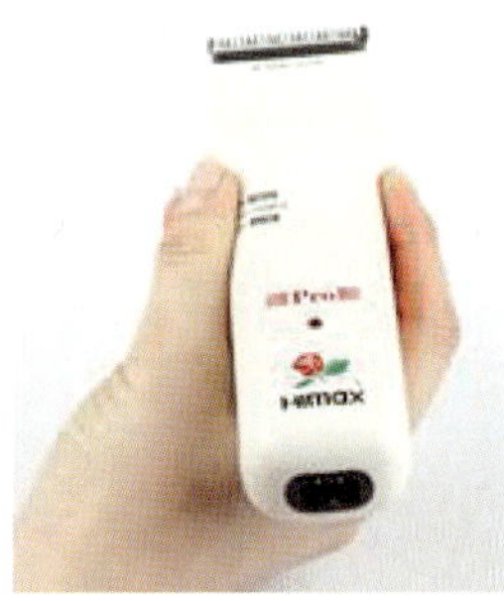

(8) 남성 커트 기타 도구

1) 이용용 이온 드라이기

이온 발생으로 손상된 모발을 보호하며 바람 세기가 약하고 풍부한 열량을 가지고 있어 모발이 날리지 않고 스타일을 고정할 수 있다.

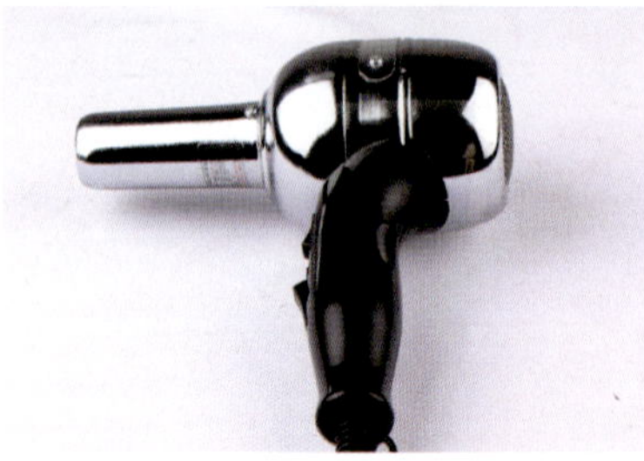

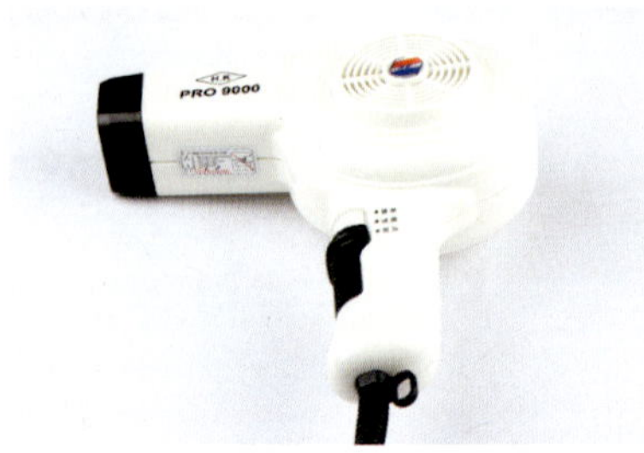

2) 브러쉬

① 덴멘 브러쉬

모근을 세울 때, 모발에 볼륨을 줄 때, 가볍게 드라이 시 사용한다.

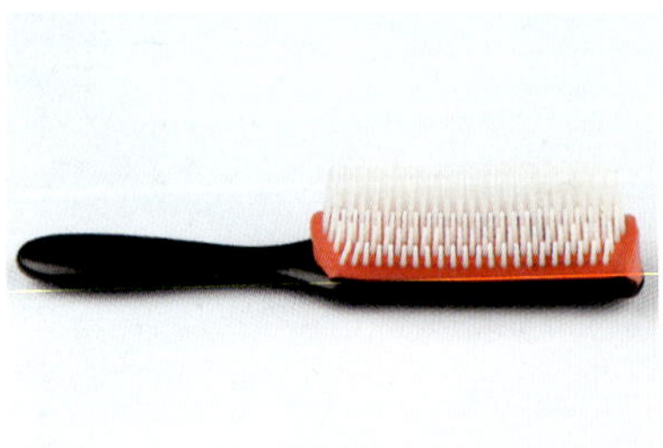

② 양면 브러쉬

한쪽엔 짧은 브러쉬 날과 다른 한쪽엔 긴 모가 붙어있는 브러쉬로 짧은모는 모근을 눌러줄 때 사용하고 긴 모는 모발에 볼륨을 줄 때, 모근의 방향감을 줄 때 사용한다.

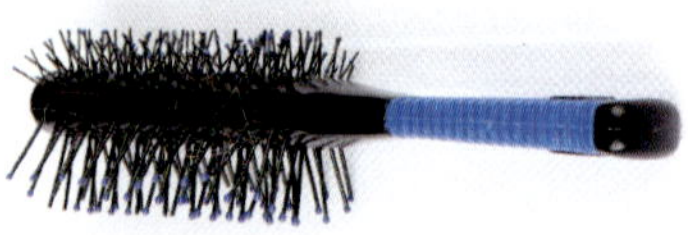

3) 면도기

털을 깔끔하게 제거할 수 있도록 만들어진 날을 면도기에 꽂아 사용한다.

4) 헤어크림

적당한 유분과 수분을 함유하여 모발에 자연스러운 광택과 건강미를 부여한다.

5) 포마드

파자마씨유나 카나우바 왁스 등 고체형의 점착성을 가진 주성분으로 뛰어난 고정력과 광택력으로 스타일을 고정한다.

6) 아이론 핫오일

열에 타지 않는 오일로 모발을 보호하는 효과를 가지고 있다.

7) 천가분

짧은 머리 커트 시 모발을 수정할 때 모발 표면을 잘 보이게 하기 위해 하얀 분을 도포한다.

8) 털이솔

커트 후 모발 잔여물을 털어낼 때 사용한다.

제2장 실기편

BASIC MEN'S CUT PRO

1. 남성 베이직커트

1) 울프 커트

2) 롱 댄디 커트

3) 미디움 댄디 커트

4) 숏 댄디 커트

5) 롱 리젠트 커트

6) 숏 리젠트 커트

7) 낮은 상고 커트

8) 중간 상고 커트

9) 높은 상고 커트

10) 반 스포츠 커트

11) 각 스포츠 커트

12) 바버샵 커트

13) 모히칸 커트 1

14) 모히칸 커트 2

15) 스왓 커트(스포츠 모히칸형)

(1) 울프 커트

울프컷은 뒷머리가 길게 빠지고 사이드는 대체로 짧은 스타일로 마치 늑대의 갈기를 연상하게 해 이름 붙여진 스타일이다.

윗부분에서부터 층이 많이 난 커트로 야성적이고 터프한 이미지이다.

아래는 길게 위로는 짧게 커트하여 볼륨을 살려주는 스타일이다.

라인의 가벼움과 탑의 질감처리로 가벼운 볼륨을 살려주는 것이 포인트다.

완성형–앞

완성형–옆(좌)

완성형–옆(우)

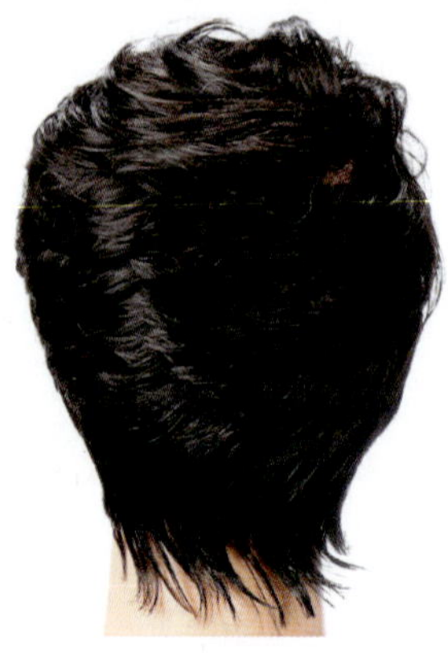

완성형–뒤

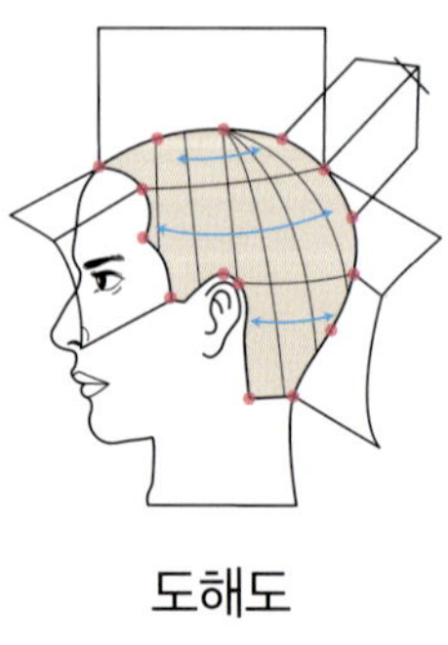

도해도

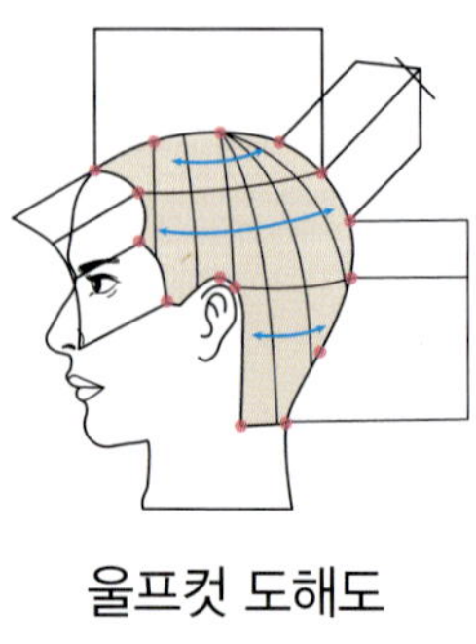

울프컷 도해도

[커트 절차]

① 블로킹 : 5 블로킹

② 머리위치 : 똑바로

③ 섹션, 파팅 : 수직, 사선, 방사선

④ 분배, 빗질 : 직각분배

⑤ 손가락, 가위위치 : 파팅과 평행, 비평행

⑥ 디자인 라인 : 이동디자인 라인

1-1. 커트 전모습

1-2. 뒷부분에서 수평 파팅을 나눈 상태

1-3. 뒤에 센터 2cm 폭 가이드 설정한 상태

1-4. 뒤로 똑바로 빗질하여 스퀘어 커트 온 더 베이스

1-5. 같은 방법으로 진행 온 더 베이스

1-6. 동일한 길이 체크

1-7. 뒷부분이 커트 된 상태

1-8. 센터 2cm 폭으로 가이드 설정

1-9. 뒤로 똑바로 스퀘어커트

1-10. 온 더 베이스로 진행

1-11. 양쪽 동일한 방법으로 진행

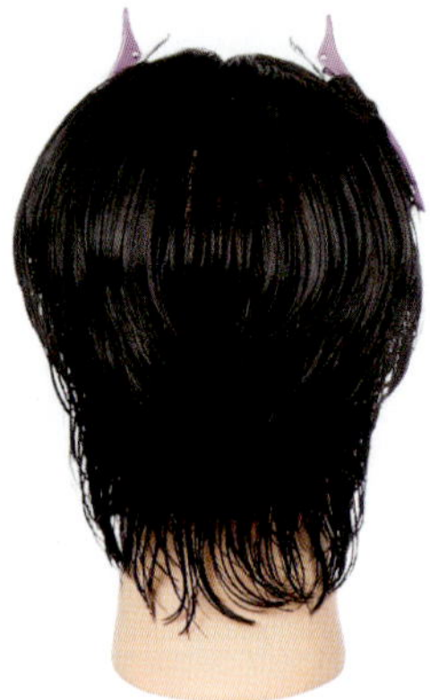

1-12. 뒷부분이 커트 된 상태

1-13. 뒤에 측면 부분은 이어 투 이어 라인으로 사이드 베이스로 진행

1-14. 앞쪽 면은 이어 투 이어 라인에 고정디자인으로 커트

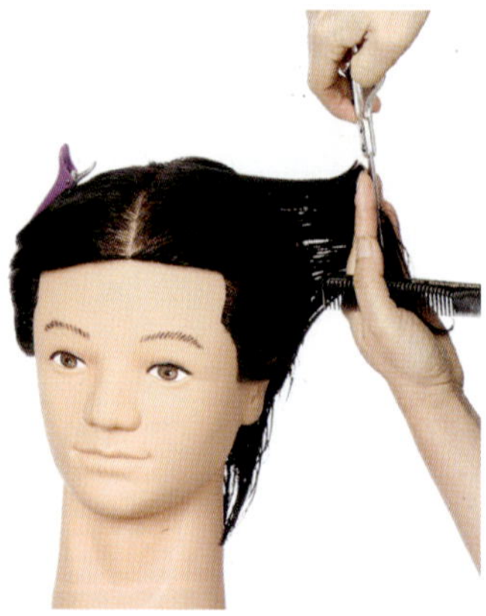

1-15. 고정디자인으로 커트

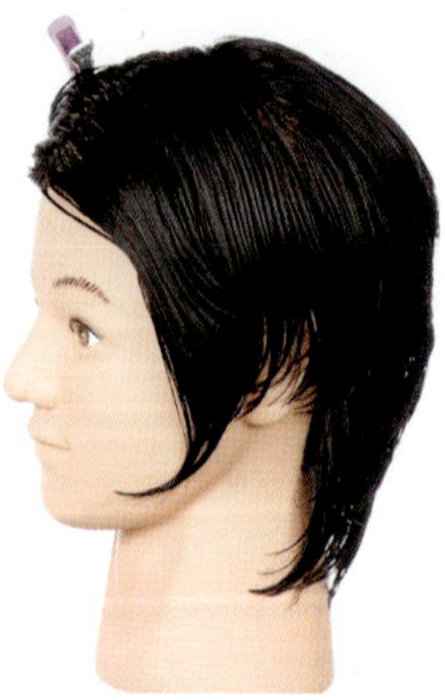

1-16. 수평 파팅으로 라인 체크

1-17. 오른쪽도 동일한 방법으로 고정디자인 라인

1-18. 위로 똑바로 평행하게 커트

1-19. 위로 평행하게 커트 된 상태

1-20. 윗부분으로 고정 디자인 라인

1-21. 고정 디자인으로 커트 된 상태

1-22. 왼쪽 가르마를 중심으로 삼각형 파팅을 나눠진 상태

1-23. 왼쪽 가르마를 중심으로 오른쪽 앞머리 사선 커트

1-24. 왼쪽 앞머리 사선 커트

1-25. 나머지 앞머리까지 고정 디자인 라인

1-26. 오른쪽 앞머리와 사이드부분 연결

1-27. 왼쪽도 동일하게 커트

1-28. 왼쪽 고정 디자인 라인

1-29. 앞머리와 윗부분 연결. 가르마를 중심으로

1-30. 슬라이싱으로 질감처리

1-31. 커트 된 앞모습

1-32. 커트 된 왼쪽 모습

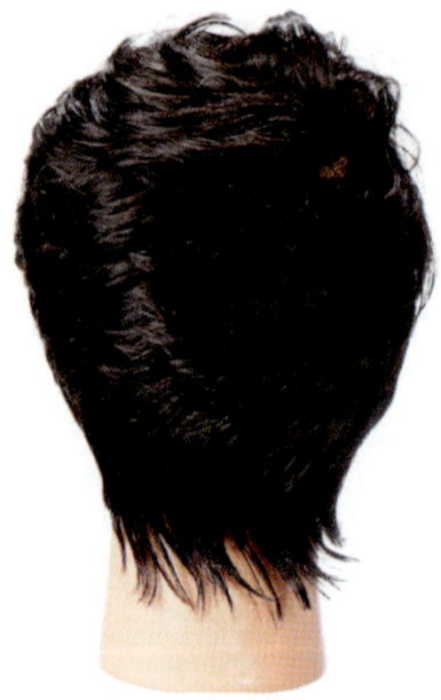

1-33. 커트 된 뒷모습

1-34. 커트 된 오른쪽 모습

(2) 롱 댄디 커트

댄디란 '멋쟁이 · 맵시꾼'이란 뜻으로 18세기 말에서 19세기 초 귀족층의 스타일을 본받으며 문학과 예술에 심취한 영국 중산층 남성 부류에서 유래하였다.

댄디 커트는 앞머리 부분은 보통 앞으로 내리며, 전체적으로 머리는 가볍지 않으면서 거친 이미지보다 직선적이고 부드러우며 클래식한 느낌이고 질감처리는 끝을 무겁게 처리한다.

머리의 위쪽은 볼륨을 강하게 넣어 모던한 스타일을 만들어주며, 손질이 쉬운 스타일이다. 대부분 정장, 캐주얼 등의 어떠한 스타일에도 무난하게 어울리고 단정하면서 세련된 헤어스타일이다.

완성형–앞

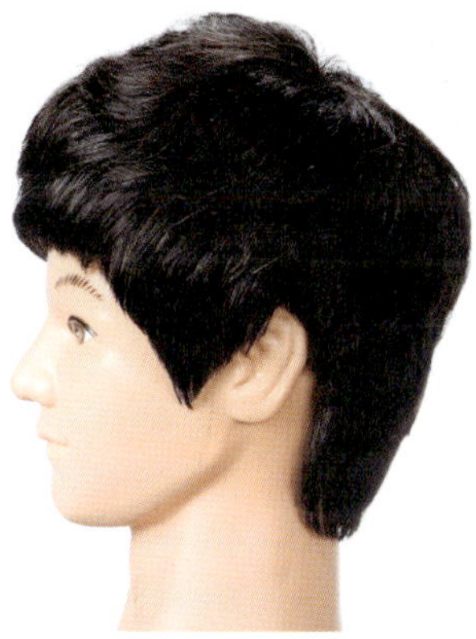

완성형–옆(좌)

완성형–옆(우)

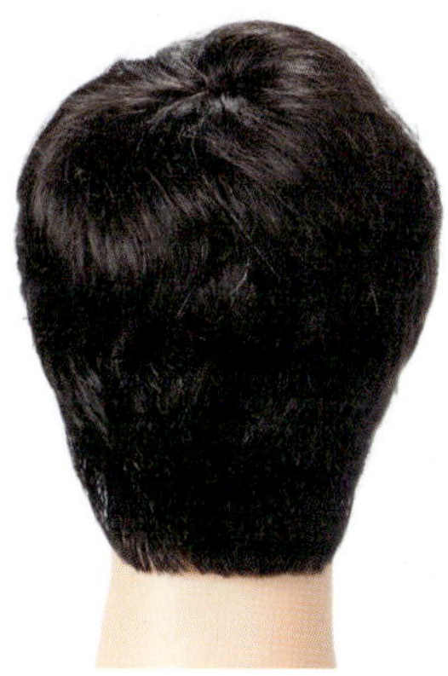

완성형–뒤

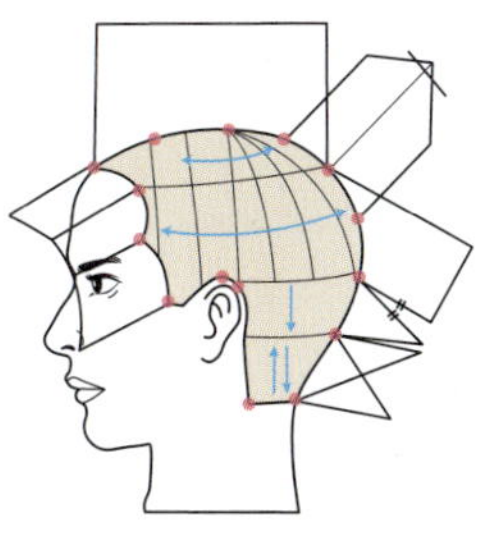

도해도

[커트 절차]

① 블로킹 : 5 블로킹

② 머리위치 : 똑바로

③ 섹션, 파팅 : 수평, 수직, 사선, 방사선

④ 분배, 빗질 : 직각분배, 변이분배

⑤ 손가락, 가위위치 : 파팅과 평행, 비평행

⑥ 디자인 라인 : 이동 디자인 라인

2-1. 귀 중간까지 수평 파팅한 상태

2-2. 위로 업 베이스 5cm 정도 길이로 블런트 커트

2-3. 오른쪽으로 두상의 형태에 따라 직각분배

2-4. 오른쪽도 직각분배

2-5. 네이프 부분 다운 베이스로 아웃라인 정리

2-6. 오른쪽 코너 제거

2-7. 네이프 부분이 커트 된 상태

2-8. 두 번째 파팅 뒷부분 수평 파팅으로 나뉜 후 가이드에 맞춰 다운 베이스

2-9. 직각 분배로 두상의 곡면 따라 진행

2-10. 뒷부분의 커트가 끝난 상태

2-11. 왼쪽사이드 이어 백라인에서 뒤로 후대각, 앞으로 전대각파팅

2-12. 뒷부분의 가이드에 맞춰 직각분배로 커트

2-13. 직각분배로 커트

2-14. 전대각 파팅에 맞춰 직각분배 블런트 커트

2-15. 두 번째 파팅 직각분배 다운베이스

2-16. 측면 부분도 직각분배 다운베이스

2-17. 왼쪽사이드 커트 된 상태

2-18. 오른쪽 사이드부분도 같은 방법으로 파팅

2-19. 직각분배로 커트

2-20. 첫 섹션이 끝난 상태

2-21. 두 번째 섹션은 다운베이스

2-22. 뒷면과 사이드 코너 제거

2-23. 다운베이스 직각분배

2-24. 오른쪽 사이드 커트 된 상태

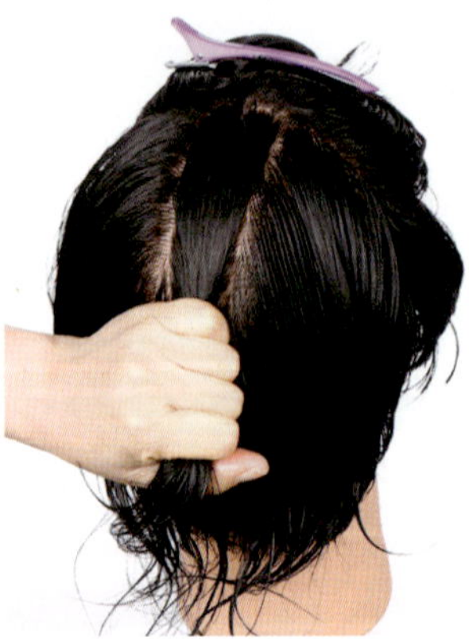

2-25. 센타 2cm폭으로 파팅을 나눈다.

2-26. 위로 똑바로 올려 뒤에 길이보다 2배 길게 길이 가이드 설정

2-27. 위로 똑바로 커트 된 상태

2-28. 백 가이드와 크라운 부분과 연결하기 위해 손가락 비평행으로 커트

2-29. 손가락 비평행으로 진행

2-30. 코너 제거

2-31. 왼쪽 백사이드로 가면서 온 더 베이스로 진행

2-32. 사이드도 온 더 베이스로 진행

2-33. 오른쪽도 같은 방법으로 손가락 비평행으로 커트

2-34. 오른쪽 사이드도 같은 방법으로 커트

2-35. 탑 가이드에 맞춰 고정 디자인 라인

2-36. 오른쪽도 같은 방법으로 고정 디자인 라인

2-37. 앞머리 비대칭으로 커트하기 위해 짧은 가이드라인 설정

2-38. 오른쪽 앞머리를 파팅한 상태

2-39. 앞머리를 대각선으로 커트

2-40. 앞머리와 사이드 연결

2-41. 앞머리 첫 단이 커트 된 상태

2-42. 두 번째 단도 앞머리에 고정 디자인 라인으로 커트

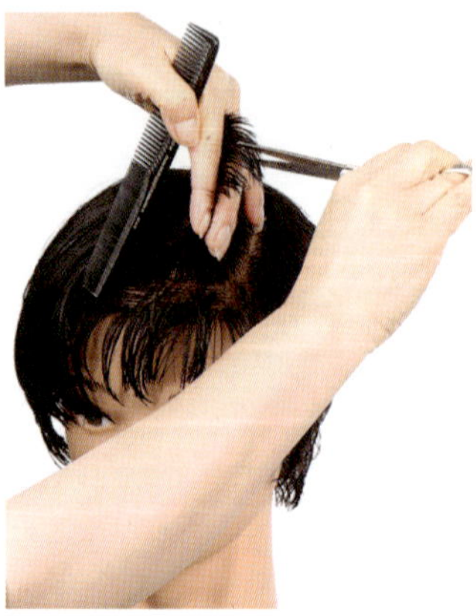

2-43. 앞머리와 윗부분 연결 코너 제거 왼쪽으로 당김

2-44. 왼쪽으로 고정디자인 코너 제거

2-45. 커트 된 앞모습

2-46. 커트 된 왼쪽 모습

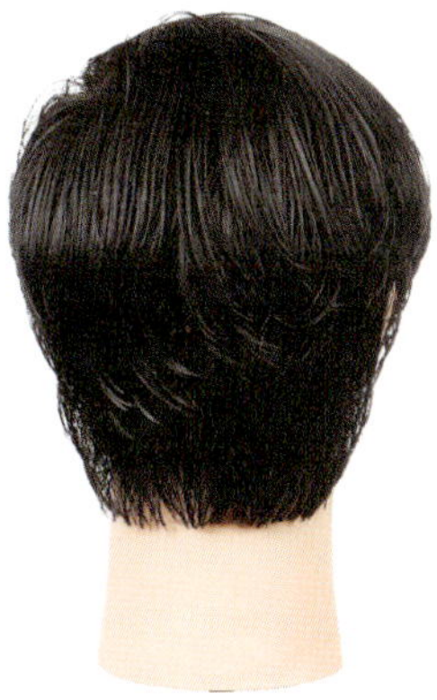

2-47. 커트 된 뒷모습

2-48. 커트 된 오른쪽 모습

(3) 미디움 댄디 커트

댄디란 '멋쟁이 · 맵시꾼'이란 뜻으로 18세기 말에서 19세기 초 귀족층의 스타일을 본받으며 문학과 예술에 심취한 영국 중산층 남성 부류에서 유래하였다.

댄디 커트는 앞머리 부분은 보통 앞으로 내리며, 전체적으로 머리는 가볍지 않으면서 거친 이미지보다 직선적이고 부드러우며 클래식한 느낌이고 질감처리는 끝을 무겁게 처리한다.

머리의 위쪽은 볼륨을 강하게 넣어 모던한 스타일을 만들어주며, 손질이 쉬운 스타일이다. 대부분 정장, 캐주얼 등의 어떠한 스타일에도 무난하게 어울리고 단정하면서 세련된 헤어스타일이다.

완성형-앞

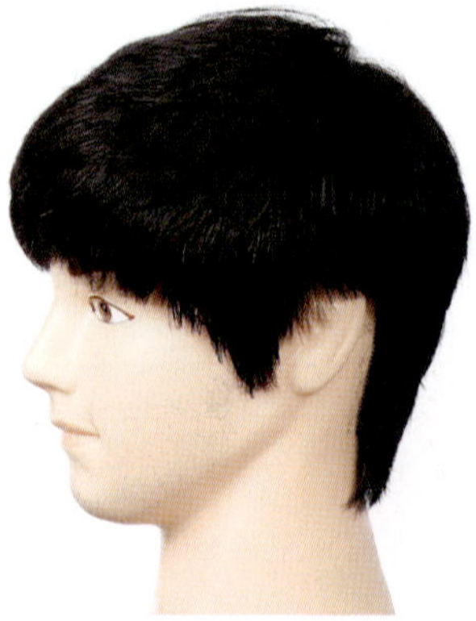
완성형-옆(좌)

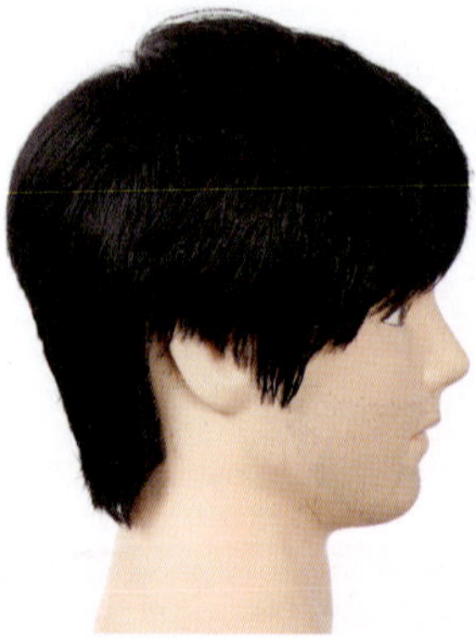
완성형-옆(우)

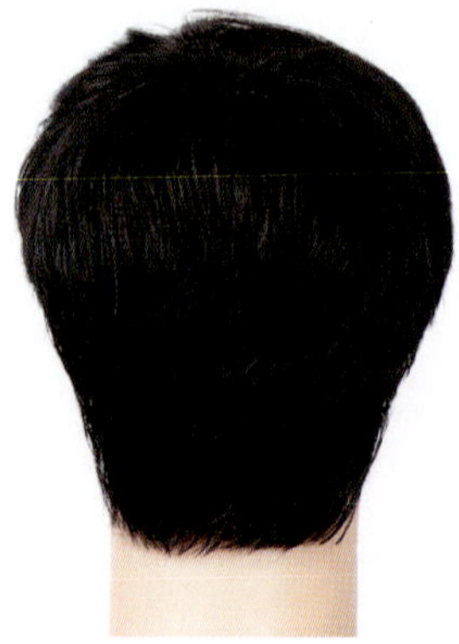
완성형-뒤

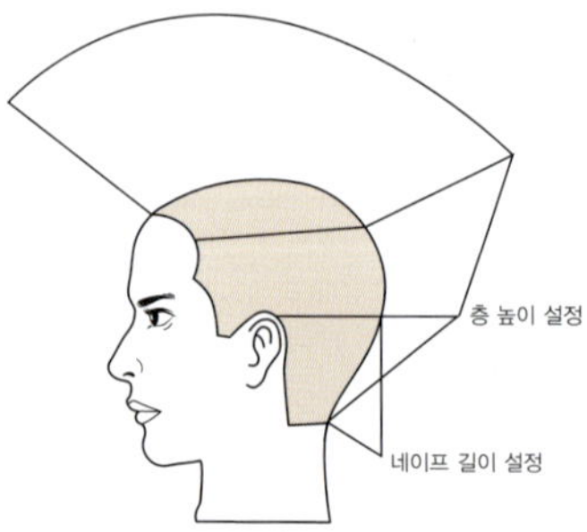

도해도

[커트 절차]

① 블로킹 : 3블로킹

② 머리위치 : 똑바로, 약간숙임, 옆기울임

③ 섹션, 파팅 : 사선, 수직, 방사선

④ 분배, 빗질 : 직각분배, 변이분배

⑤ 손가락위치 : 파팅선과 평행

⑥ 디자인라인 : 이동디자인 라인

3-1~3. 블로킹 : 인테리어, E.B.P~E.B.P, 사이드 부분을 나눈다.

3-4~6. E.B.P 파팅선에서 90°각도, 사이드 베이스로 원하는 층 높이에서 커트한다.

3-7~9. N.P 파팅선에서 90°각도, 사이드 베이스로 네이프 라인의 길이를 정하여 커트한다.

3-10~12. 버티컬 섹션, 온베이스 , 60°각도로 아래 모발을 가이드로 커트한다.

3-13~15. 버티컬 섹션, 온베이스 , 60°각도로 아래 모발을 가이드로 커트한다.

3-16~18. 백사이드 길이를 가이드로 버티컬섹션, 온베이스, 60°각도로 커트한다.

3-19~21. 이어 라인을 콤컨트로 기법으로 라인을 정리한다.

3-22~24. 왼쪽 사이드도 동일한 방법으로 버티컬섹션, 온베이스, 60°각도로 커트한 뒤 이어라인을 정리한다.

3-25~27. 방사선 섹션, 온베이스, 두상각 90°로 들어올려 아래 길이를 가이드로 커트한다.

3-28~30. 인테리어는 온베이스, 두상각 90° 유니폼 레이어형으로 커트한다.

3-31~33. 앞쪽으로 진행하며 동일한 방법으로 커트한다.

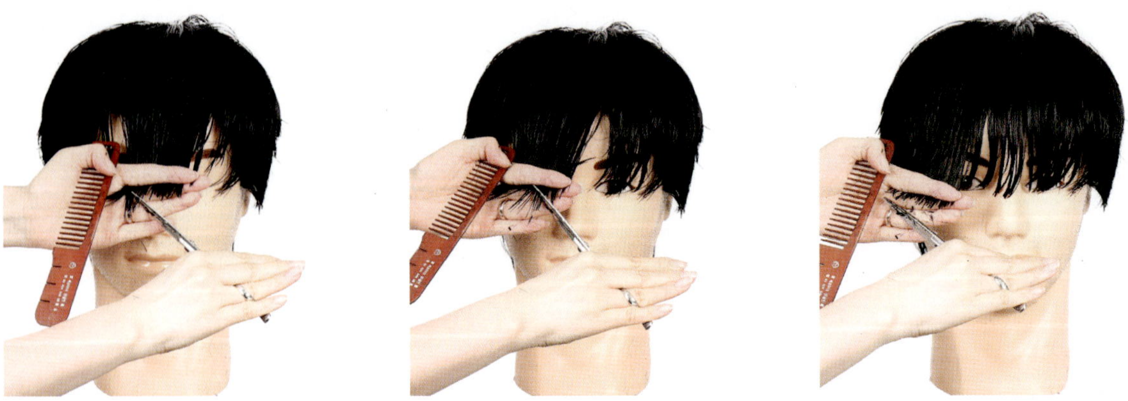

3-34~36. 프린지 부분은 30° 각도로 들어 앞라인을 정리한다.

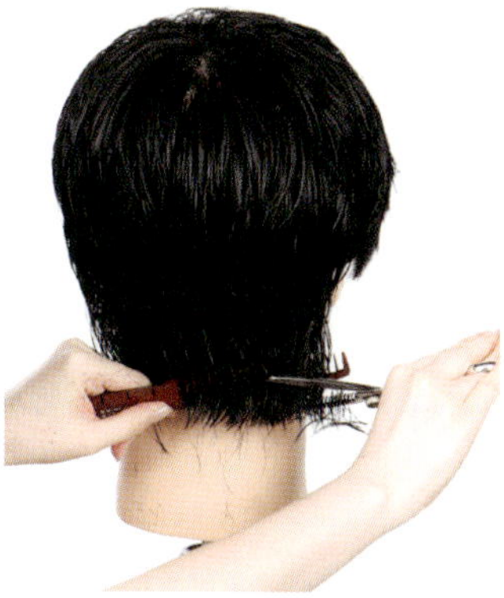

3-37~39. 커트했던 동일한 섹션과 각도로 테이퍼링한다.

3-40. 커트 된 앞모습

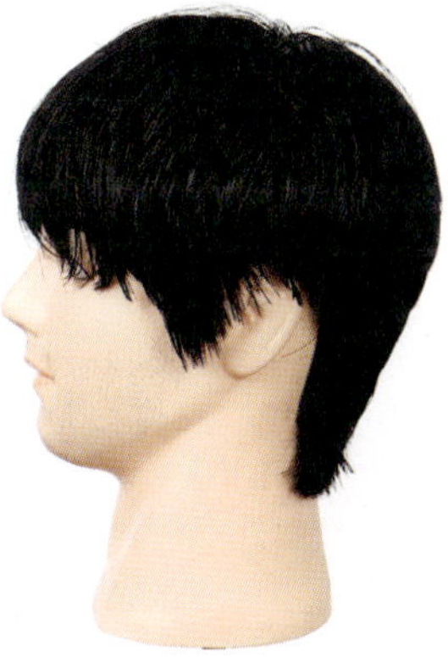

3-41. 커트 된 왼쪽 모습

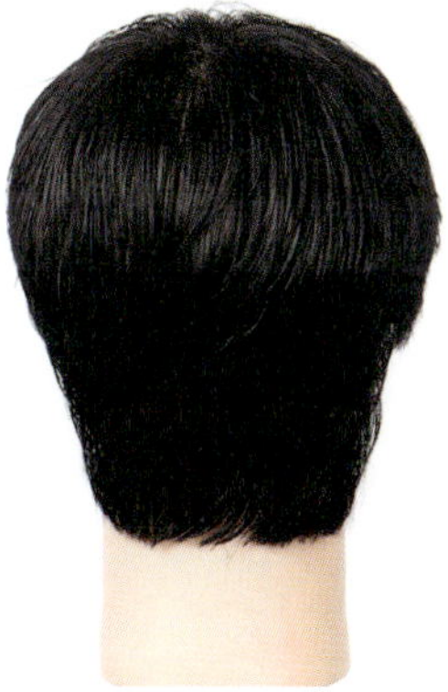

3-42. 커트 된 뒷모습

(4) 숏 댄디 커트

댄디컷 스타일이나 전체적인 길이가 10cm 이하인 짧은 스타일을 숏 댄디 스타일이라고 한다.
숏 댄디컷은 전체적으로 적당한 층이 있으며 앞머리는 일자 혹은 비대칭으로 커트하고 구렛나루는 살리며 귀를 드러내고 뒷머리는 일자로 커트하는게 숏댄디컷 스타일이다.

완성형-앞

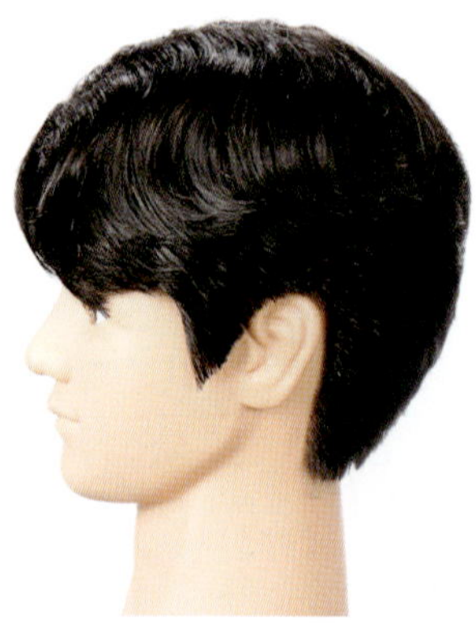
완성형-옆(좌)

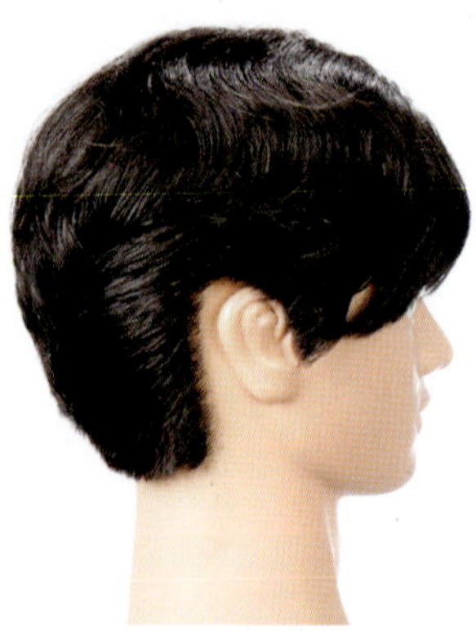
완성형-옆(우)

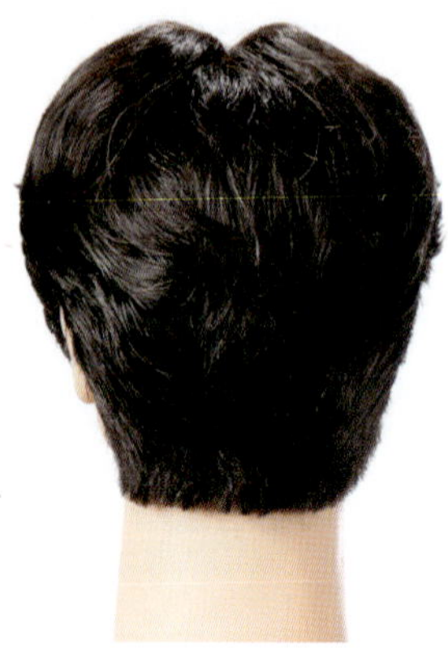
완성형-뒤

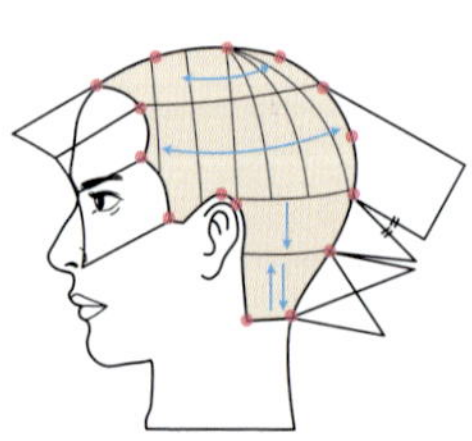
도해도

[커트 절차]

① 블로킹 : 5 블로킹
② 머리위치 : 똑바로
③ 섹션, 파팅 : 수평, 수직, 사선, 방사선
④ 분배, 빗질 : 직각분배, 변이분배
⑤ 손가락, 가위위치 : 파팅과 평행, 비평행
⑥ 디자인 라인 : 이동 디자인 라인

4-1. 귀 중간부분으로 수평 파팅 한 상태

4-2. 업 베이스 하여 길이 3cm 정도 가이드 설정

4-3. 두상의 형태에 따라 직각분배

4-4. 빗과 가위를 이용하여 아웃라인을 짧게 커트

4-5. 올려치기 기법으로 커트(싱글링 기법)

4-6. 옆 가위기법 사용(트리밍 기법)

4-7. 아웃라인을 정리

4-8. 두 번째 파팅은 백부분까지 수평 파팅

4-9. 가이드에 맞춰 빗대고 올려치기 기법으로 커트

4-10. 두상의 곡면에 따라 같은 방법으로 진행

4-11. 같은 방법으로 코너 제거

4-12. 그래쥬에이션 라인 확인

4-13. 이어 백라인에서 뒤쪽으로 후대각, 앞쪽으로 전대각 파팅

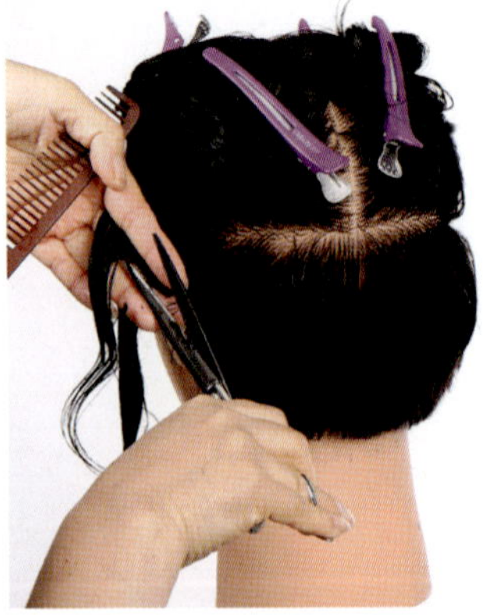

4-14. 가이드에 맞춰 직각분배로 커트

4-15. 올려치기 기법으로 커트

4-16. 동일한 방법으로 올려치기 기법으로 커트

4-17. 라인 확인

4-18. 다운 베이스로 올려치기 기법으로 커트

4-19. 왼쪽사이드가 커트 된 상태

4-20. 오른쪽 사이드 파팅을 동일하게 진행

4-21. 직각분배 블런트 커트

4-22. 직각분배

4-23. 올려치기 기법으로 커트

4-24. 동일한 방법으로 커트

4-25. 귀를 조심하여 라인 정리

4-26. 두 번째 파팅 다운 베이스로 싱글링

4-27. 같은 방법으로 올려치기 기법으로 커트

4-28. 정교하게 정리

4-29. 오른쪽 사이드가 커트 된 상태

4-30. 백의 가이드에 맞춰 45° 비평행으로 커트

4-31. 온 더 베이스로 진행

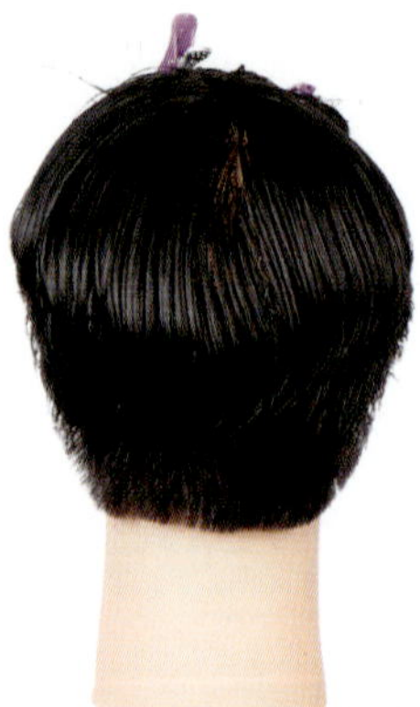

4-32. 백부분이 커트 된 상태

4-33. 왼쪽 사이드부분은 손가락 비평행으로 다운 베이스

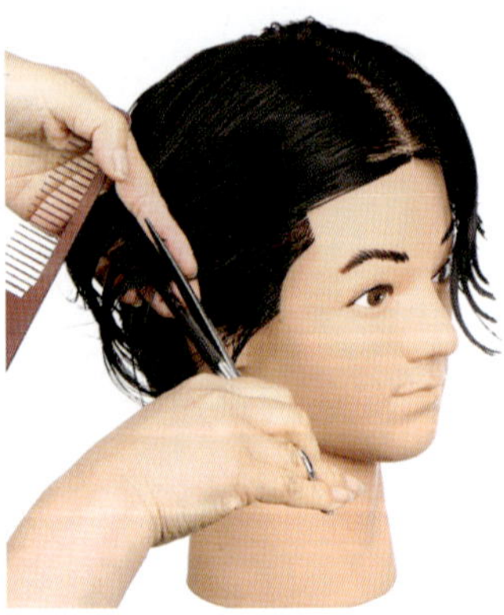

4-34. 오른쪽 사이드도 동일하게 커트

4-35. 사이드 커트 된 상태

4-36. 앞머리 다운 베이스로 평행하게 나칭커트

4-37. 사이드와 연결

4-38. 두 번째 파팅 다운베이스로 고정디자인

4-39. 커트 된 앞모습

4-40. 커트 된 왼쪽 모습

4-41. 커트 된 뒷모습

4-42. 커트 된 오른쪽 모습

(5) 롱 리젠트 커트

리젠트 커트는 1930년대 영국 런던의 '리젠트'가(街) 청년들의 헤어스타일로서 1950년대 미국 엘비스 프레슬리를 필두로 로큰롤, 로커빌리 뮤지션들에 의해 유행하기 시작해 세계적인 인기를 끌고 유행했었던 헤어스타일이다.

완성형–앞

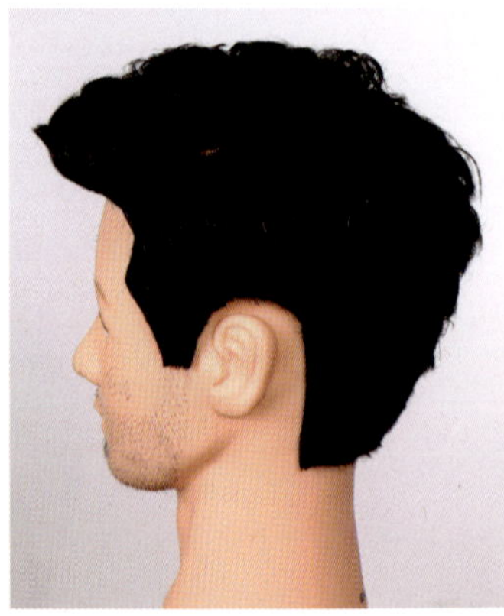

완성형–옆(좌)

완성형–옆(우)

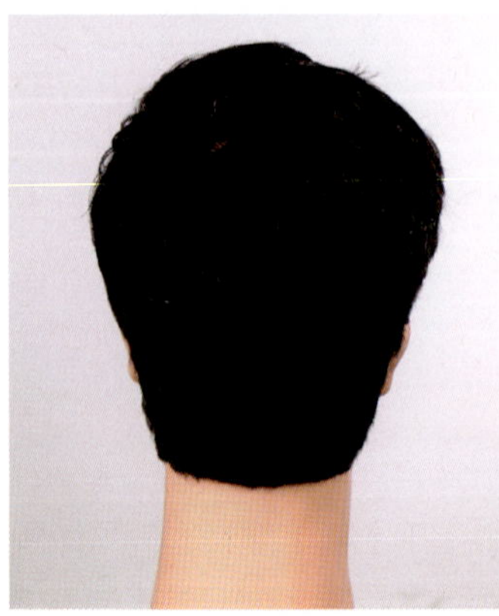

완성형–뒤

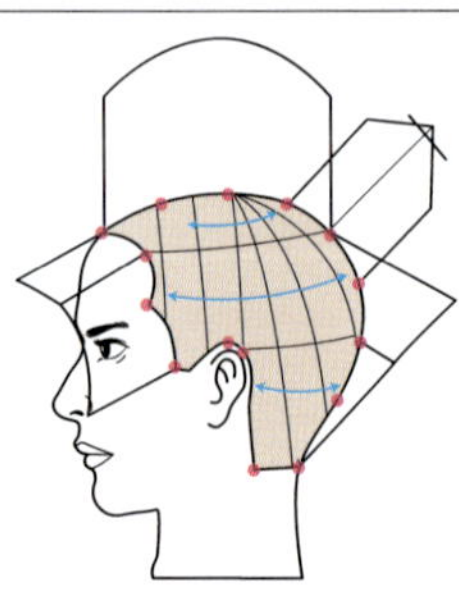

도해도

[커트 절차]

① 블로킹 : 3 블로킹

② 머리위치 : 똑바로

③ 섹션, 파팅 : 수직, 방사선

④ 분배, 빗질 : 직각분배

⑤ 손가락, 가위위치 : 파팅과 평행, 비평행

⑥ 디자인 라인 : 이동 디자인 라인

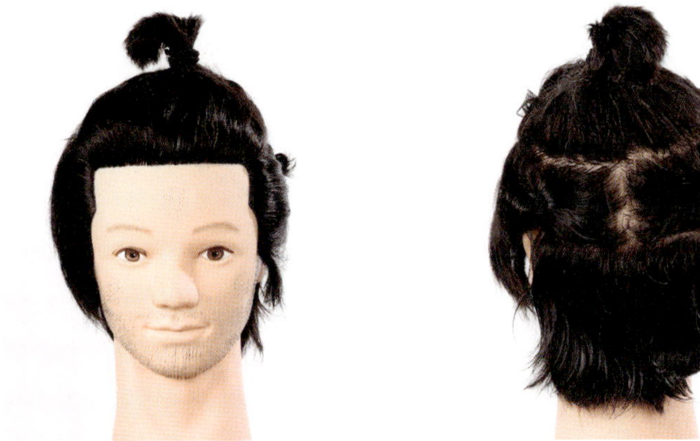

5-1~2. 블로킹(F.S.P~G.P~F.S.P),(E.P~B.P~E.P)

5-3. 콤 컨트롤 기법으로 네이프 라인을 커트한다.

5-4~6. 버티컬 섹션, 온베이스, 자연시술각 60°로 커트한다.

5-7~9. 싱글링 기법으로 손으로 잡지 못한 부분을 다시 정리하며 올려친다.

5-10~12. 미들존도 버티컬 섹션, 온베이스, 자연시술각 60°로 커트한다.

5-13~15. 사이드는 face line를 고정가이드라인, 자연시술각 60°로 하여 커트하고 이어 라인을 정리한다.

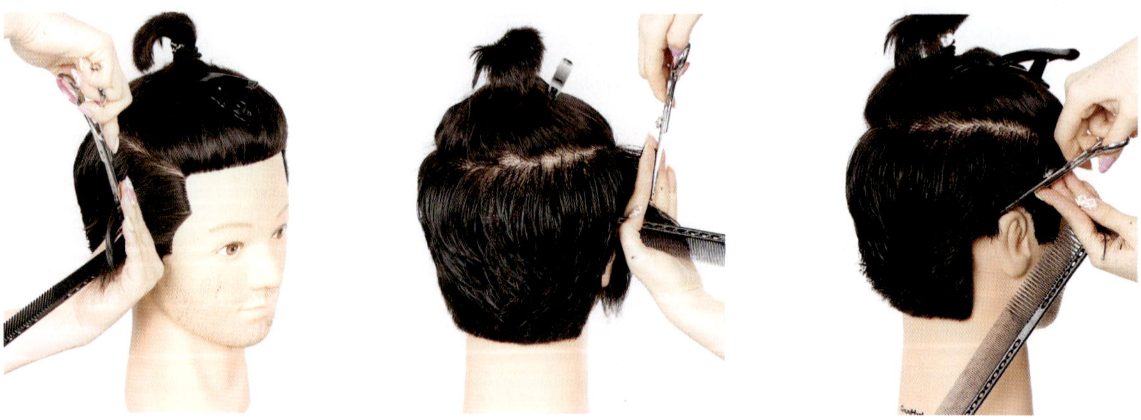

5-16~18. 반대쪽 사이드도 동일하게 커트한다.

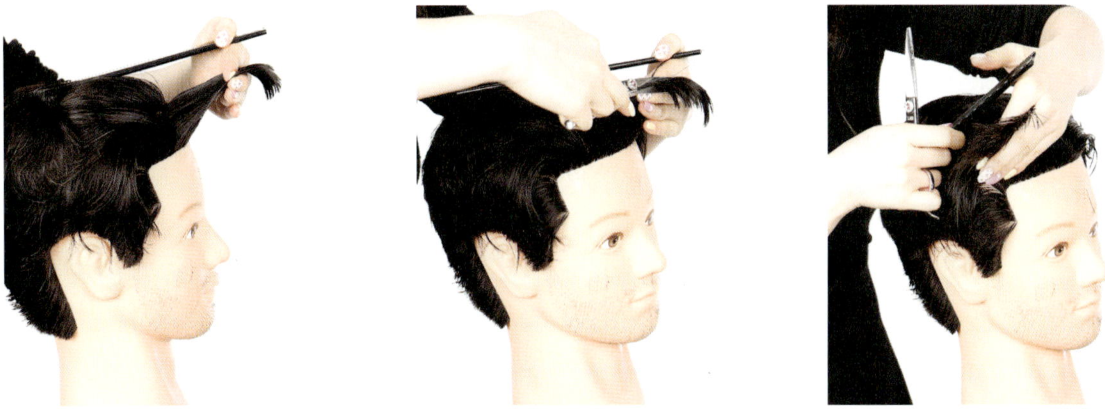

5-19~21. 두상각도 90˚. 온베이스, 가로 섹션으로 잡아 유니폼 레이어 형으로 커트한다.

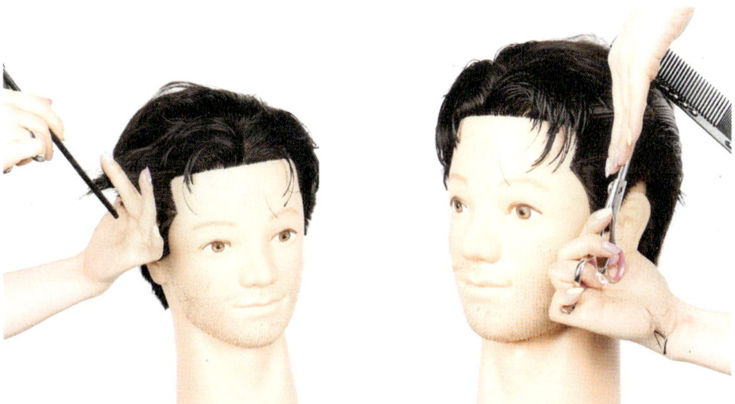

5-22~23. 사이드와 연결되는 코너 부분을 자연시술각 45˚ 로 잡아 제거한다.

5-24. 전 섹션을 가이드로 두상각도 90˚. 온베이스, 가로 섹션으로 잡아 유니폼 레이어 형으로 커트한다.

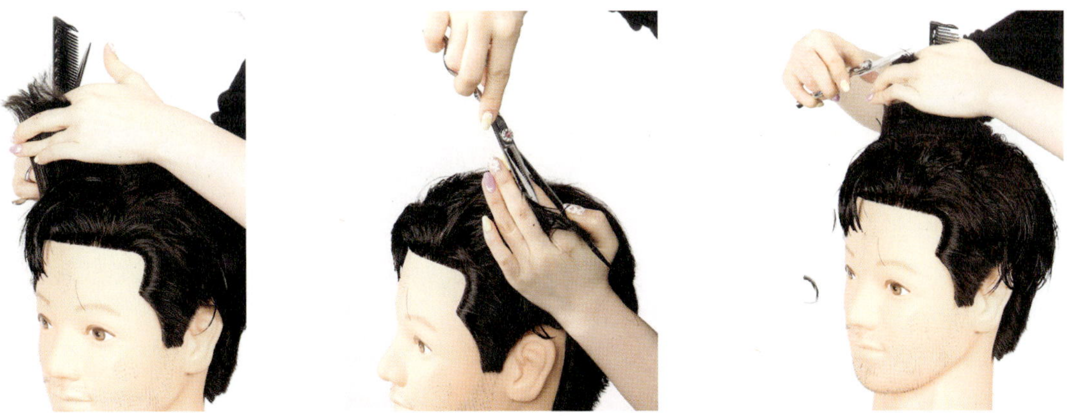

5-25~27. 위와 동일한 방법으로 G.P까지 진행하여 커트한다.

5-28~30. 크라운 부분을 자연시술각 45°로 잡아 백부분과 연결하여 커트한다.

5-31. G.P 부분을 두상각 90°로 들어올려 코너부위를 제거한다.

5-32~33. 모발 전체 질감처리한다.

5-34. 커트 된 앞모습

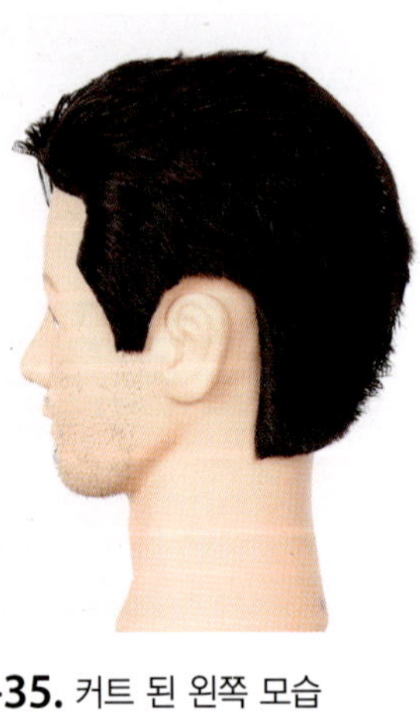

5-35. 커트 된 왼쪽 모습

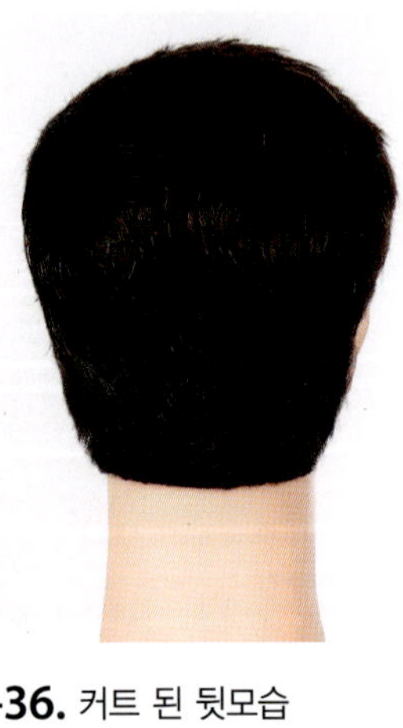

5-36. 커트 된 뒷모습

• 롱 리젠트 드라이

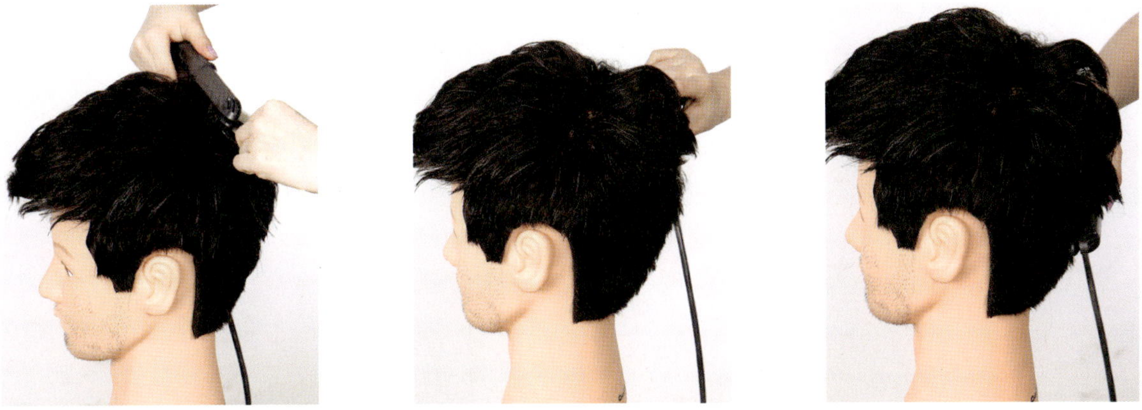

5-1~3. G.P부터 B.P로 내려가며 C컬로 드라이하여 볼륨을 준다.

5-4~6. 백 사이드 부분도 후대각 사선 섹션 나누어 볼륨을 주며 드라이한다.

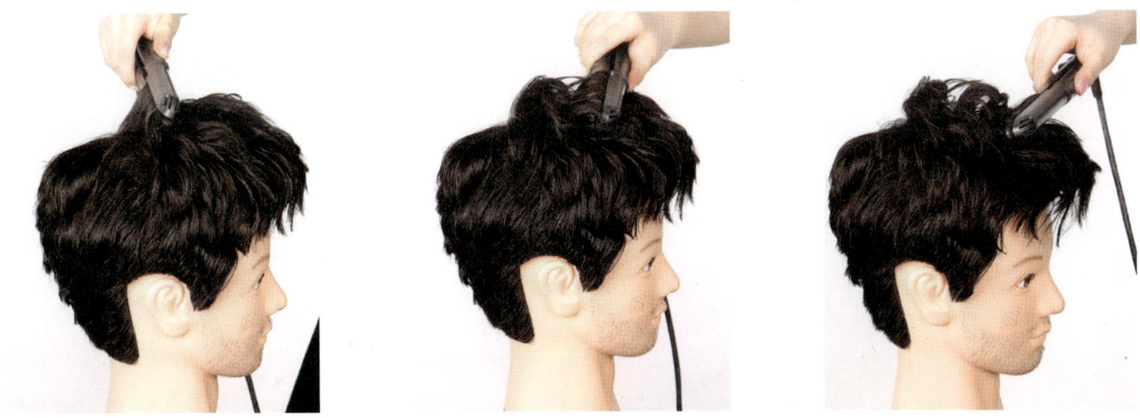

5-7~9. T.P에서 볼륨을 주며 C.P까지 드라이한다.

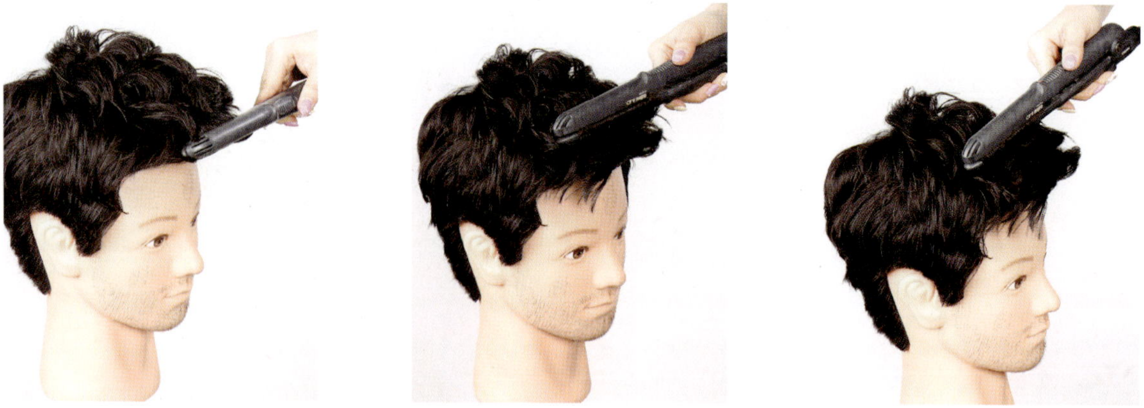

5-10~12. 두상각 90°로 당기며 모발 끝을 아웃컬로 빼준다.

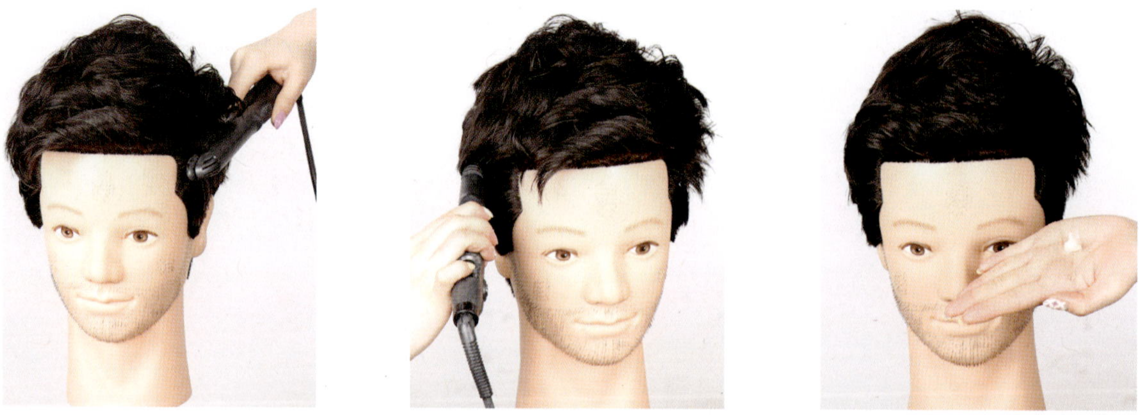

5-13~15. 사이드 부분을 볼륨을 가볍게 주며 C컬로 드라이한다.

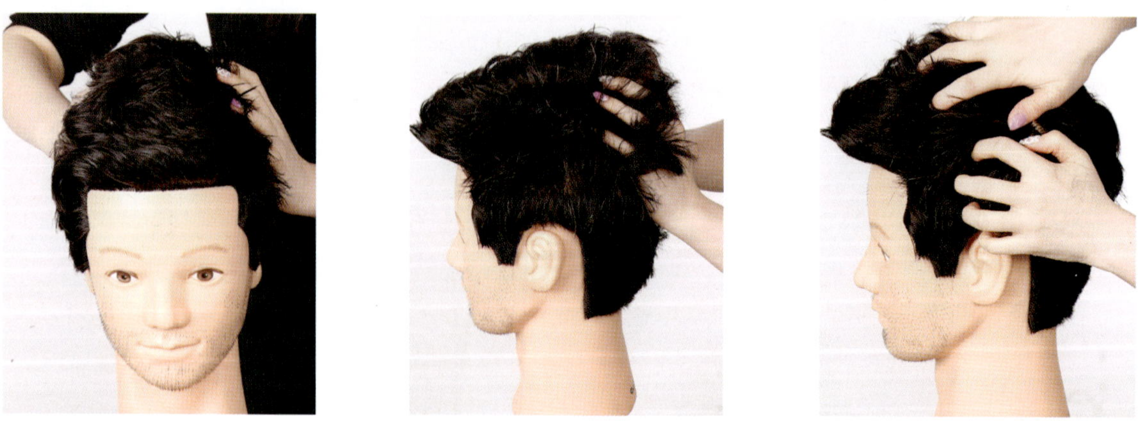

5-16~18. 왁스를 소량 덜어 모발 전체에 모근 쪽으로 도포한다.

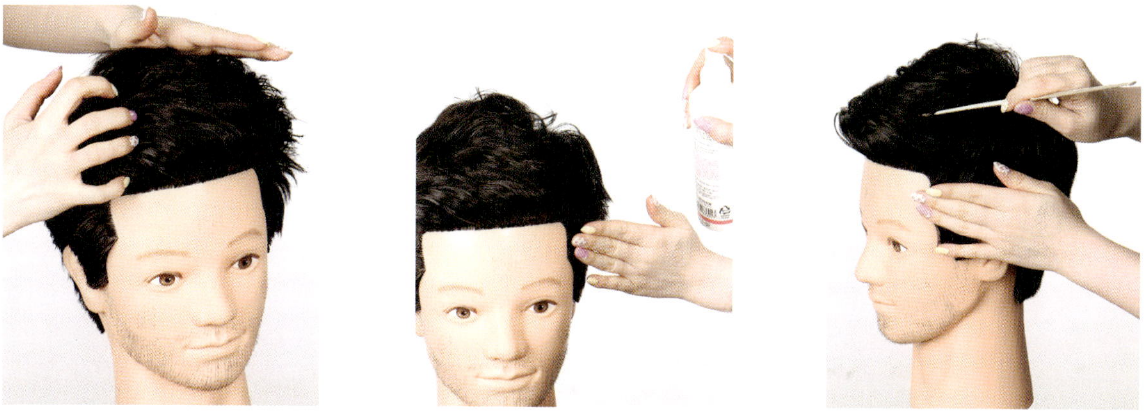

5-19~21. 손가락으로 모발의 방향을 잡아준다. 스프레이 도포 후 꼬리빗을 사용하여 세부적으로 모발을 정리한다.

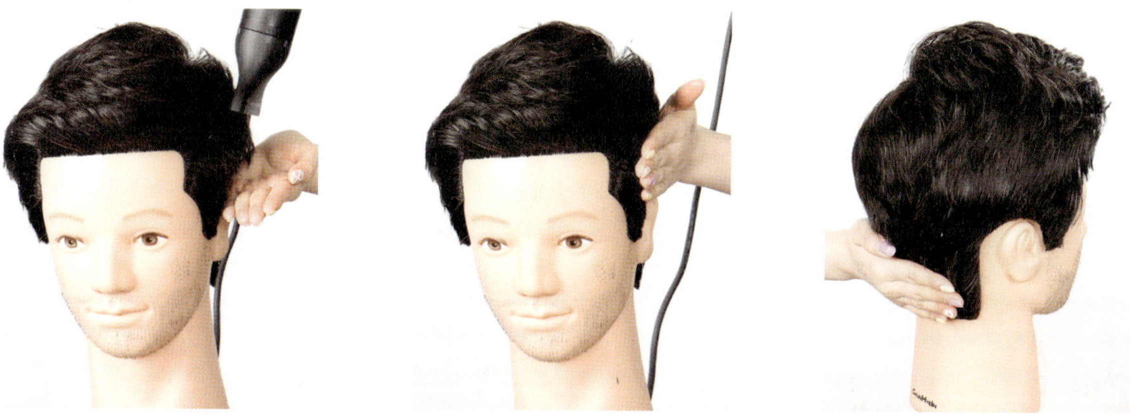

5-22~24. 드라이로 사이드와 백 부분에 모발을 두피에 밀착한다.

(6) 솟 리젠트 커트

리젠트 커트는 1930년대 영국 런던의 '리젠트'가(街) 청년들의 헤어스타일로서 1950년대 미국 엘비스 프레슬리를 필두로 로큰롤, 로커빌리 뮤지션들에 의해 유행하기 시작해 세계적인 인기를 끌고 유행했었던 헤어스타일이다.

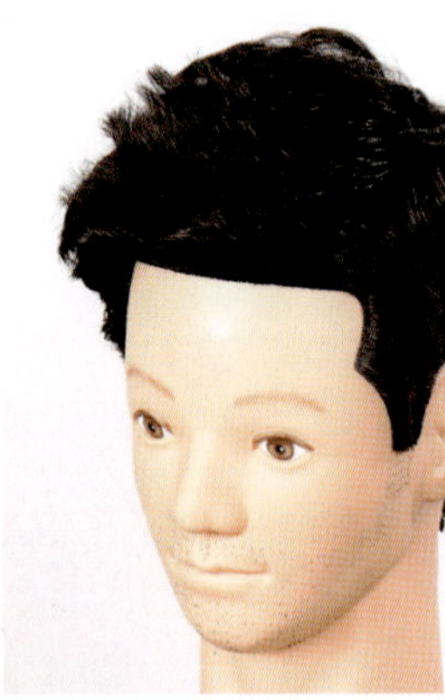
완성형–앞

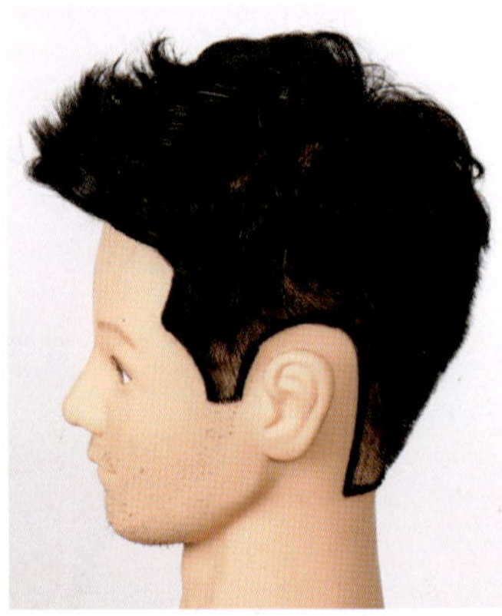
완성형–옆(좌)

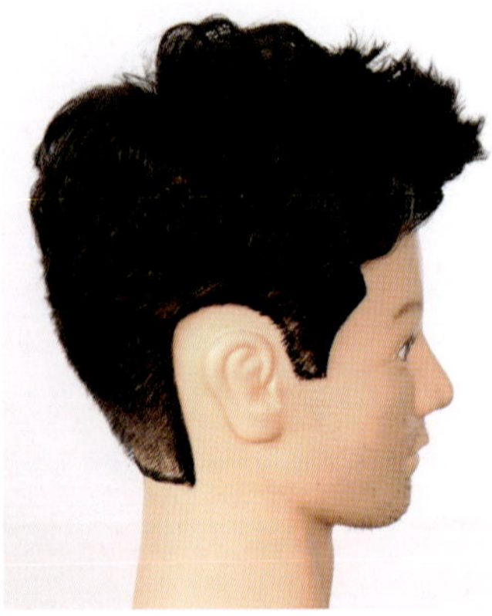
완성형–옆(우)

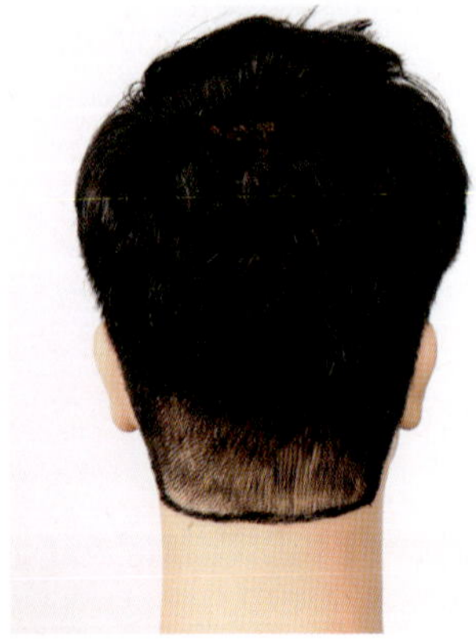
완성형–뒤

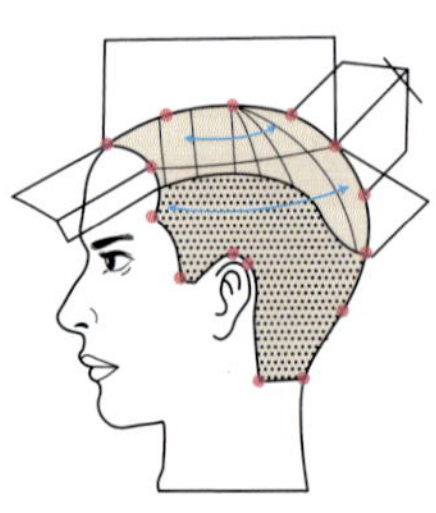
도해도

[커트 절차]

① 블로킹 : 2 블로킹

② 머리위치 : 똑바로

③ 섹션, 파팅 : 수직, 방사선

④ 분배, 빗질 : 직각분배

⑤ 손가락, 가위위치 : 파팅과 평행, 비평행

⑥ 디자인 라인 : 이동 디자인 라인

6-1. 블로킹 : F.S.P~G.P~F.S.P

6-2~3. 빗 각도 자연시술각 60°로 잡아 클리퍼를 이용해 커트한다.

6-4. 윗머리에서 가이드라인을 잡는다.

6-5~6. 빗 각도를 60°로 하여 네이프로 내려가며 커트한다.

6-7~9. 왼쪽 부분도 백 부분과 맞추어 가이드를 설정한다. 빗 각도를 60°로 하여 네이프로 내려가며 커트한다.

6-10~12. 네이프 라인을 정리한다.

6-13~15. 사이드 부분도 위에서 가이드라인을 정하여 빗각도 60°로 하여 내려오며 커트한다.

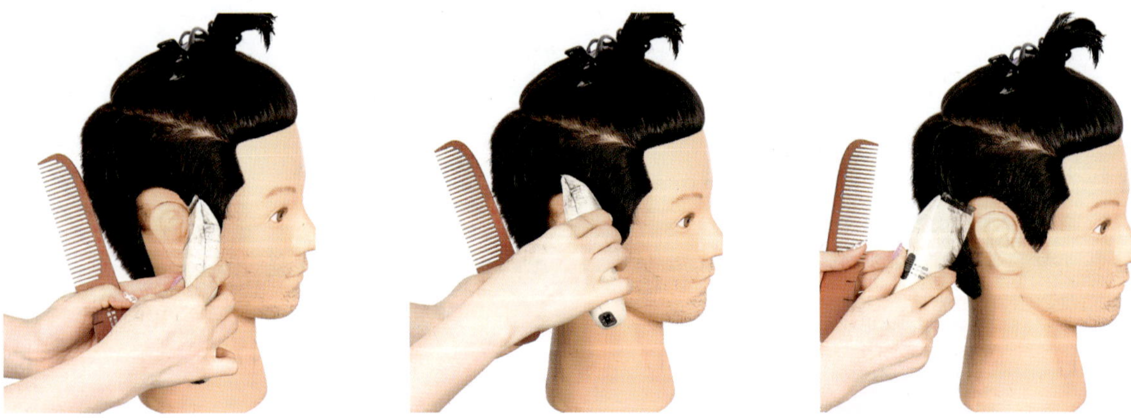

6-16~18. 이어 라인 부분을 정리한다.

6-19~21. 빗 각도 60°를 버티컬로 잡아 다시 체크한 뒤 터치하여 S.C.P를 정리한다.

6-22~24. 사이드 부분도 위에서 가이드라인을 정하여 빗각도 60°로 하여 내려오며 커트하고 이어 라인을 정리한다.

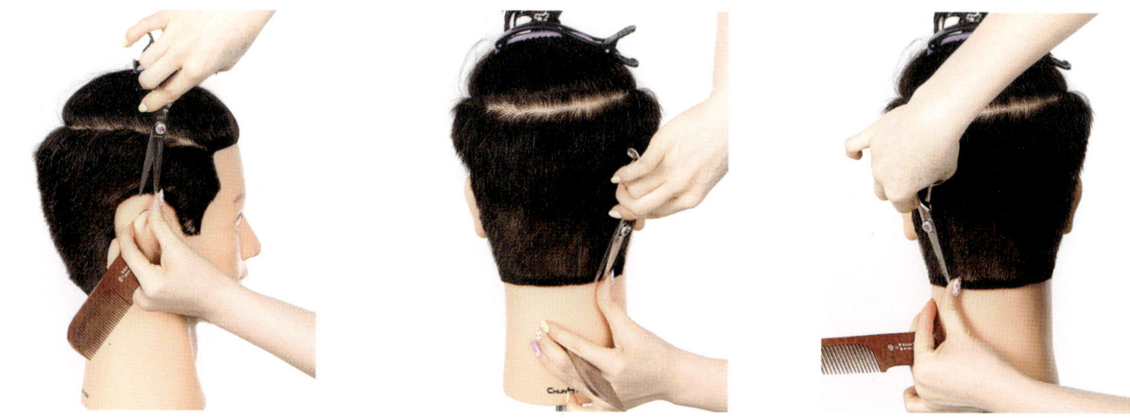

6-25~27. 사이드부터 네이프 까지 싱글링 기법으로 표면을 정리한다.

6-28~30. 백부분도 싱글링으로 사이드 까지 연결하여 정리한다.

6-31~33. 센터 부분을 5cm 간격으로 나누어 두상각 90°로 들어 G.P까지 커트한다.

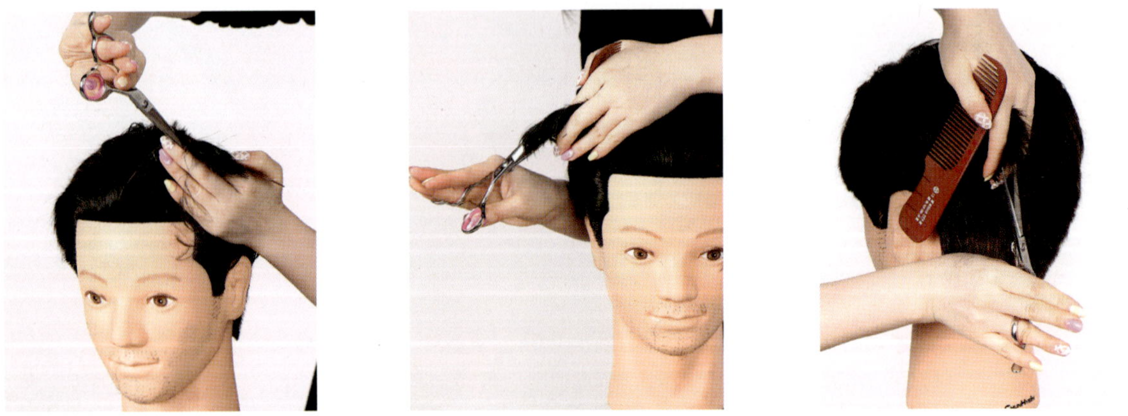

6-34~36. 센터 옆 부분도 두상각 90°로 들어 유니폼 레이어 형으로 커트한다.

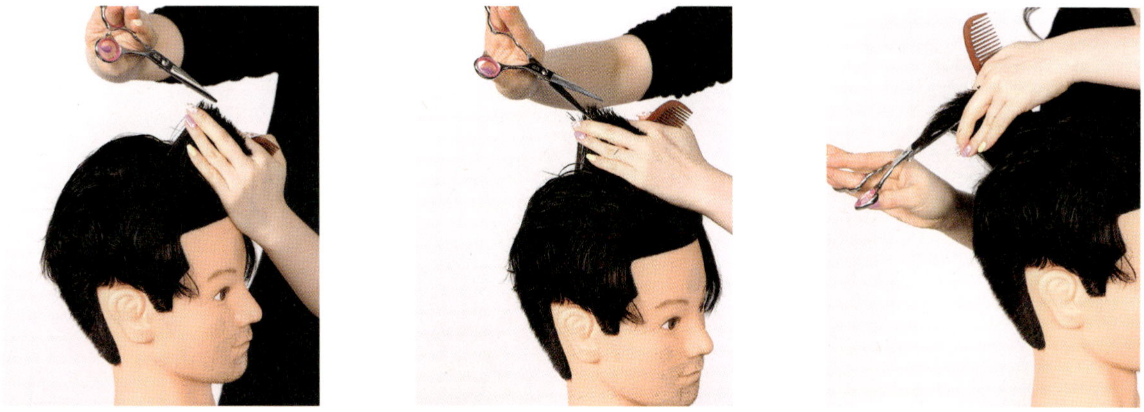

6-37~39. 크로스 체크하여 코너 부분을 정리한다.

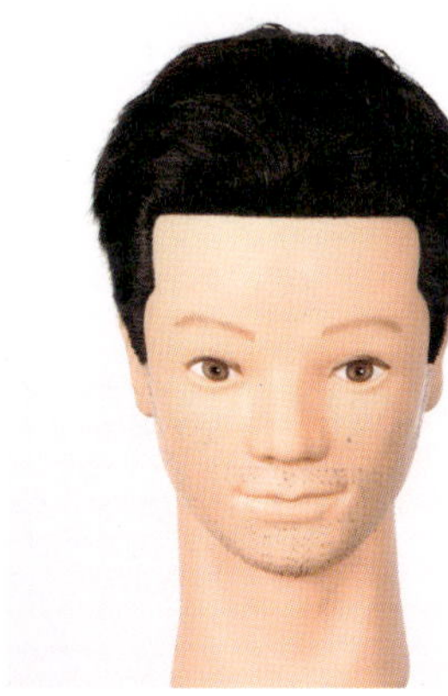

6-40. 커트 된 앞모습

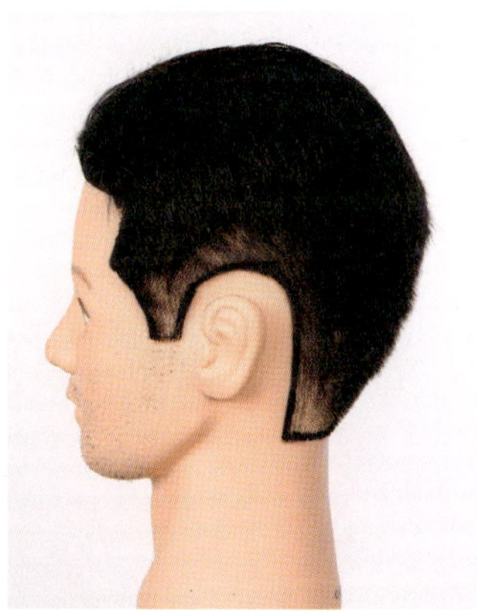

6-41. 커트 된 왼쪽 모습

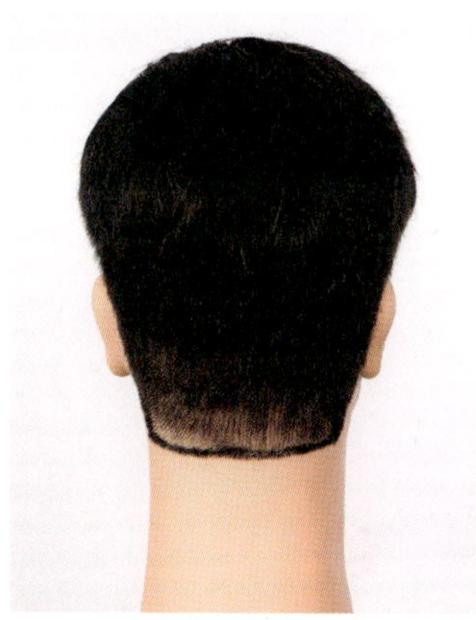

6-42. 커트 된 뒷모습

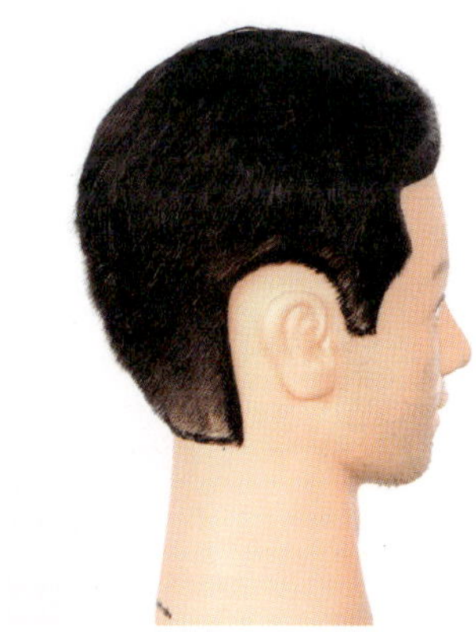

6-43. 커트 된 오른쪽 모습

• 숏 리젠트 드라이

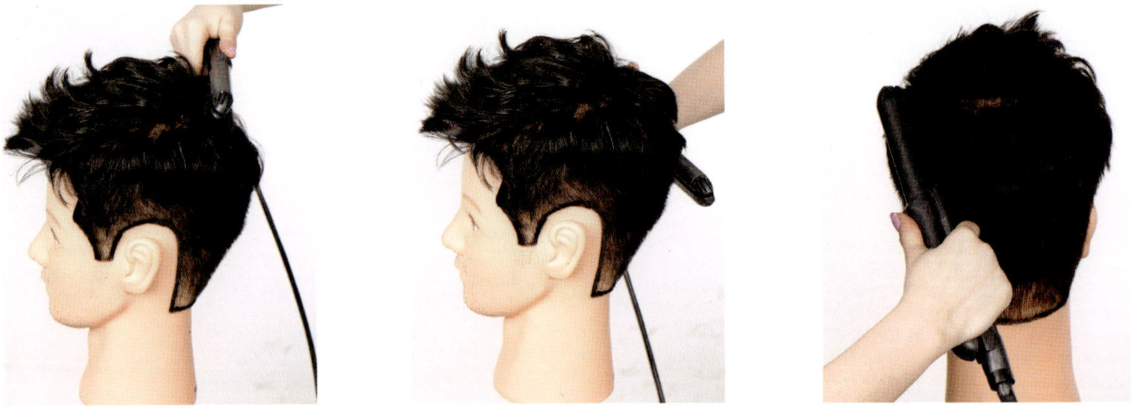

6-1~3. 백 부분의 모발을 C컬로 아이론 한다.

6-4~5. 사이드 부분도 첫 번째 섹션만 컬로 드라이한다.

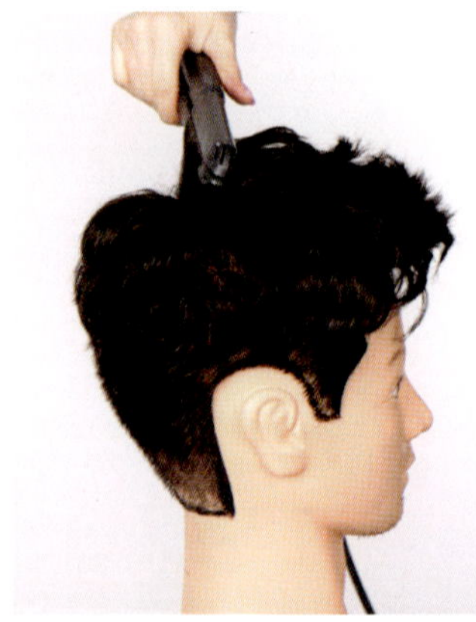

6-6. 탑 부분은 두상각 90°로 들어 올려 C컬로 드라이한다.

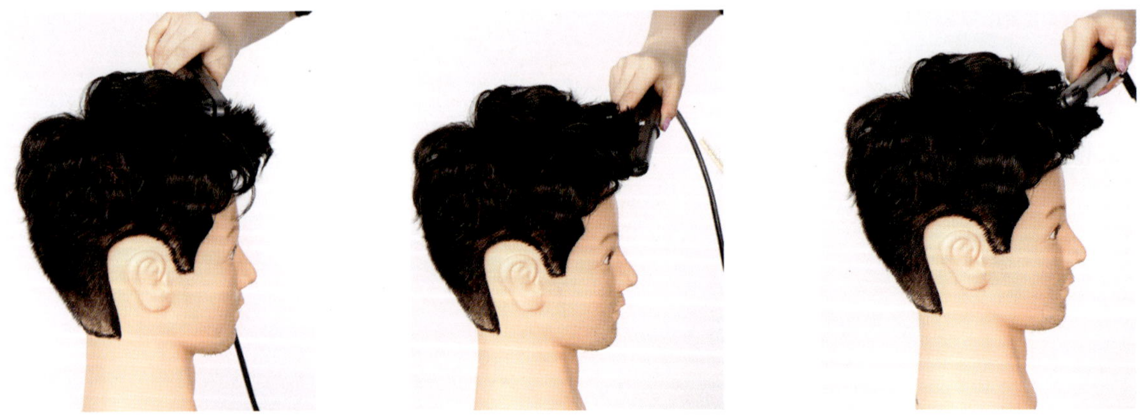

6-7~9. 헤어라인 쪽으로 오면서 C 컬 드라이한 후 모발 끝쪽만 아웃컬로 드라이한다.

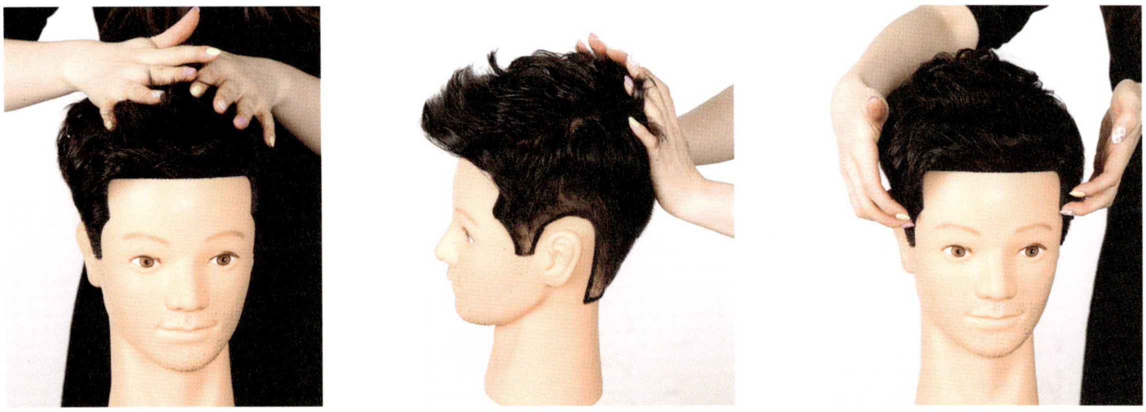

6-10~12. 모발 전체에 왁스를 고루 도포하고 사이드는 모발을 붙여준다.

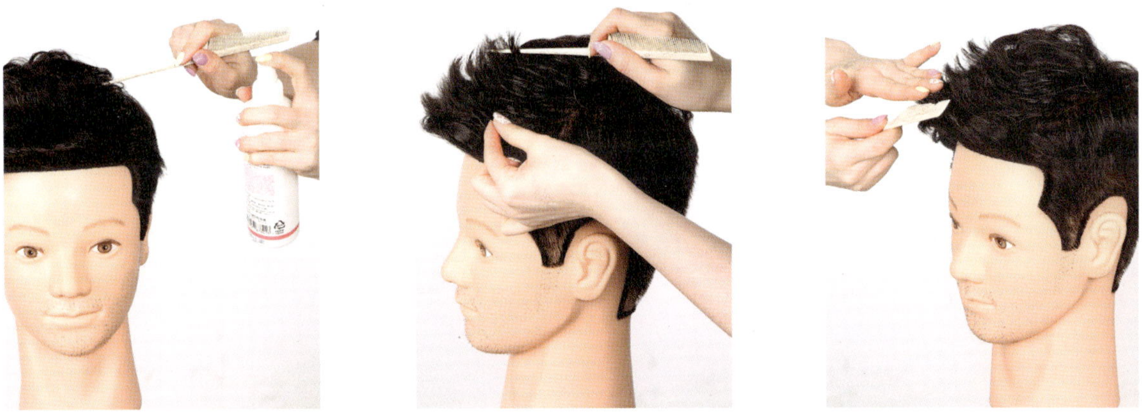

6-13~15. 스프레이 도포 후 꼬리 빗으로 모발을 가닥가닥 잡아 마무리한다.

(7) 낮은 상고 커트

상고머리란 옆머리와 뒷머리를 쳐올려 깎고 앞머리는 가르마 없이 내려 빗은 상태에서 일자로 가지런히 자른 머리를 뜻한다. 뒷머리가 납작한 한국인 두상의 단점을 보완하기 알맞은 스타일이다.

상고머리의 어원은 한자+일본어의 합성어로 상(上)-고(ご)[일본어 ご(고)=5cm] 5cm를 올려친 머리라는 의미를 가진다.

낮은 상고형은 옆머리는 E.P에서 1cm, 뒷머리는 귓볼 중간 위치까지 올려친 스타일이다.

완성형-앞

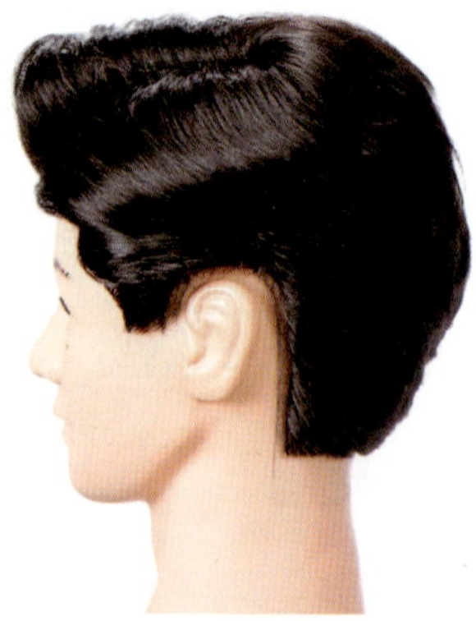

완성형-옆(좌)

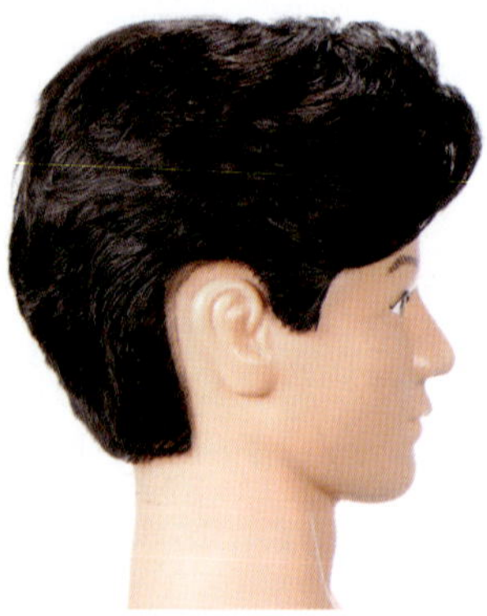

완성형-옆(우)

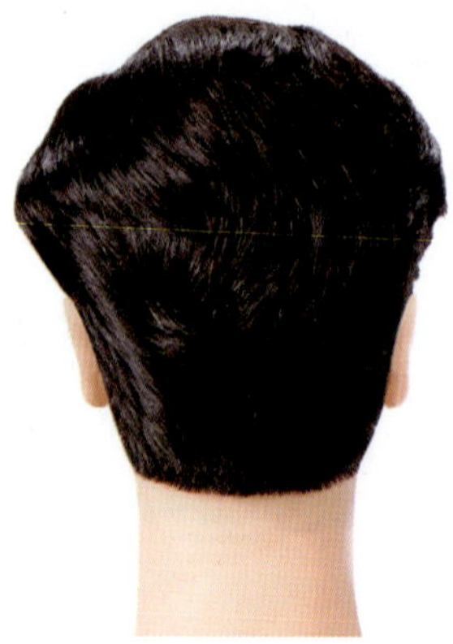

완성형-뒤

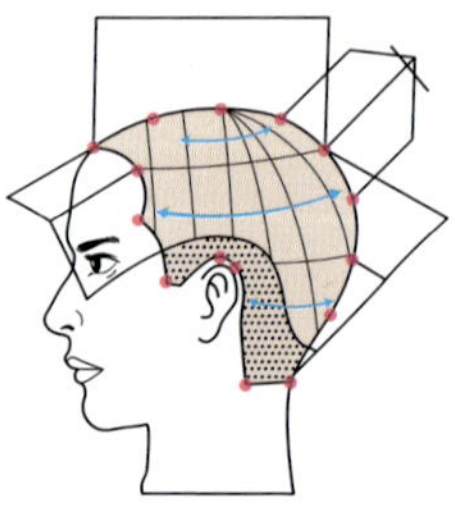

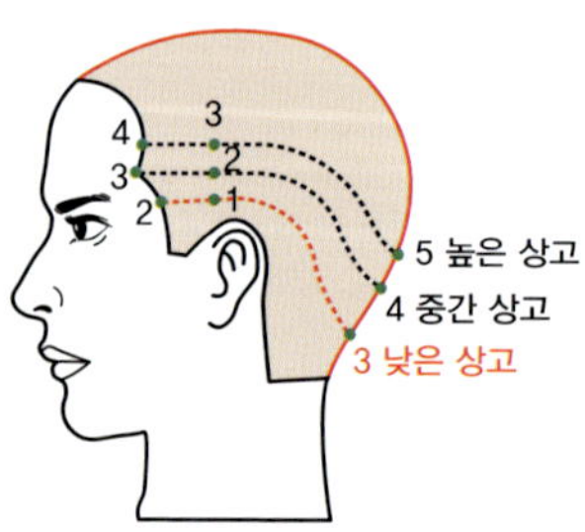

도해도

[커트 절차]

① 블로킹 : 5 블로킹

② 머리위치 : 똑바로, 약간 앞으로 숙임

③ 섹션, 파팅 : 수평, 수직, 방사선

④ 분배, 빗질 : 직각분배, 변이분배

⑤ 손가락, 가위위치 : 파팅과 평행, 비평행

⑥ 디자인 라인 : 이동 디자인 라인

7-1. 커트 전 상태

7-2. 귀 중간에서 수평파팅한 상태

7-3. 클리퍼를 이용하여 2cm가이드로 클리퍼 커트

7-4. 두상의 곡면을 이용하여 둥글게 커트

7-5. 왼쪽이 커트 된 상태

7-6. 아웃라인을 빗을 대고 정리

7-7. 코너 정리

7-8. 클리퍼로 아웃라인 정리

7-9. 장가위를 이용하여 싱글링으로 커트

7-10. 싱글링으로 커트

7-11. 센터 가이드 설정

7-12. 센터 가이드에 맞추어 두상의 곡면 따라 커트

7-13. 코너 제거

7-14. 빗을 대각으로 대고 클리퍼로 커트

7-15. 높게 올려치지 않고 이어 라인에 대고 커트

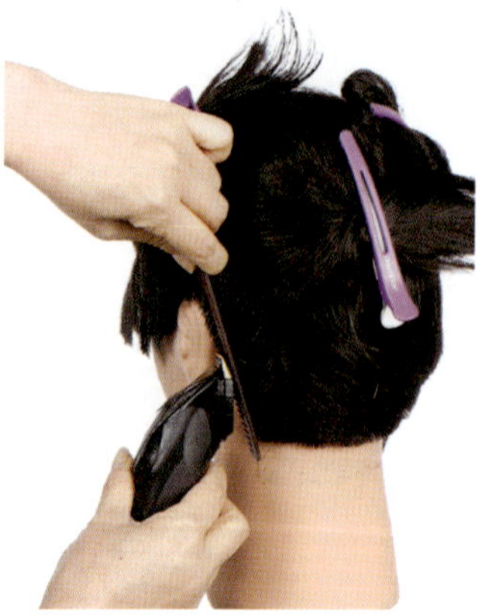

7-16. 아웃라인을 빗을 대고 커트

7-17. 아웃라인을 클리핑 커트

7-18. 같은 방법으로 정교하게 커트

7-19. 두 번째 섹션은 다운베이스 하여 커트

7-20. 왼쪽 사이드가 커트 된 상태

7-21. 오른쪽도 동일한 방법으로 길이 설정

7-22. 빗을 대고 클리퍼로 커트

7-23. 클리퍼로 정교하게 커트

7-24. 귀를 조심하여 커트

7-25. 두 번째 파팅은 다운베이스 하여 커트

7-26. 뒤와 연결되게 코너 제거

7-27. 탑을 10~11cm길이로 위로 똑바로 평면 커트

7-28. 위로 똑바로 스퀘어커트

7-29. 뒷부분을 손가락 비평행으로 그래쥬에이션 커트

7-30. 각도를 들어서 손가락 비평행 커트 온 더 베이스

7-31. 온 더 베이스로 진행

7-32. 오른쪽 사이드에서 앞머리와 사선으로 커트

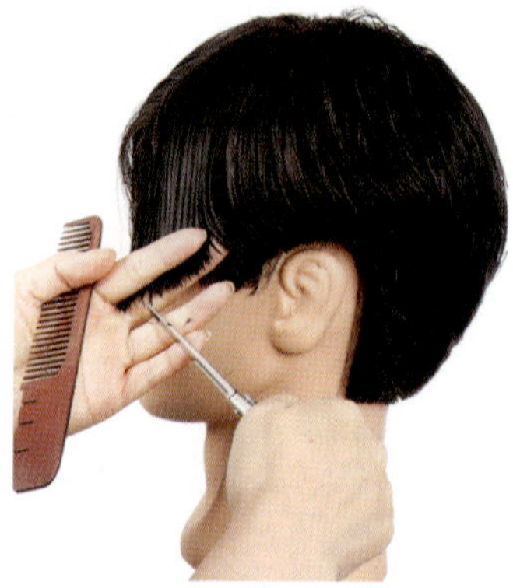

7-33. 왼쪽도 동일하게 진행

7-34. 앞머리 코너 제거

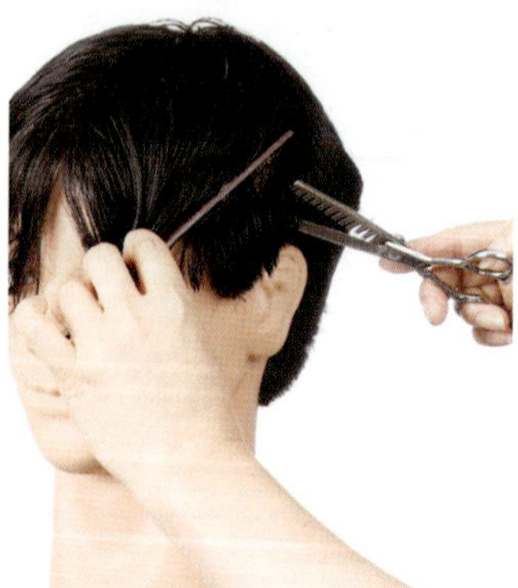

7-35. 틴닝가위로 코너 부분에 모량 제거(딥테이퍼링)

7-36. 엔드 테이퍼링

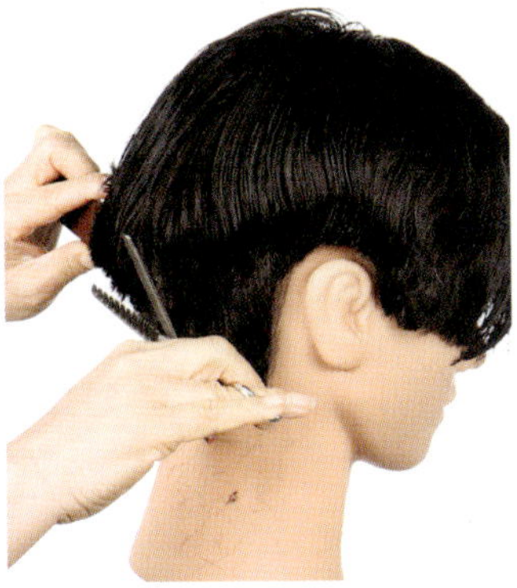

7-37. 틴닝가위로 올려치기 기법

7-38. 커트 된 앞모습

7-39. 커트 된 왼쪽 모습

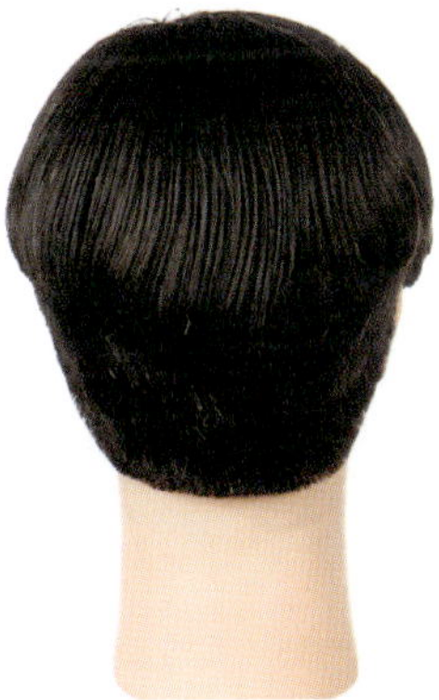

7-40. 커트 된 뒷모습

7-41. 완성된 커트라인에 삐져나온 모발을 트리밍 커트

7-42. 커트 된 앞모습

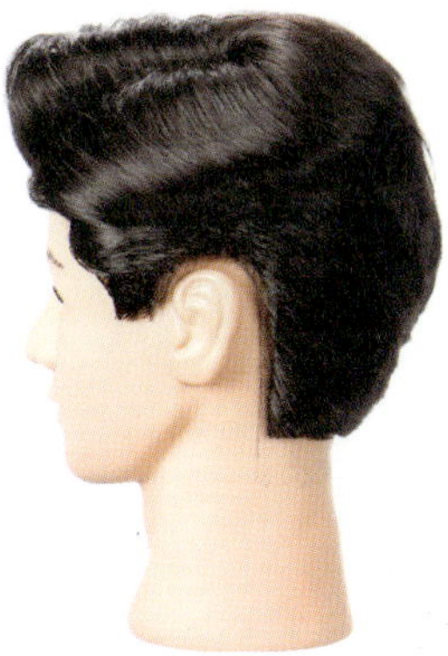

7-43. 커트 된 왼쪽 모습

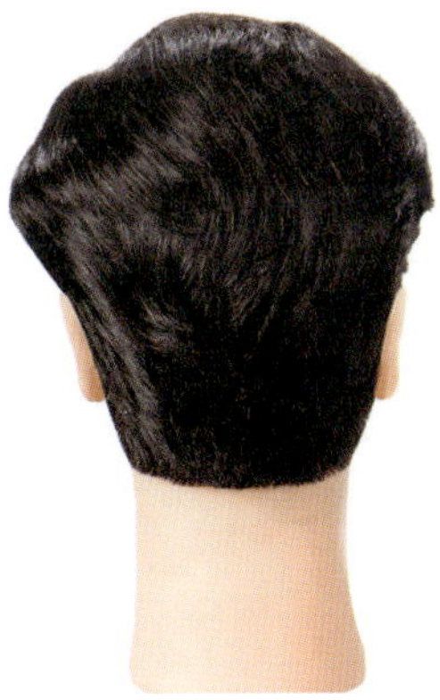

7-44. 커트 된 뒷모습

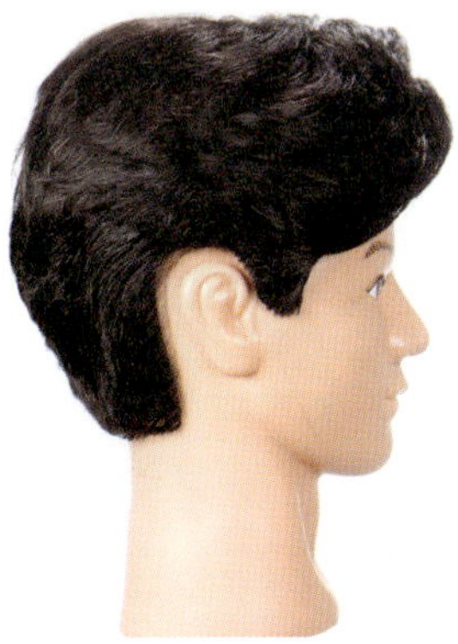

7-45. 커트 된 오른쪽 모습

(8) 중간 상고 커트

상고머리란 옆머리와 뒷머리를 쳐올려 깎고 앞머리는 가르마 없이 내려 빗은 상태에서 일자로 가지런히 자른 머리를 뜻한다. 뒷머리가 납작한 한국인 두상의 단점을 보완하기 알맞은 스타일이다.

상고머리의 어원은 한자+일본어의 합성어로 상(上)-고(ご)[일본어 ご(고)=5cm] 5cm를 올려 친 머리라는 의미를 가진다.

중간 상고형은 옆머리는 2cm, 뒷머리는 귀의 중간까지 올려친 스타일이다.

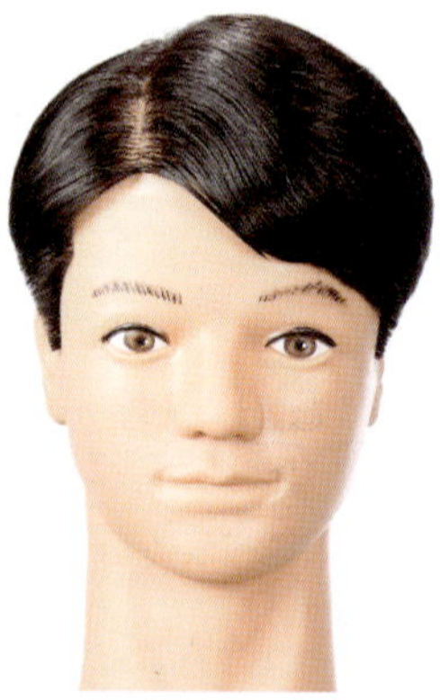

완성형-앞

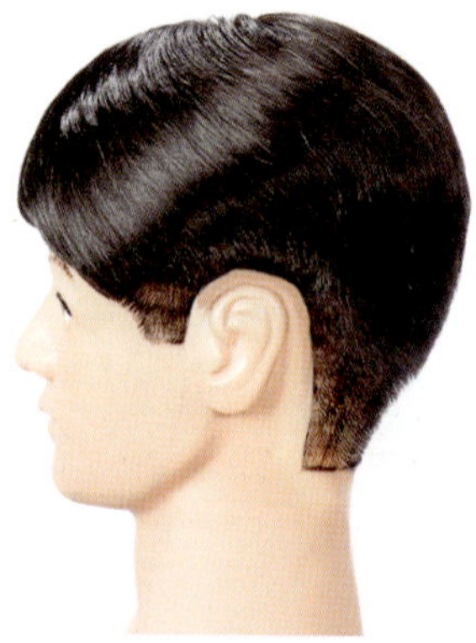

완성형-옆(좌)

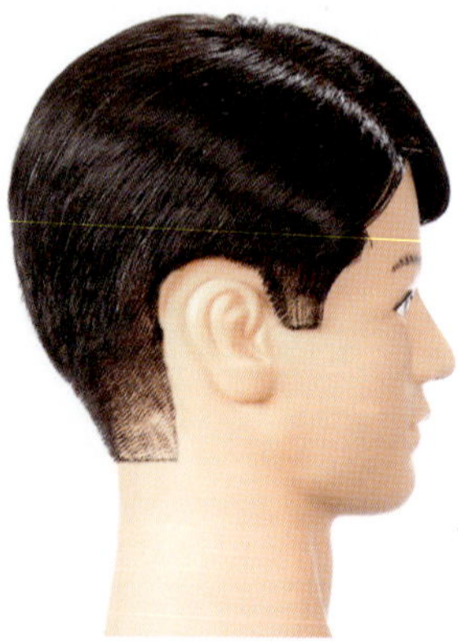

완성형-옆(우)

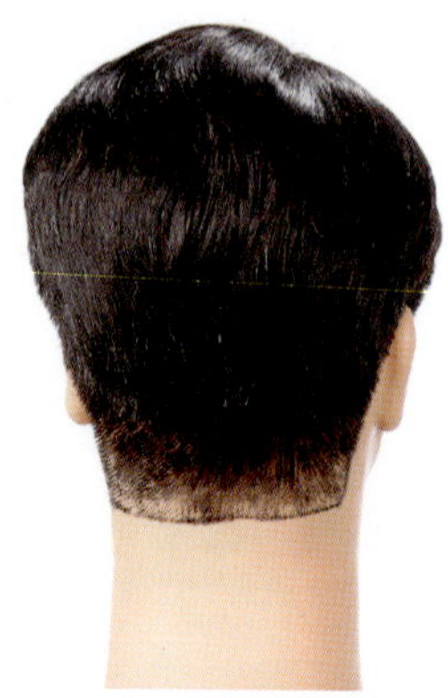

완성형-뒤

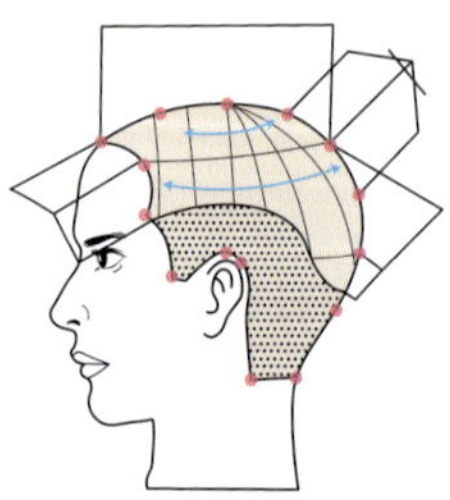

도해도

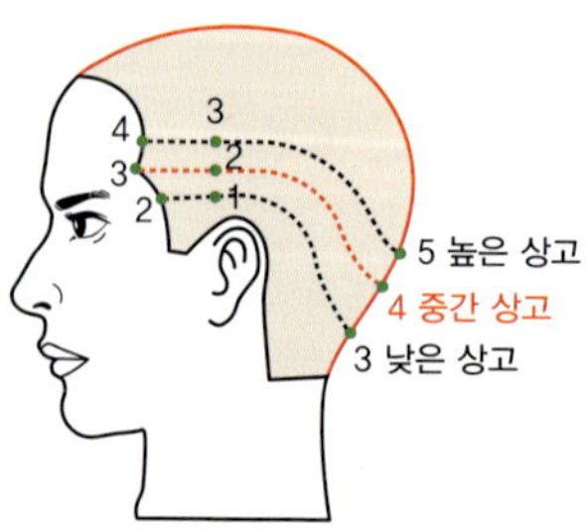

[커트 절차]

① 블로킹 : 5 블로킹

② 머리위치 : 똑바로, 약간 앞으로 숙임

③ 섹션, 파팅 : 수평, 수직, 방사선

④ 분배, 빗질 : 직각분배, 변이분배

⑤ 손가락, 가위위치 : 파팅과 평행, 비평행

⑥ 디자인 라인 : 이동 디자인 라인

8-1. 귀의 중간 부분에 무게 선을 정하여 클리퍼로 라인을 설정

8-2. 빗과 가위를 사용하여 올려치기 기법 시술(싱글링기법)

8-3. 가위를 세워 옆으로 가위사용기법 기법 시술(트리밍기법)

8-4. 아웃라인을 정리

8-5. 왼쪽라인을 백의 높이보다 2/3의 폭으로 설정

8-6. 코너부분을 정교하게 커트

8-7. 왼쪽사이드도 동일한 방법으로 커트

8-8. 왼쪽의 아웃라인이 정리된 상태

8-9. 오른쪽 사이드도 동일하게 진행

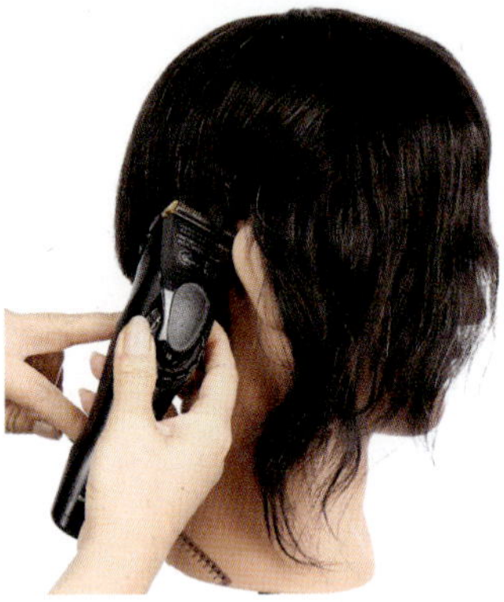

8-10. 클리퍼의 날을 세워 라인을 깔끔히 정리

8-11. 사이드도 동일한 방법으로 커트

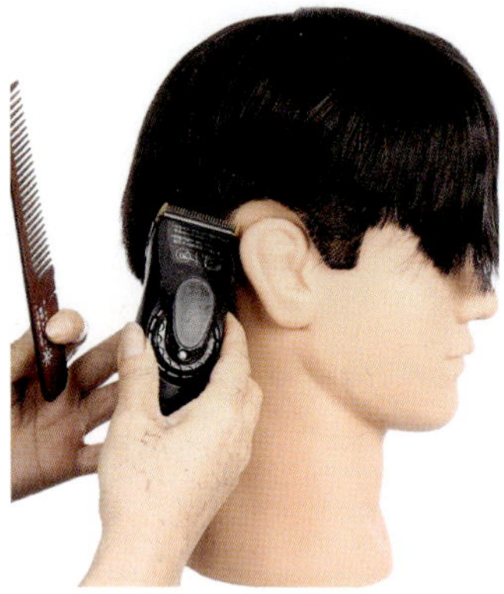

8-12. 아웃라인을 정리

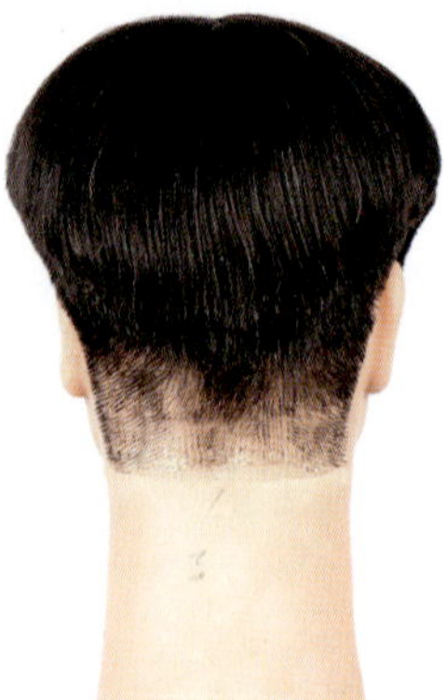

8-13. 백의 커트가 끝난 상태

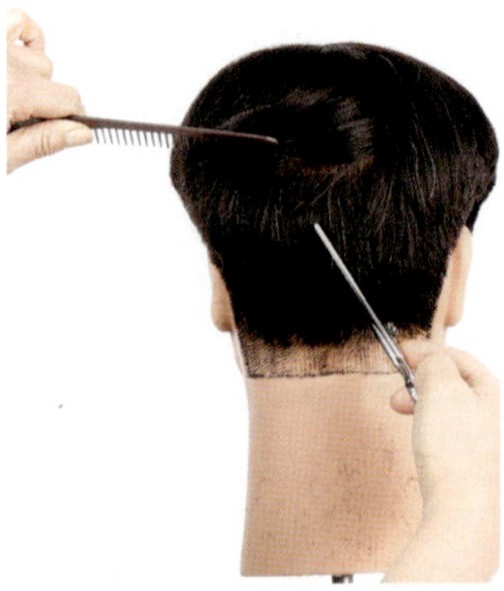

8-14. 모발의 무게 선에 숱가위로 커트하는 상태

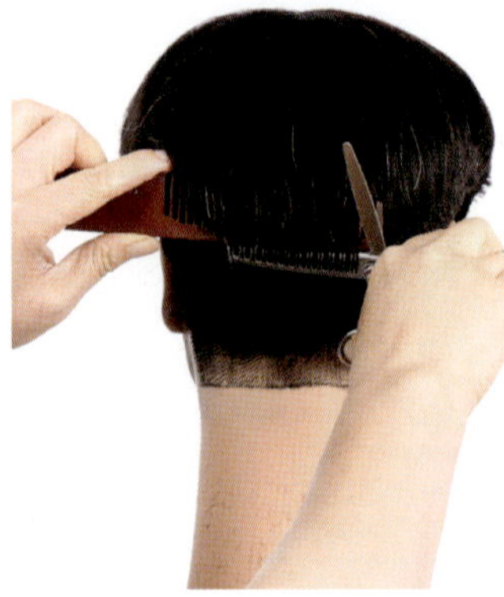

8-15. 모발의 끝 부분에 질감처리

8-16. 모발의 끝 부분에 각도를 들어가면서 질감처리

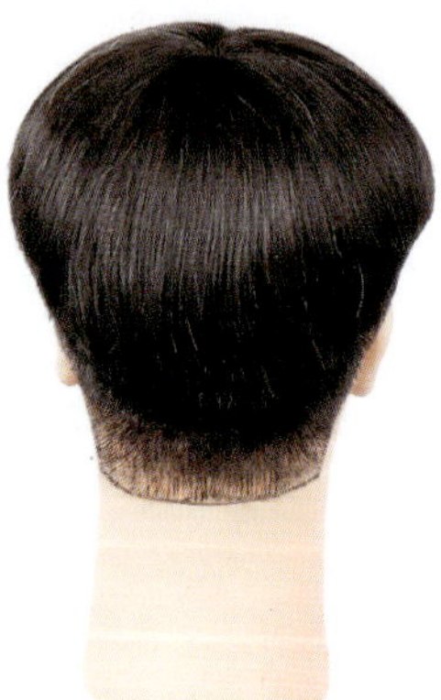

8-17. 백부분에 질감처리가 끝난 상태

8-18. 탑의 길이 가이드 설정 위로 똑바로

8-19. 위로 똑바로 평면 커트

8-20. 코너 정리

8-21. 왼쪽 가르마 중심으로 앞머리 블로킹이 나눠진 상태

8-22. 가르마를 중심으로 사선 커트

8-23. 오른쪽 부분도 사선 커트

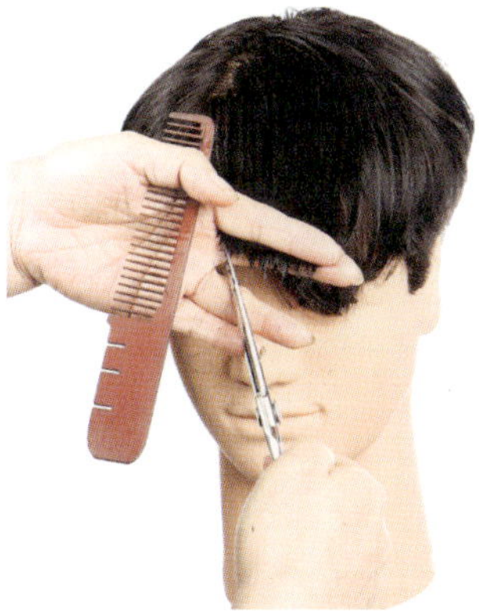

8-24. 앞머리 부분을 고정디자인으로 커트

8-25. 앞머리와 탑 부분의 코너 연결

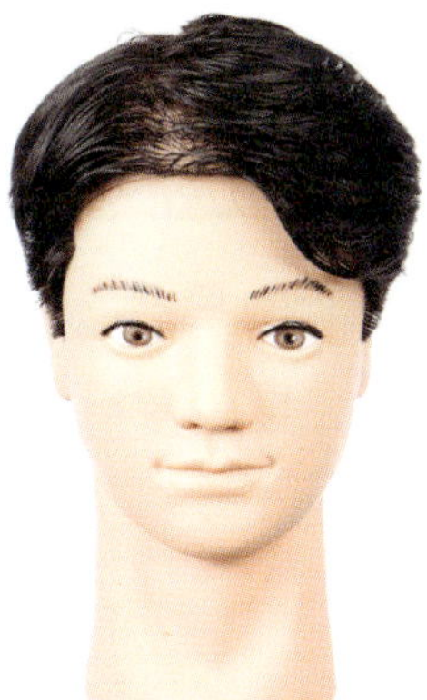

8-26. 커트 된 앞모습

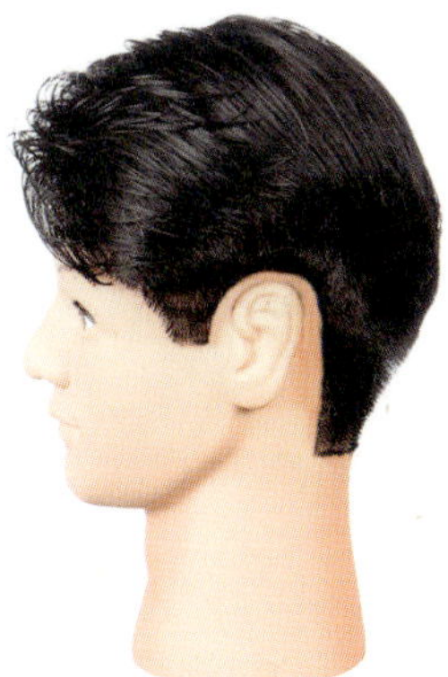

8-27. 커트 된 왼쪽 모습

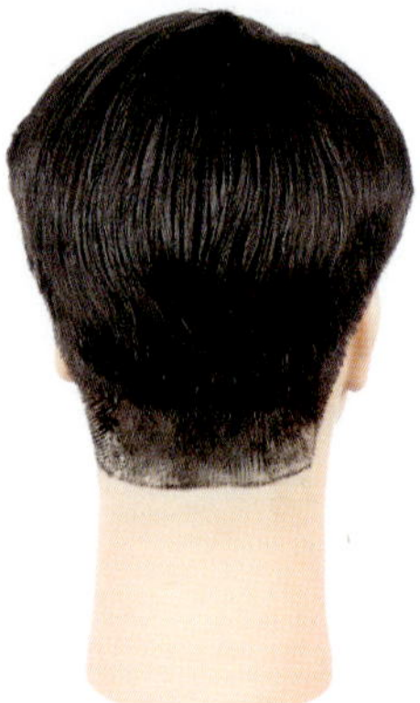

8-28. 커트 된 뒷모습

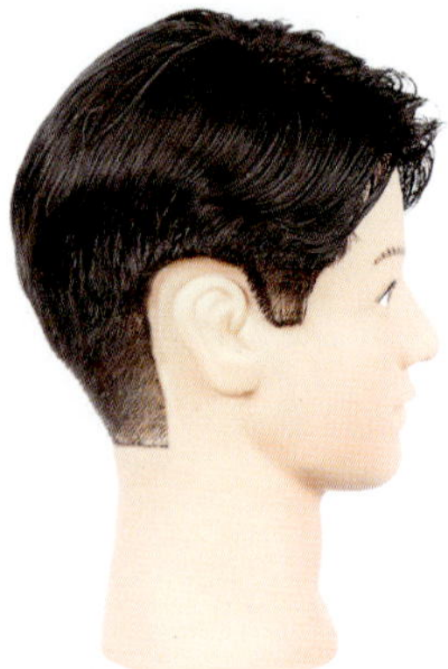

8-29. 커트 된 오른쪽 모습

(9) 높은 상고 커트

상고머리란 옆머리와 뒷머리를 쳐올려 깎고 앞머리는 가르마 없이 내려 빗은 상태에서 일자로 가지런히 자른 머리를 뜻한다. 뒷어미라 납작한 한국인 두사의 단점을 보완하기 알맞은 스타일이다.

상고머리의 어원은 한자+일본어의 합성어로 상(上)-고(ご)[일본어 ご(고)=5cm] 5cm를 올려친 머리라는 의미를 가진다.

높은 상고형은 옆머리는 3cm, 뒷머리는 귀 위까지 올려친 스타일이다.

완성형-앞

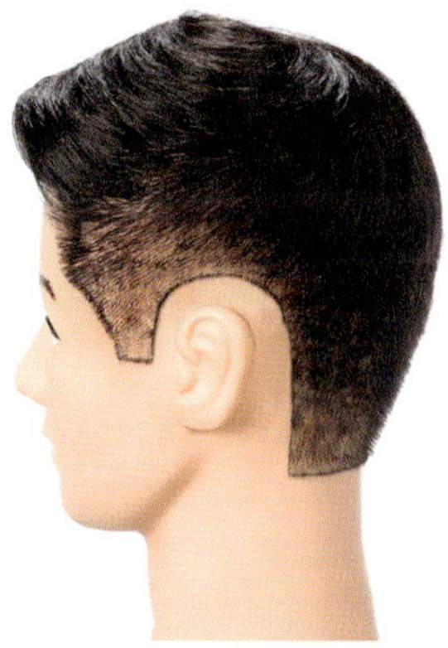
완성형-옆(좌)

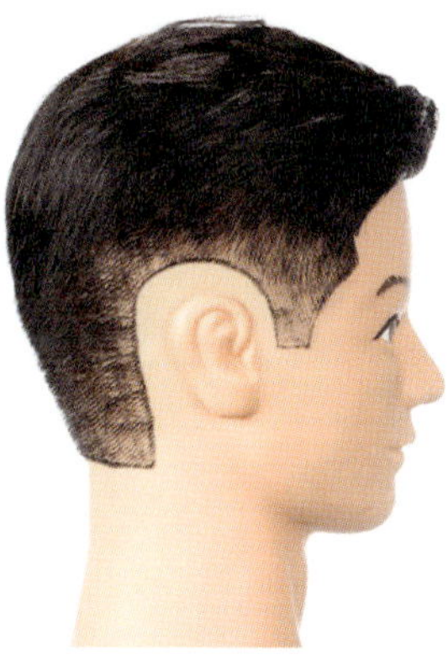
완성형-옆(우)

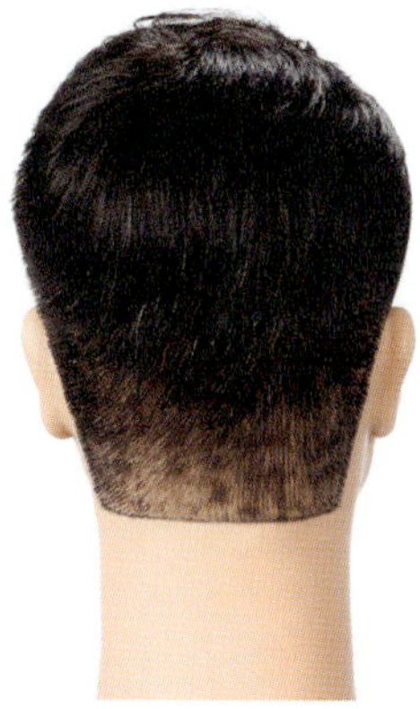
완성형-뒤

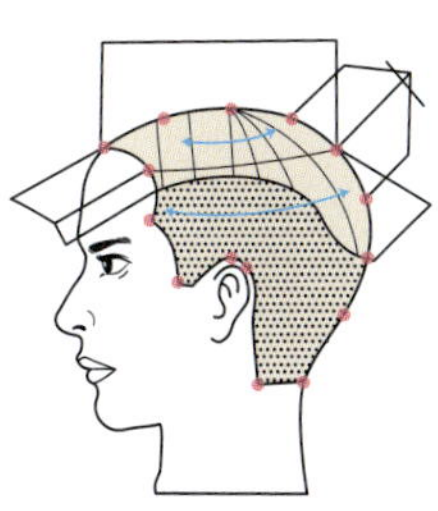
도해도

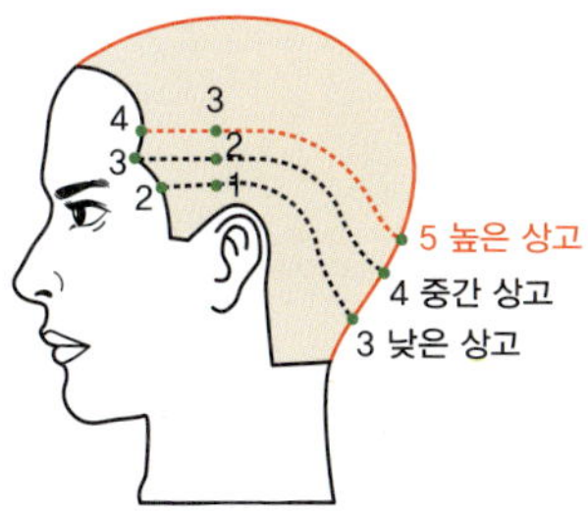

[커트 절차]

① 블로킹 : 5 블로킹

② 머리위치 : 똑바로, 약간 앞으로 숙임

③ 섹션, 파팅 : 수평, 수직, 방사선

④ 분배, 빗질 : 직각분배, 변이분배

⑤ 손가락, 가위위치 : 파팅과 평행, 비평행

⑥ 디자인 라인 : 이동 디자인 라인

9-1. 백 부분(귀 윗부분)에서 가이드 설정하여 그래쥬에이션으로 커트

9-2. 두상의 곡면따라 라운드형으로 커트

9-3. 요철된 부분 없이 정교하게 커트

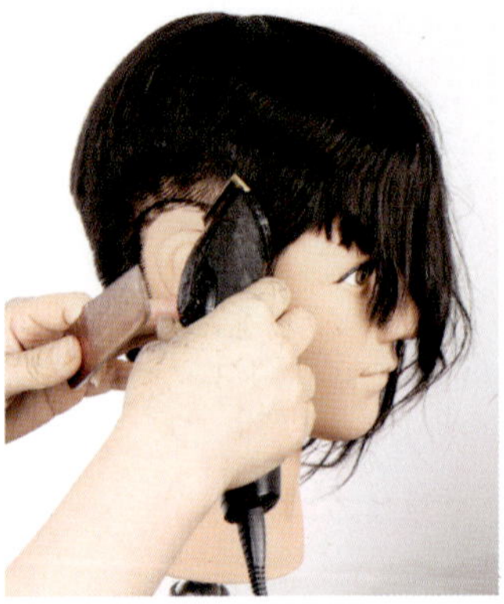

9-4. 클리퍼를 사선으로 하여 라인 정리

9-5. 사이드부분은 뒷부분의 높이의 2/3 정도로 폭을 정함

9-6. 두상의 곡면 따라서 페이스 라인도 클리어하게 정리

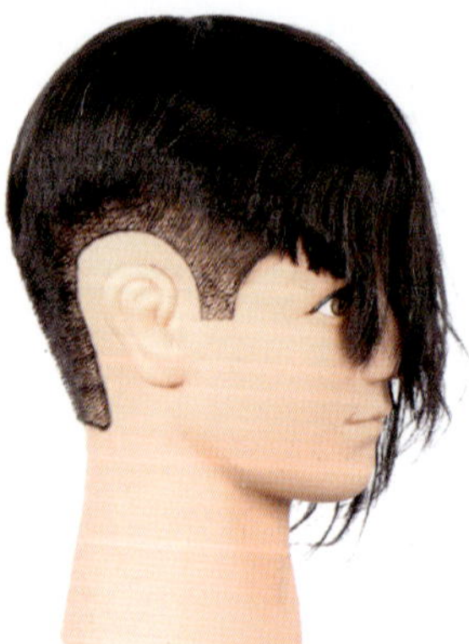

9-7. 뒷면과 사이드가 커트 된 상태

9-8. 왼쪽사이드도 두상의 곡면에 따라 가이드를 설정

9-9. 왼쪽사이드도 가이드에 맞춰 라인 설정

9-10. 동일한 방법으로 커트

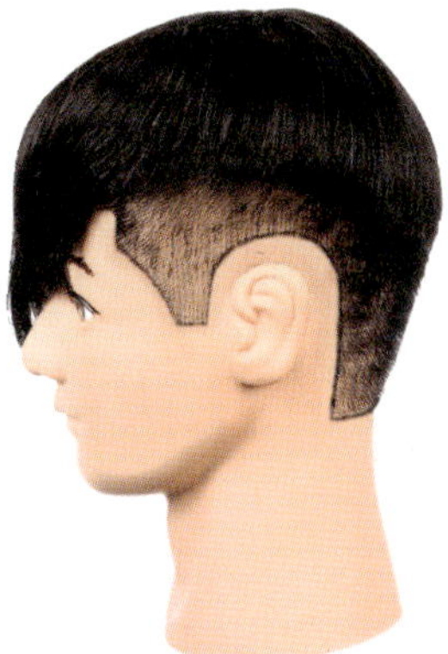

9-11. 왼쪽사이드가 커트 된 상태

9-12. 위로 똑바로 위에 길이를 7~8cm로 길이 설정

9-13. 위로 똑바로 평면 커트

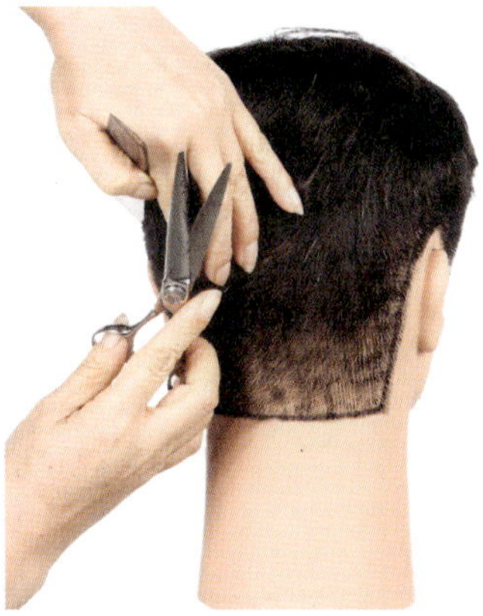

9-14. 뒷부분과 연결 비평행 손가락 위치

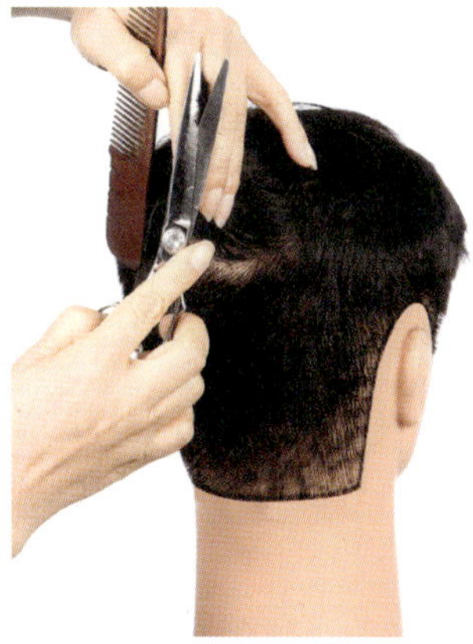

9-15. 골덴 포인트에서 코너 정리

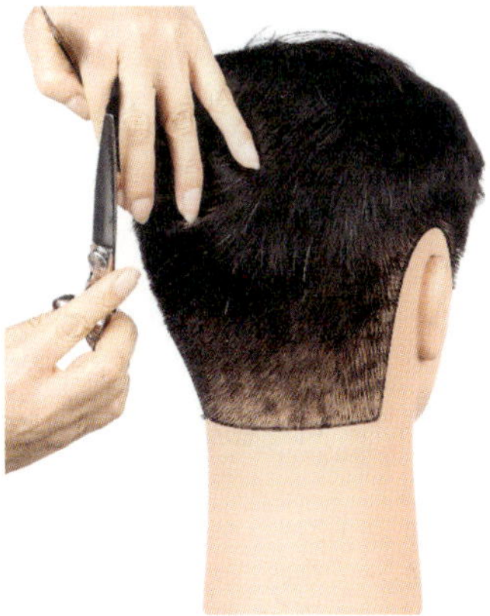

9-16. 두상의 곡면 따라서 온 더 베이스

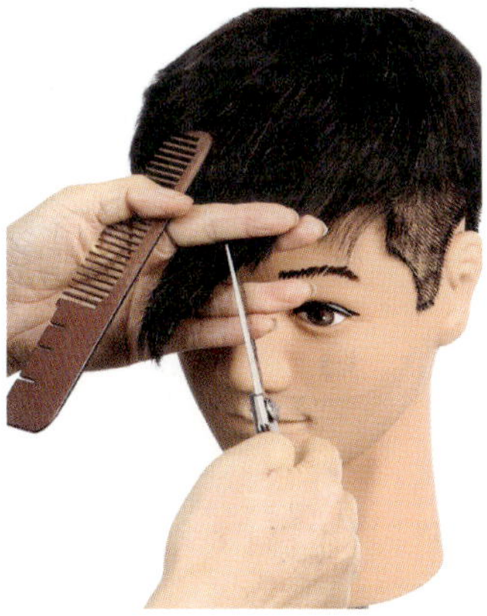

9-17. 앞머리커트 사선디자인으로 연결

9-18. 모두 모아서 앞으로 빗질하여 커트

9-19. 사이드와 연결

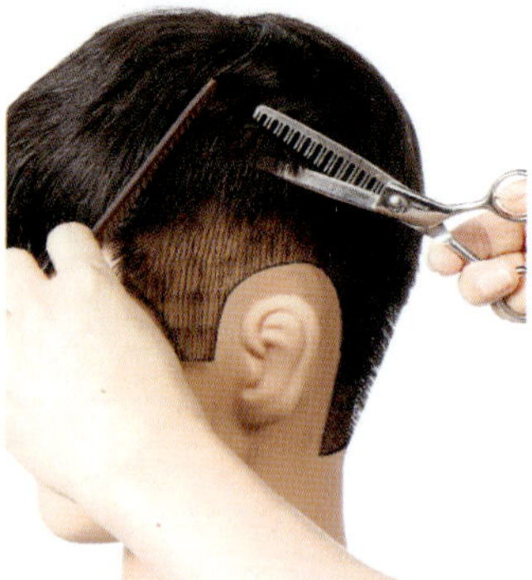

9-20. 윗머리를 제쳐놓고 틴닝가위로 질감처리한다.

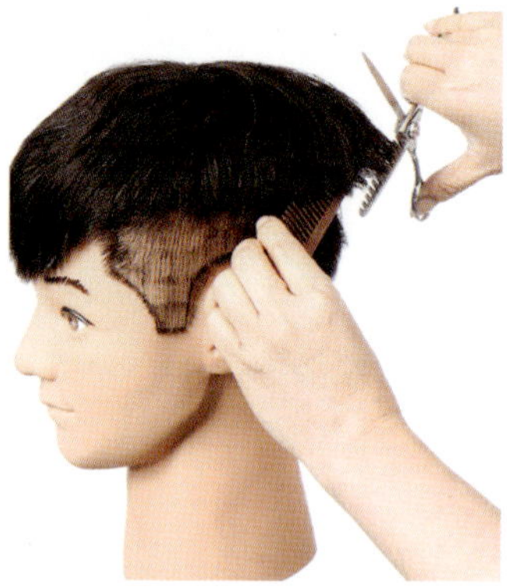

9-21. 무게 선에 엔드 테이퍼링 함으로써 코너를 제거한다.

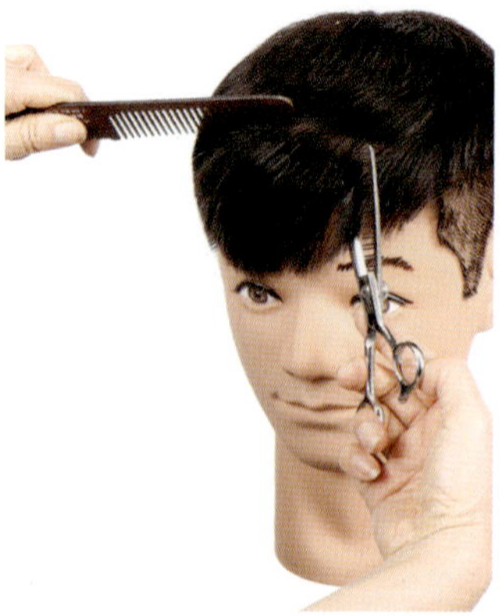

9-22. 앞머리 질감처리 방법

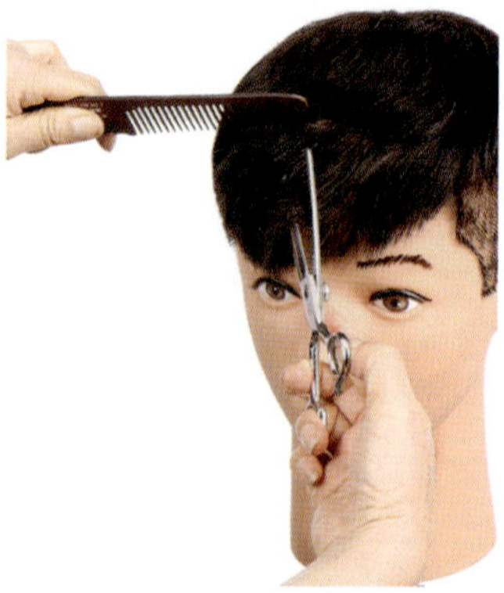

9-23. 틴닝가위를 1/3 정도 날을 넣어서 가볍게 정리한다.

9-24. 사이드 부분에 뭉쳐지기 쉬우므로 질감처리를 해준다.

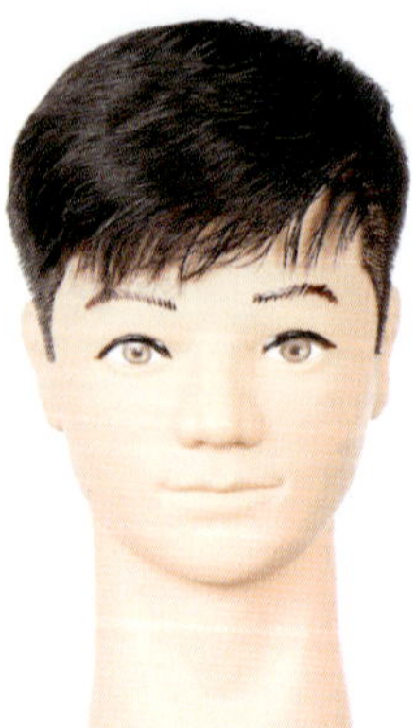

9-25. 커트 된 앞모습

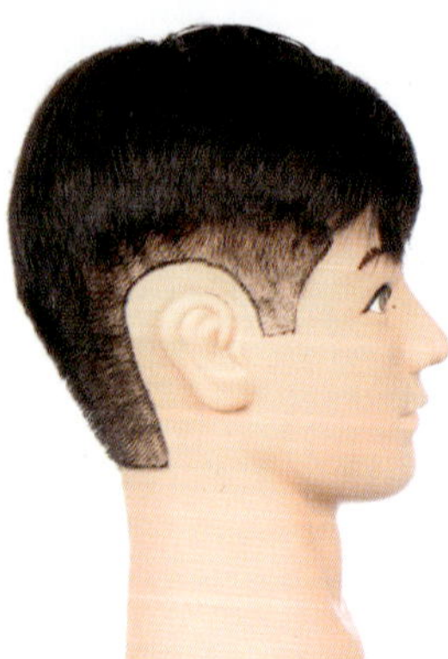

9-26. 커트 된 왼쪽 모습

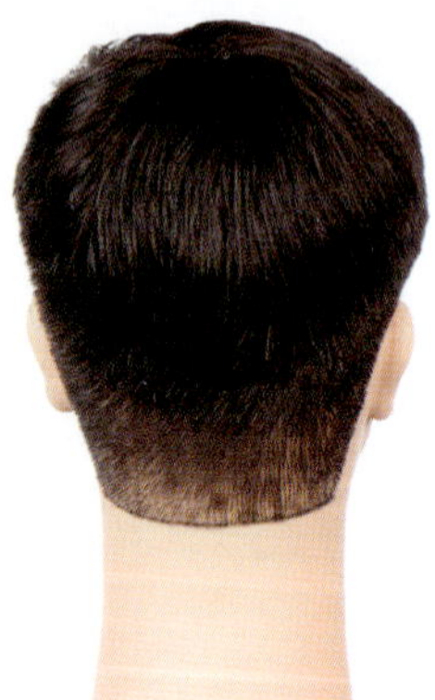

9-27. 커트 된 뒷모습

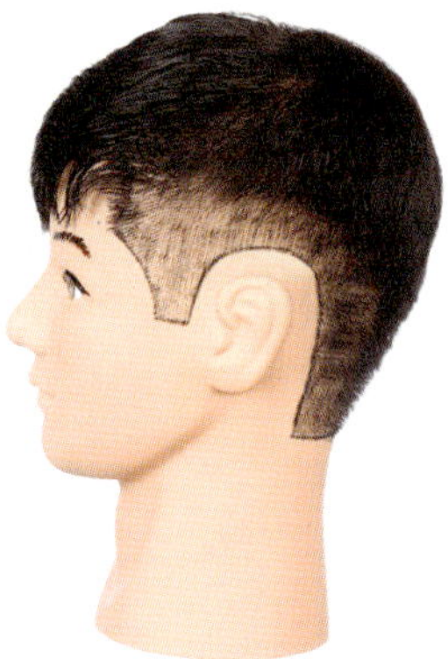

9-28. 커트 된 오른쪽 모습

(10) 반 스포츠 커트

스포츠형은 활동하기 좋은 숏커트의 남성스타일이다.

스포츠 헤어커트의 디자인은 전체를 하나의 사각 형태로 머리 모양을 연출한 뒤, 뒷머리와 옆머리를 매우 짧게 올려쳐주는 형태이다.

반 스포츠형은 뒷 머리를 골덴 백 미디움 포인트(G.B.M.P)에 무게 선을 주고 옆머리 부분을 일직선에 가까운 라인을 형성하며 탑의 가이드를 5cm 길이 가이드로 짧게 수평으로 자른 디자인이다.

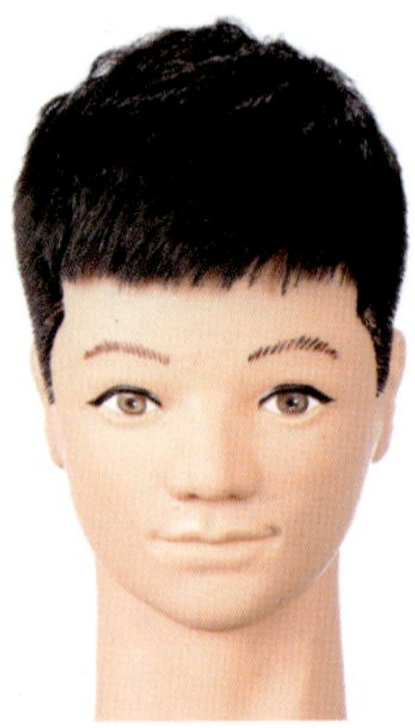

완성형-앞

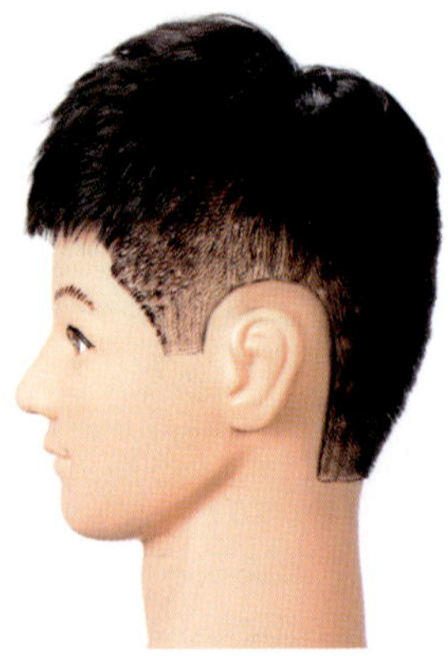

완성형-옆(좌)

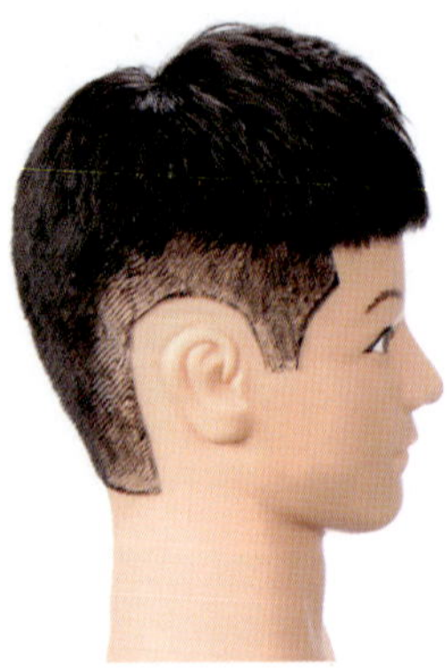

완성형-옆(우)

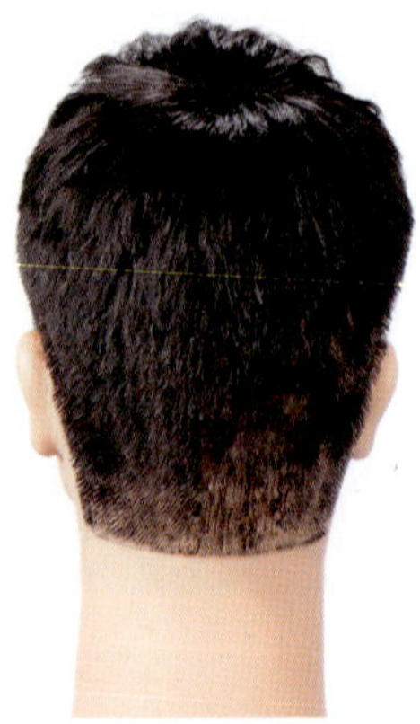

완성형-뒤

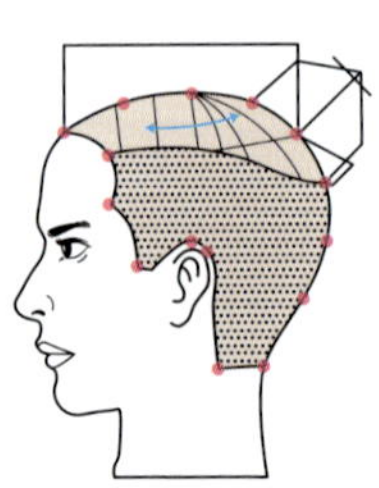

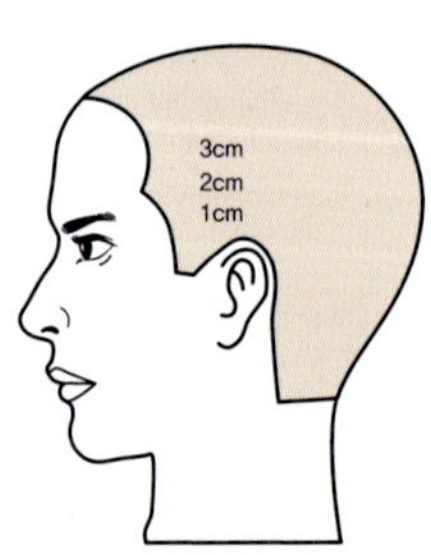

도해도

[커트 절차]

① 블로킹 : 5 블로킹

② 머리위치 : 똑바로, 약간 앞으로 숙임

③ 섹션, 파팅 : 수평, 수직, 방사선

④ 분배, 빗질 : 직각분배, 변이분배

⑤ 손가락, 가위위치 : 파팅과 평행, 비평행

⑥ 디자인 라인 : 이동 디자인 라인

10-1. 백 부분에서 2cm 정도 길이 가이드로 일직선으로 설정

10-2. 두상의 라운드 형태로 동일하게 커트

10-3. 요철된 부분이 없이 정교하게 커트

10-4. 클리퍼를 사선으로 기울여 라인 정리

10-5. 정교하게 커트

10-6. 사이드도 동일하게 커트

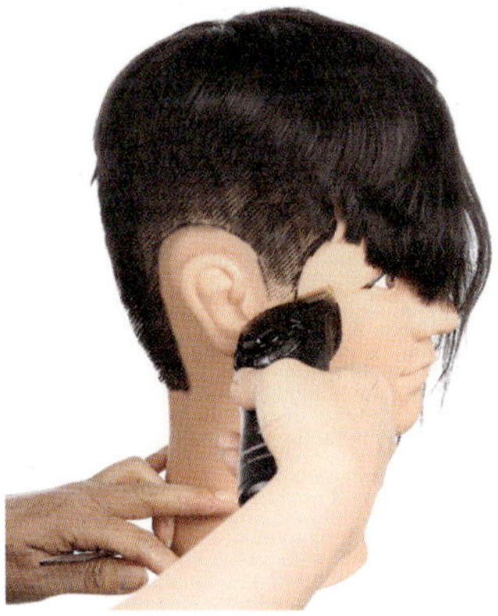

10-7. 클리퍼 2mm로 단수를 놓고 올려치기 기법

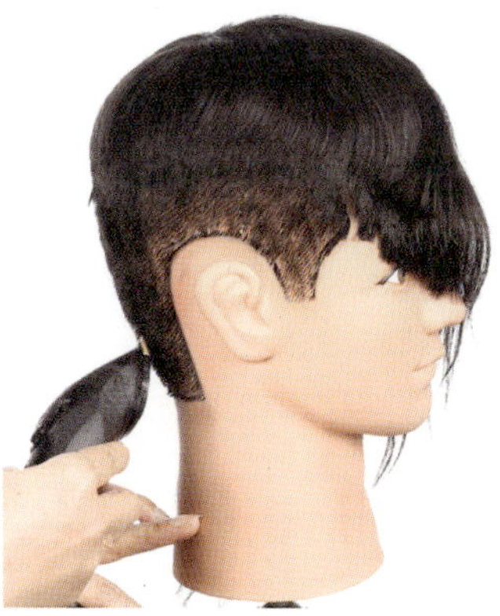

10-8. 네이프 부분도 클리퍼 2mm로 올려치기 기법

10-9. 왼쪽 사이드도 동일한 방법으로 커트

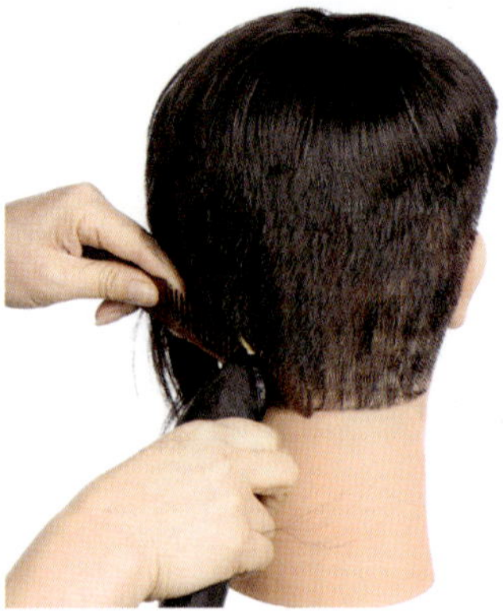

10-10. 라인을 먼저 설정하면서 위에서 아래로 커트 진행

10-11. 아래에서 위로 올라가면서 정교하게 진행

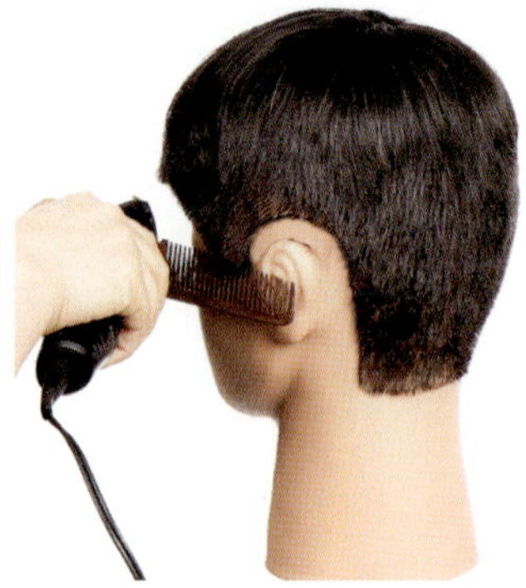

10-12. 사이드 부분도 동일하게 커트

10-13. 뒷부분과 사이드가 커트된 상태

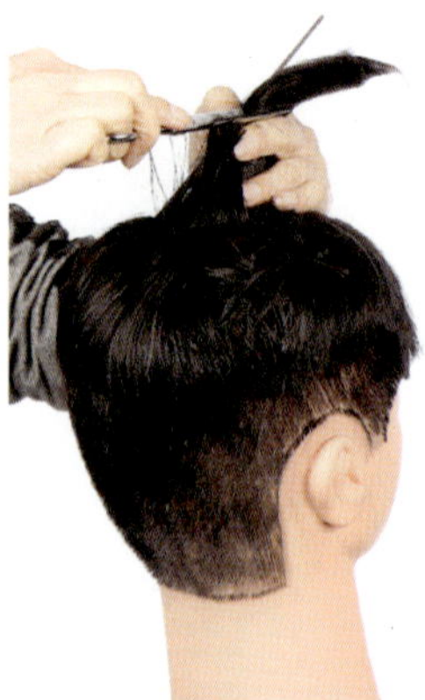

10-14. 탑의 4~5cm 길이 가이드로 평면 커트

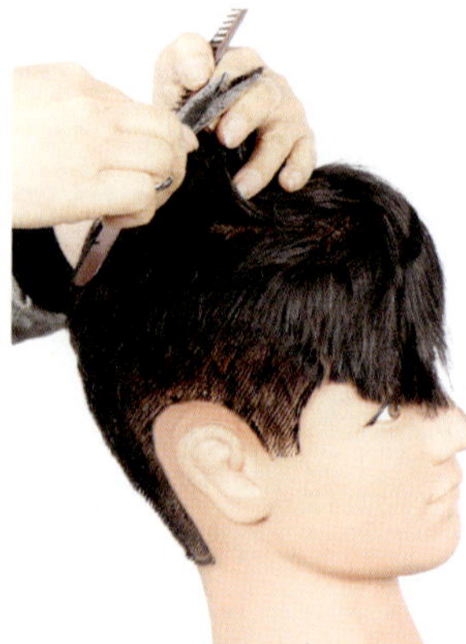

10-15. 이동 디자인으로 위로 똑바로 평면 커트

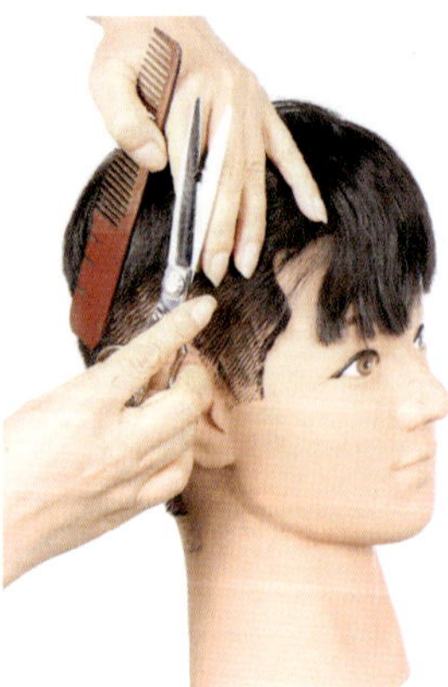

10-16. 사이드 부분과 연결 수직 커트

10-17. 앞으로 진행하면서 이동 디자인 라인

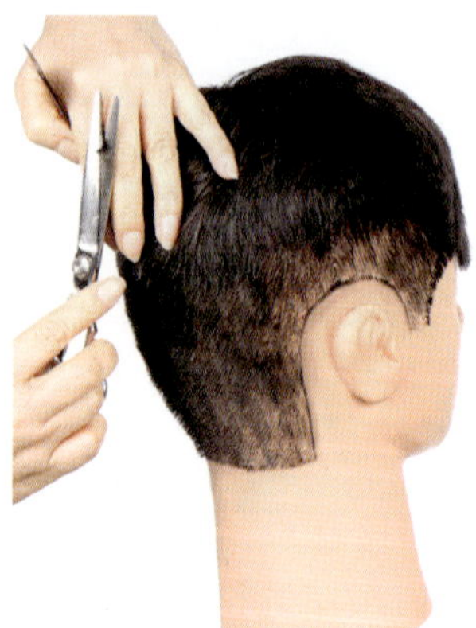

10-18. 뒷면과 연결 수직 커트

10-19. 앞머리를 짧게 하기 위해 레이어로 커트

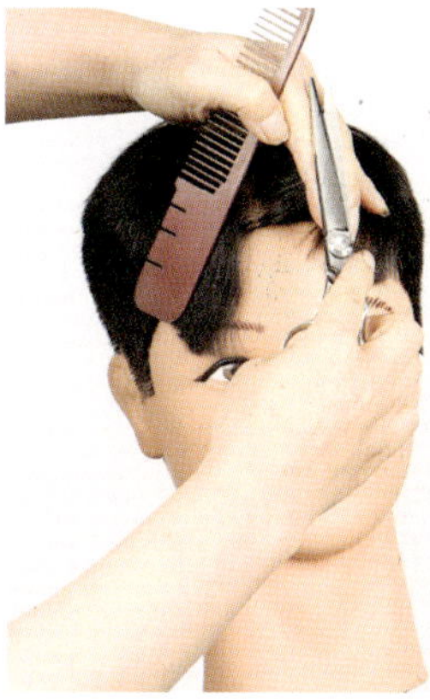

10-20. 이동 디자인으로 커트

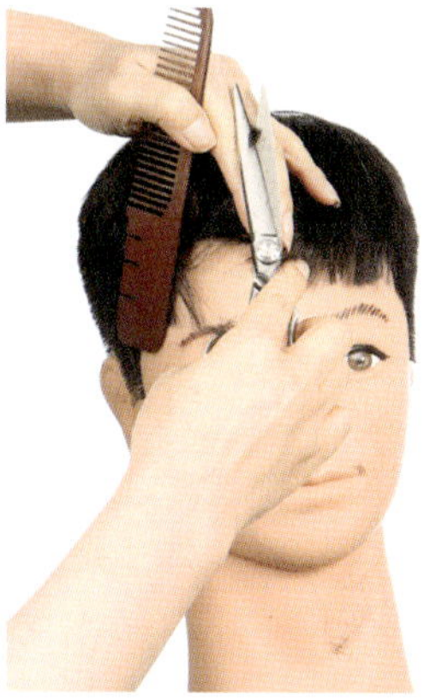

10-21. 동일한 방법으로 커트

10-22. 빗으로 들어서 나칭커트

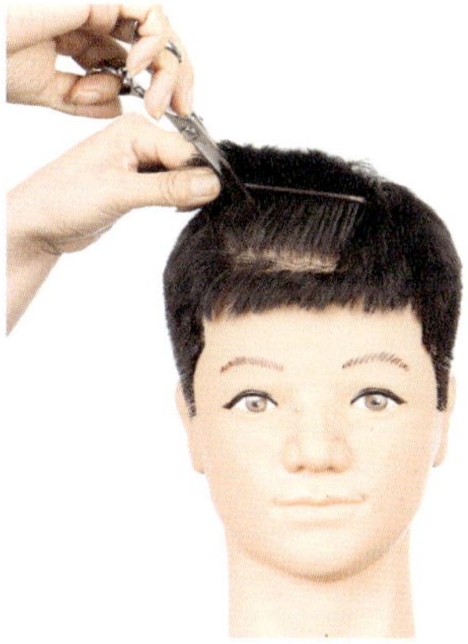

10-23. 다운 이펙트 기법으로 뿌리 질감 정리

10-24. 윗부분도 같은 빗으로 들어서 이펙트기법

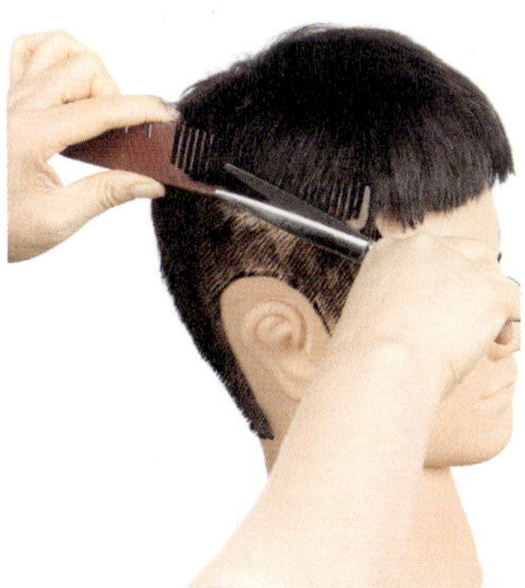

10-25. 각선 부분의 자연스러운 연결을 위해 싱글링 기법

10-26. 코너 정리

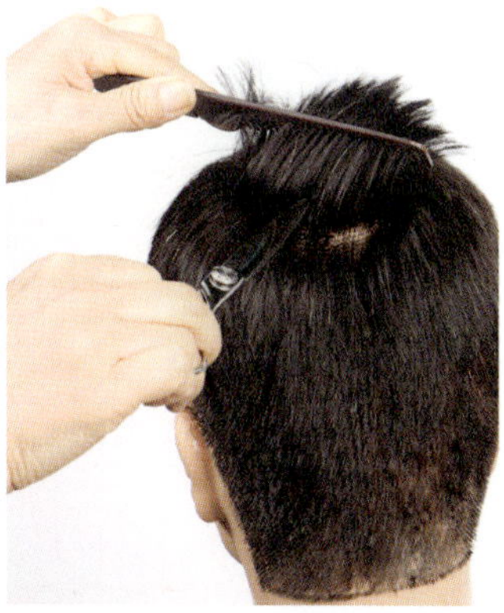

10-27. 백 부분도 이펙트기법을 사용해 볼륨을 형성

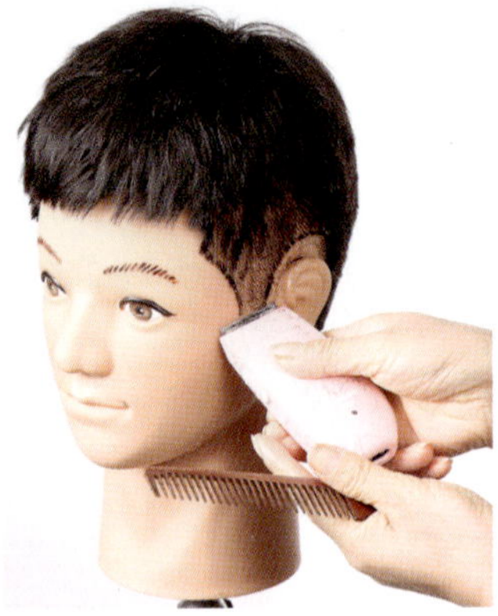

10-28. 면도 클리퍼를 이용하여 짧고 깔끔하게 라인 정리

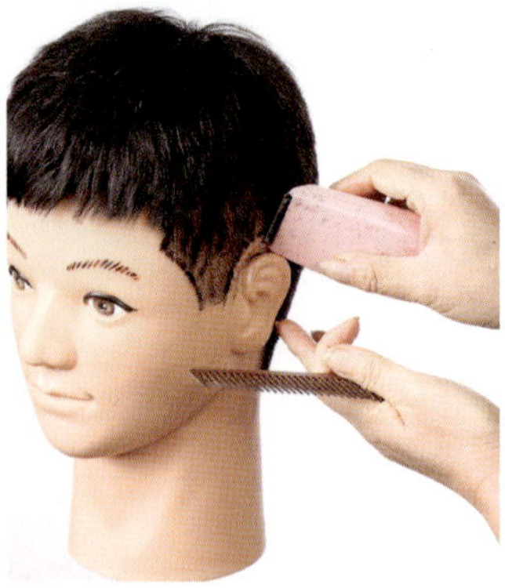

10-29. 면도 클리퍼를 사선을 기울여 라인 정리

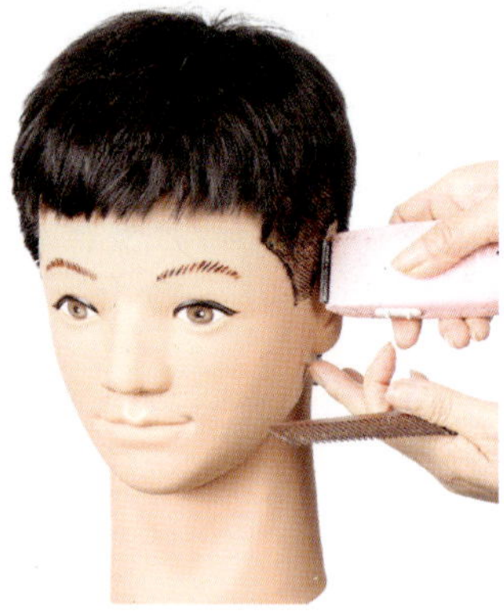

10-30. 귀 있는 부분은 귀를 조심히 하여 라인 정리

10-31. 페이스 라인도 클리어하게 정리

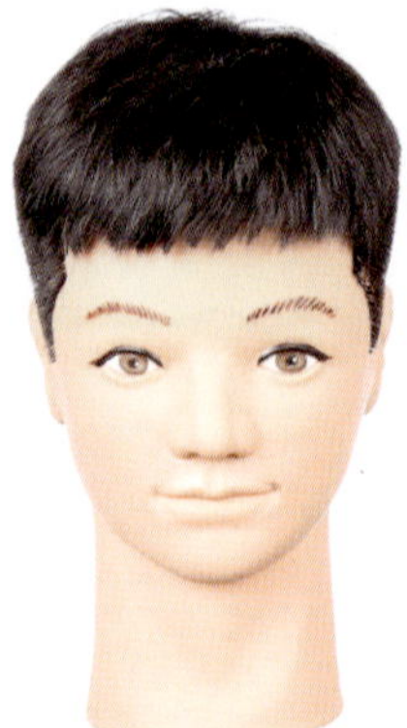

10-32. 커트 된 앞모습

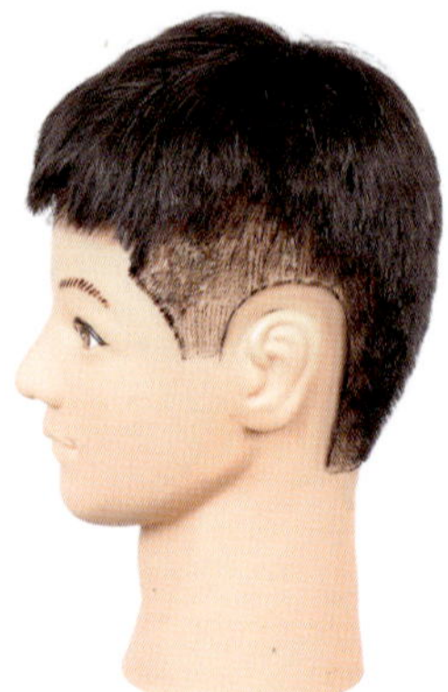

10-33. 커트 된 왼쪽 모습

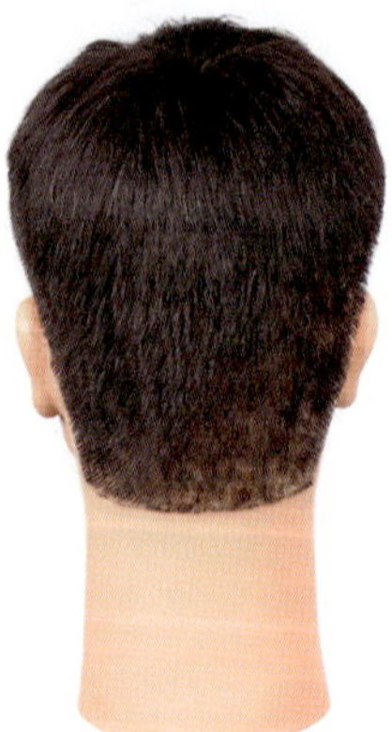

10-34. 커트 된 뒷모습

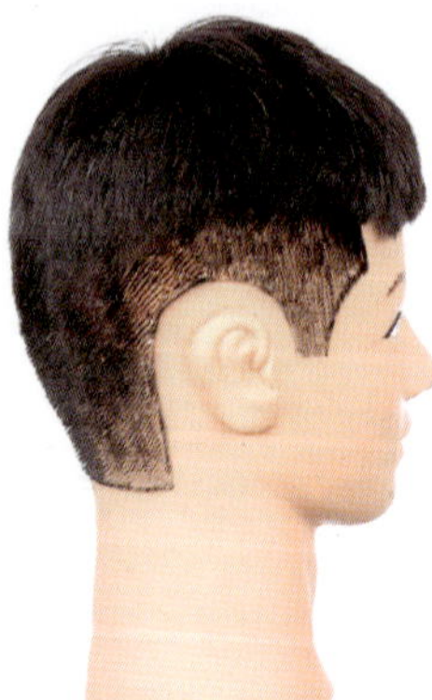

10-35. 커트 된 오른쪽 모습

(11) 각 스포츠 커트

스포츠형은 활동하기 좋은 숏커트의 남성 스타일이다.

스포츠 헤어커트의 디자인은 전체를 하나의 사각 형태로 머리 모양을 연출한 뒤, 뒷머리와 옆머리를 매우 짧게 올려쳐주는 형태이다.

각 스포츠형은 탑의 길이를 3cm 미만으로 길이를 설정하며 탑에서 위로 똑바로 수평라인을 형성하며 백과 사이드 부분에 일직선상으로 커트하여 각진 남성의 이미지를 부각한 디자인이다.

완성형–앞

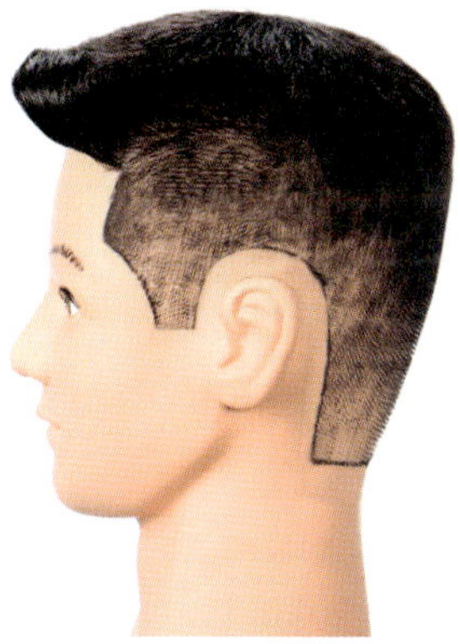

완성형–옆(좌)

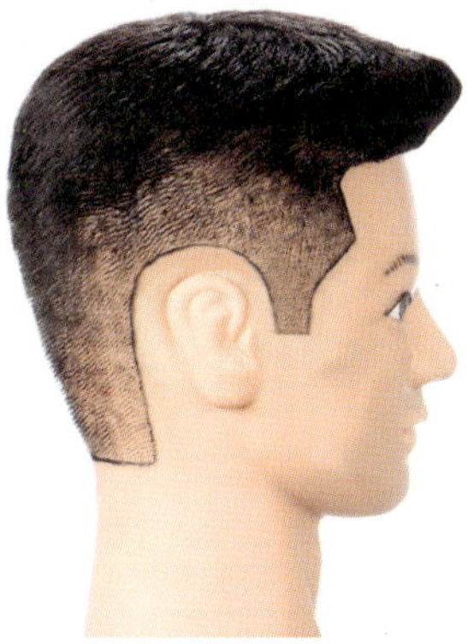

완성형–옆(우)

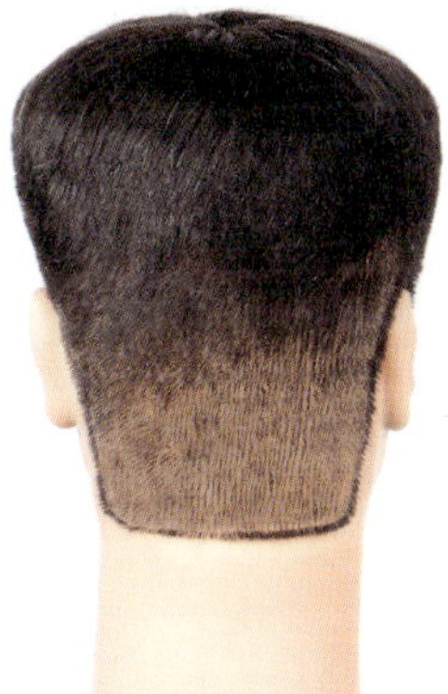

완성형–뒤

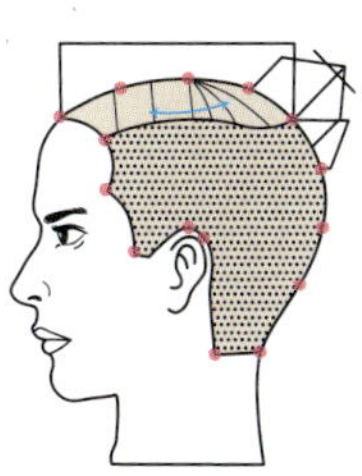

도해도

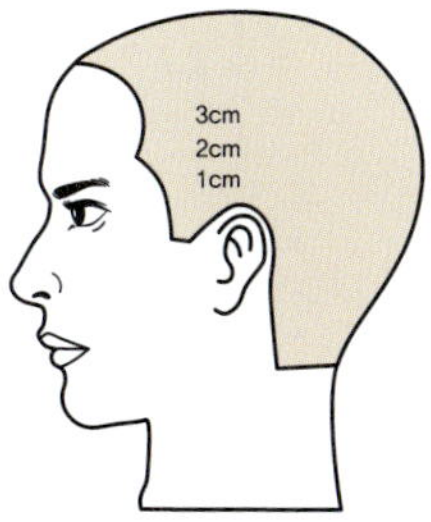

[커트 절차]

① 블로킹 : 5 블로킹
② 머리위치 : 똑바로, 약간 앞으로 숙임
③ 섹션, 파팅 : 수평, 수직, 방사선
④ 분배, 빗질 : 직각분배, 변이분배
⑤ 손가락, 가위위치 : 파팅과 평행, 비평행
⑥ 디자인 라인 : 이동 디자인 라인

11-1. G.B.M.P에서 2~3cm 정도의 길이 가이드 설정

11-2. 길이 가이드에 맞춰 수직 커트

11-3. 두상의 곡면 따라 라운드로 커트

11-4. 뒤쪽의 길이 가이드에 맞추어 동일하게 커트

11-5. 위에서부터 아래로 내려오면서 라인 정리

11-6. 왼쪽사이드도 동일한 방법으로 진행

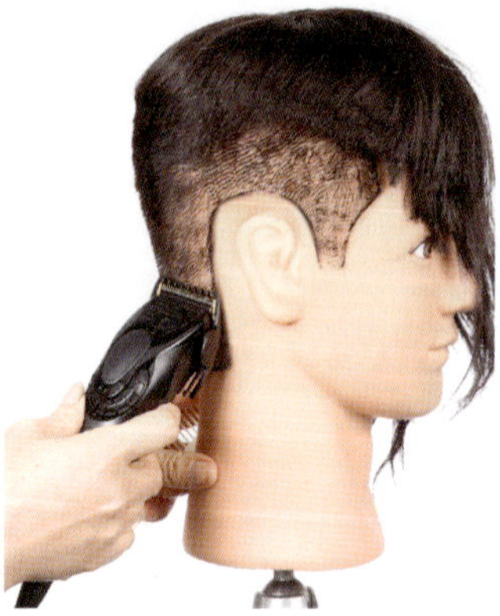

11-7. 3mm덮개를 사용하여 위로 올려가면서 라인 정리

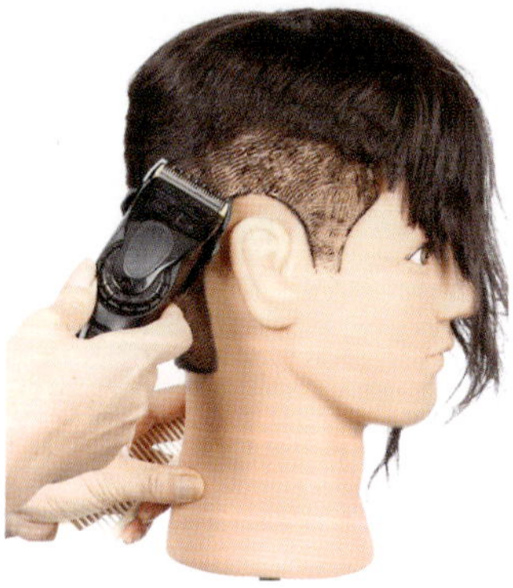

11-8. 햄라인으로 이동하면서 사선으로 라인 정리

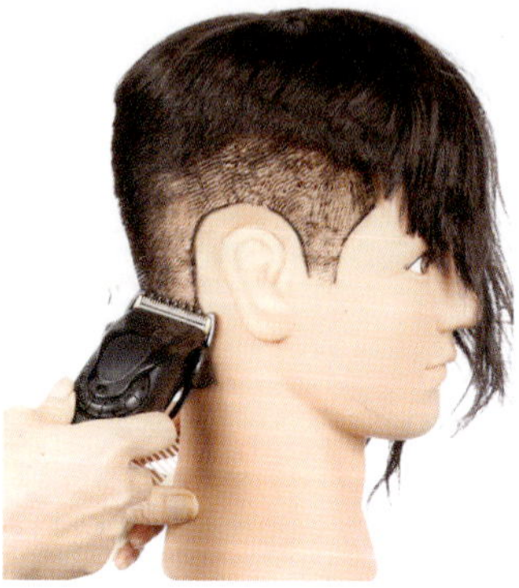

11-9. 두피에 바짝 대고 클리어하게 라인 정리

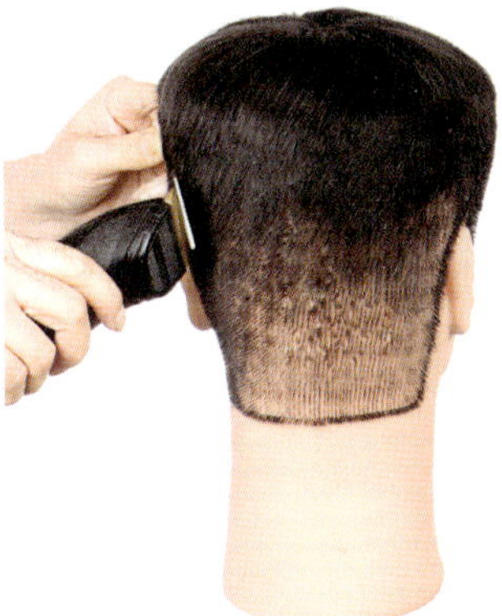

11-10. 빗을 사용하여 면 처리를 곱게 커트

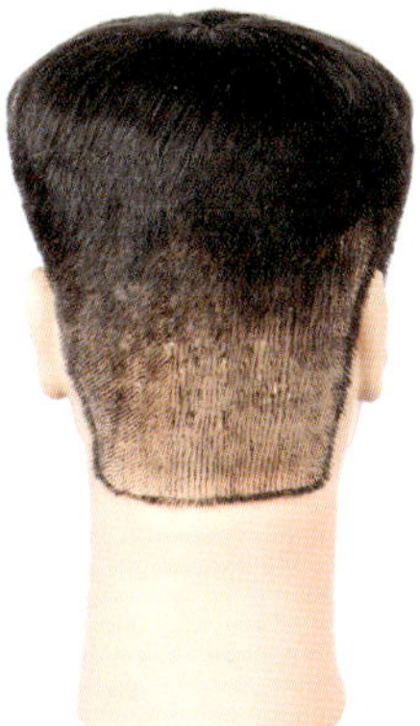

11-11. 뒷면과 사이드가 끝난 상태

11-12. 탑의 2~3cm길이로 설정하여 빗을 대고 평면 커트

11-13. 위로 똑바로 평면 커트

11-14. 앞머리도 탑길이 가이드에 맞춰 평면 커트

11-15. 위로 똑바로 평면 커트

11-16. 길이를 체크하여 라인수정커트

11-17. 각선의 코너 부분에 싱글링커트

11-18. 코너 정리

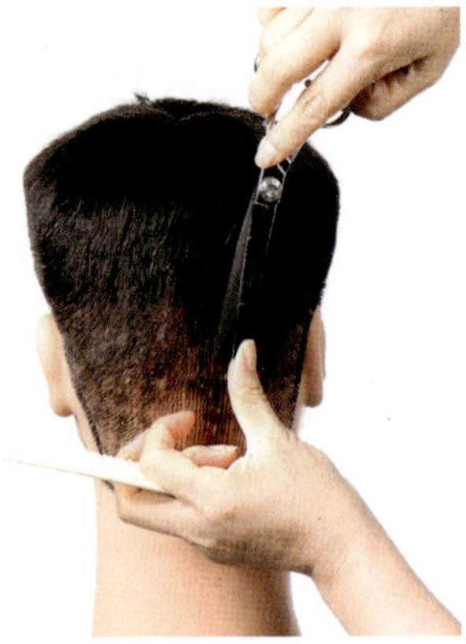

11-19. 옆으로 가위사용 기법(트리밍커트)

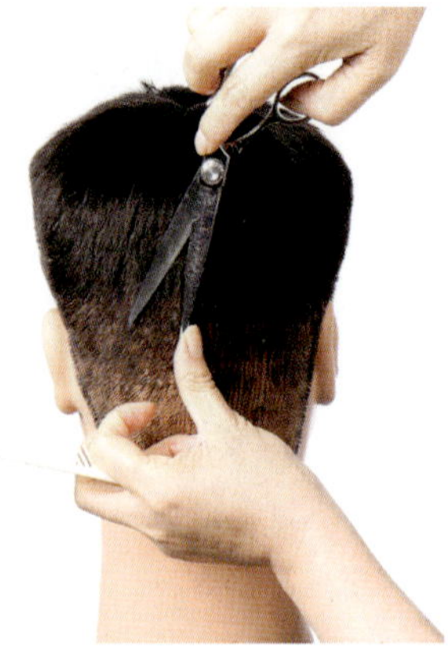

11-20. 트리밍 커트

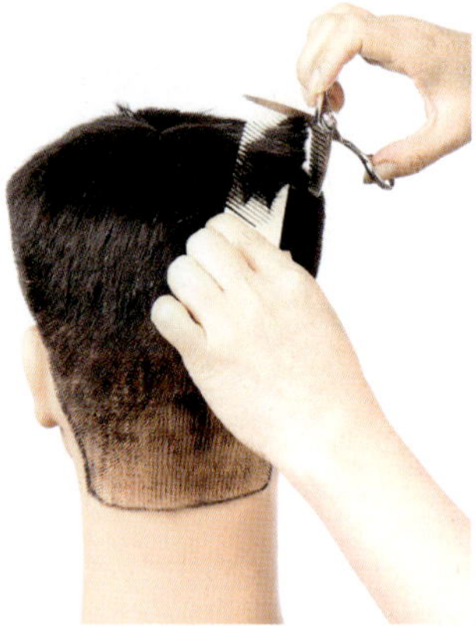

11-21. 틴닝가위로 코너 부분 질감정리

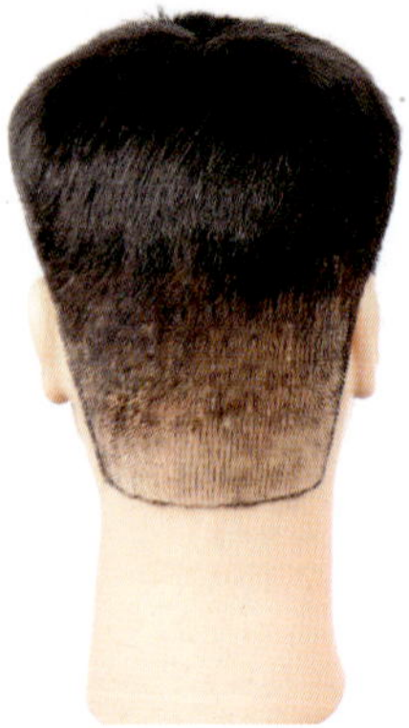

11-22. 커트 된 뒷모습

11-23. 커트 된 앞모습

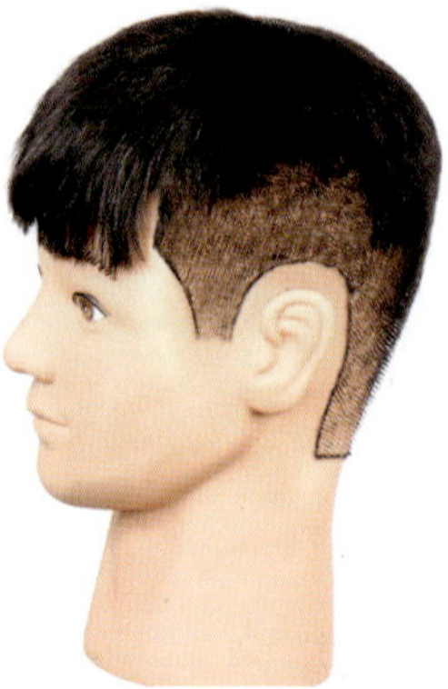

11-24. 커트 된 왼쪽 모습

(12) 바버샵 커트

바버라는 의미는 이발사라는 뜻으로 헤어스타일을 좀 더 깔끔하게 정돈 된 스타일로 커트하며 정발된 상태도 흐트러짐 없이 포마드가 발라진 디자인이다.

가르마를 만들어 긴머리를 포마드를 발라서 정발한 디자인을 말한다.

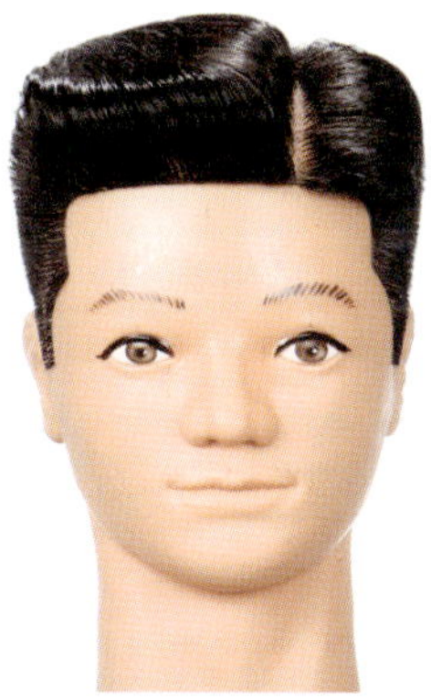

완성형–앞

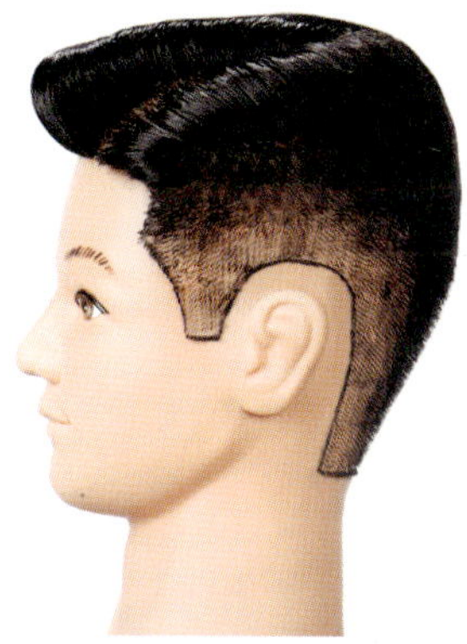

완성형–옆(좌)

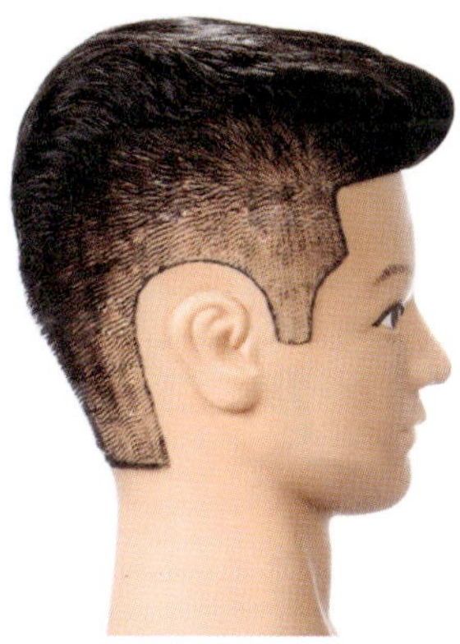

완성형–옆(우)

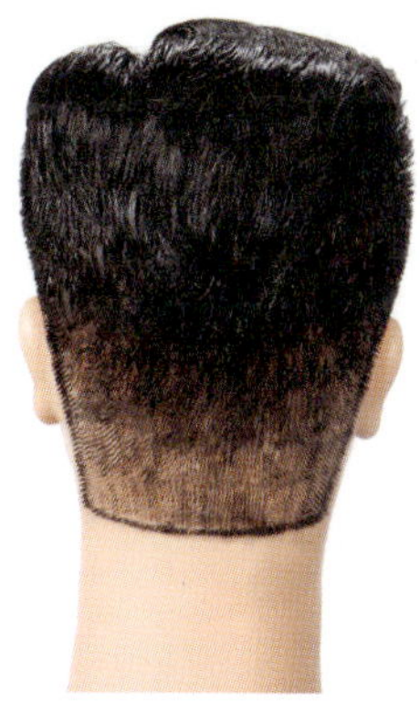

완성형–뒤

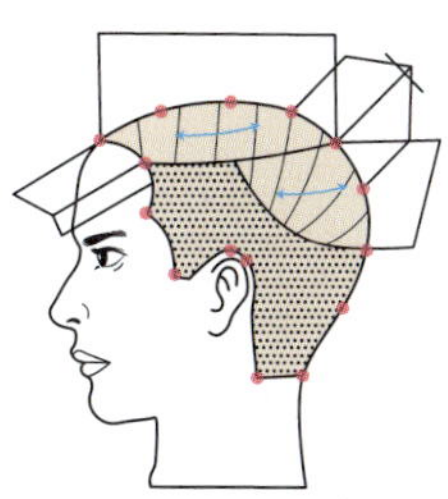

도해도

[커트 절차]

① 블로킹 : 5 블로킹

② 머리위치 : 똑바로, 약간 앞으로 숙임

③ 섹션, 파팅 : 수평, 수직, 방사선

④ 분배, 빗질 : 직각분배, 변이분배

⑤ 손가락, 가위위치 : 파팅과 평행, 비평행

⑥ 디자인 라인 : 이동 디자인 라인

12-1. 크라운 부분 섹셔닝 한 상태

12-2. 3cm 길이 가이드로 그래쥬에이션으로 커트

12-3. 두상의 곡면을 따라 라운드형으로 커트

12-4. 왼쪽사이드 부분까지 동일한 방법으로 진행

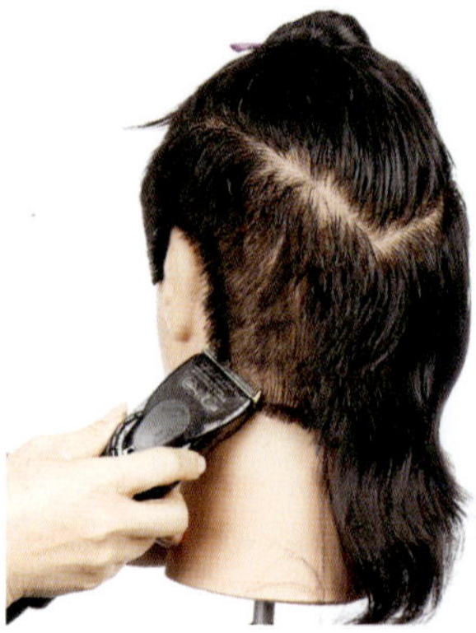

12-5. 클리퍼를 사선으로 하여 라인 정리

12-6. 클리퍼의 면을 두피에 바짝 대고 위로 올려 깎기

12-7. 두피의 면을 따라 면도하듯이 짧게 커트

12-8. 사이드도 같은 방법으로 진행

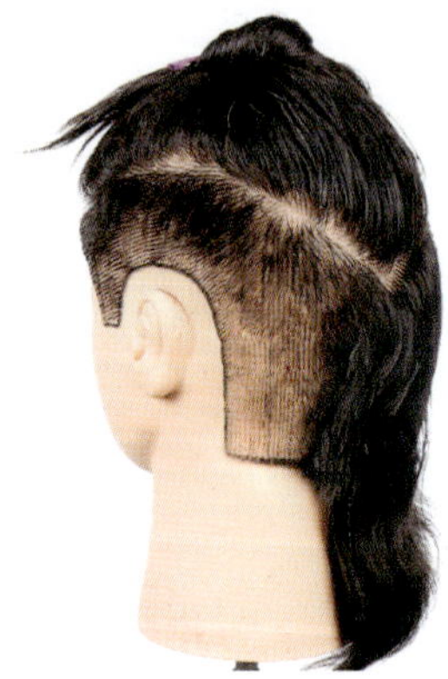

12-9. 왼쪽 백사이드와 사이드 커트 된 상태

12-10. 오른쪽 동일하게 커트

12-11. 빗을 대고 정교하게 커트

12-12. 오른쪽 사이드도 가이드에 맞춰 두상의 곡면 따라 진행

12-13. 클리퍼를 사선으로 라인 정리

12-14. 클리퍼를 두피에 대고 면도하듯이 라인 정리

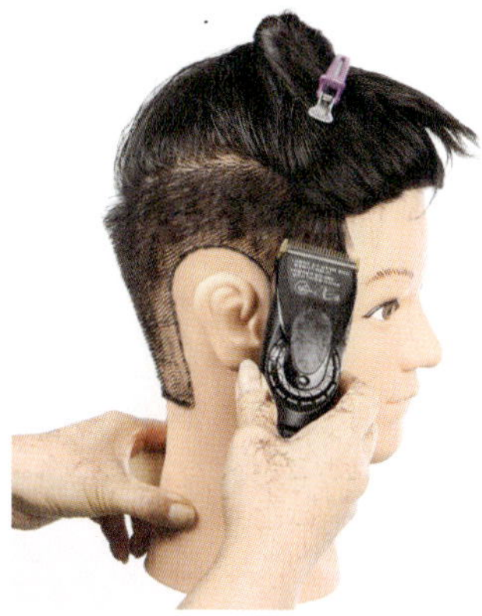

12-15. 오른쪽사이드도 동일하게 진행

12-16. 뒷면과 사이드 커트가 끝난 상태

12-17. 탑 10cm 길이 가이드로 위로 똑바로 평면 커트

12-18. 위로 똑바로 이동 디자인

12-19. 백부분의 길이와 그래쥬에이션으로 연결

12-20. 손가락 비평행으로 이동 디자인 라인

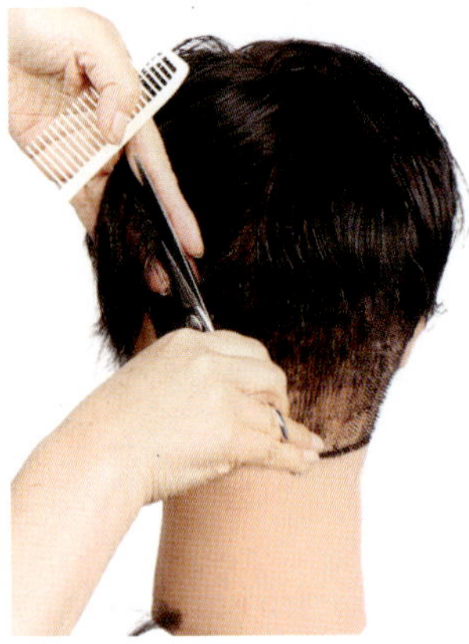

12-21. 가이드에 맞춰 그래쥬에이션으로 연결

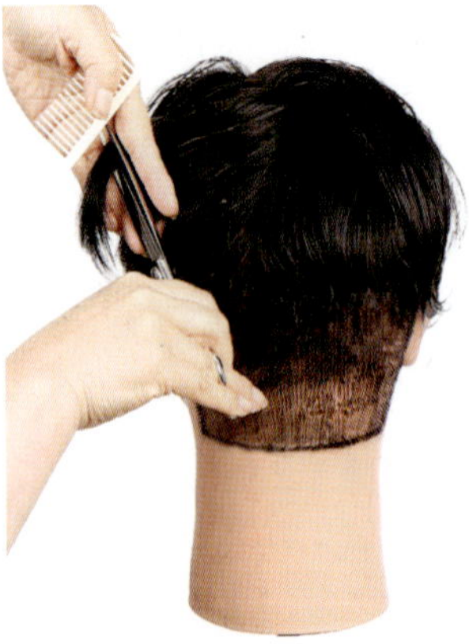

12-22. 다운베이스로 커트

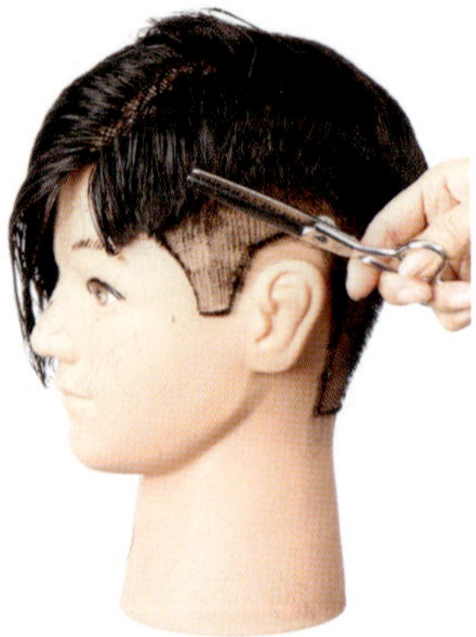

12-23. 무게 선 부분에 틴닝가위 사용

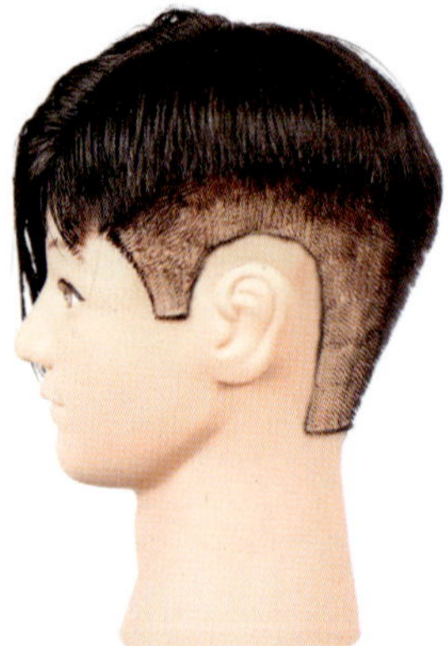

12-24. 왼쪽 부분 커트가 끝난 상태

12-25. 오른쪽도 동일한 방법으로 손가락 비평행

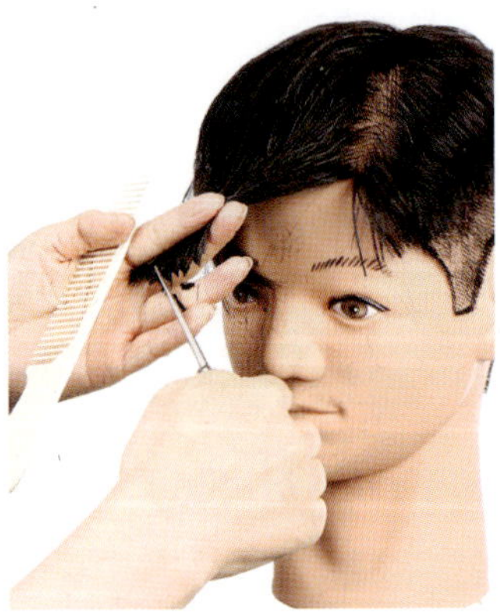

12-26. 앞머리 대각라인으로 커트

12-27. 무게 선 부분에 틴닝가위 사용 언더커트

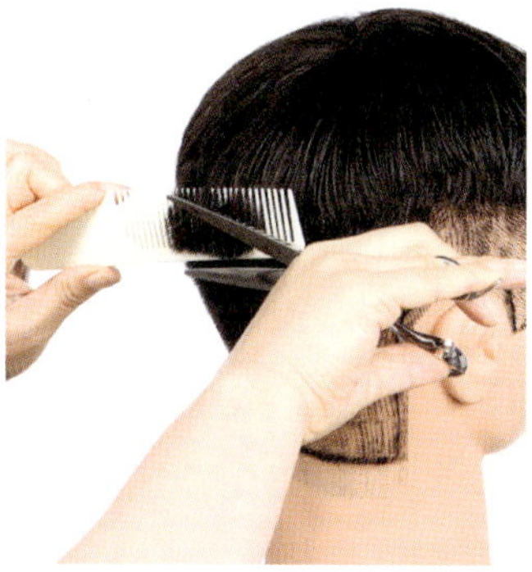

12-28. 가위로 올려치기 기법(싱글링기법)

12-29. 가르마 라인에 라인 스크래치를 넣어준다.

12-30. 옆으로 가위사용 기법(트리밍기법)

12-31. 커트 된 앞모습

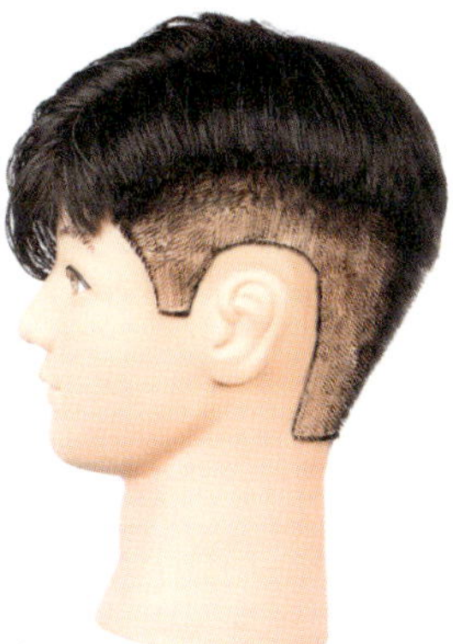

12-32. 커트 된 왼쪽 모습

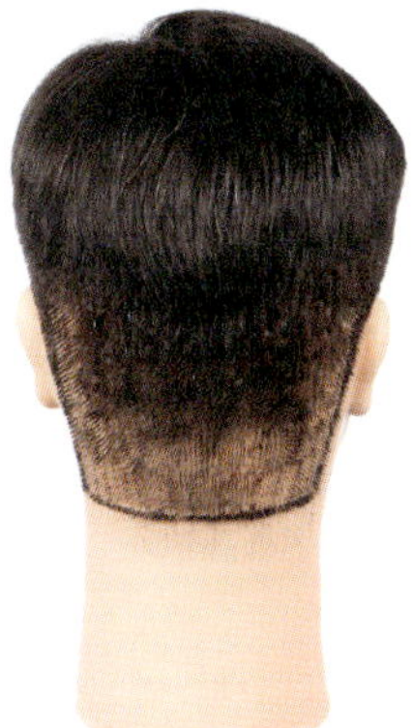

12-33. 커트 된 뒷모습

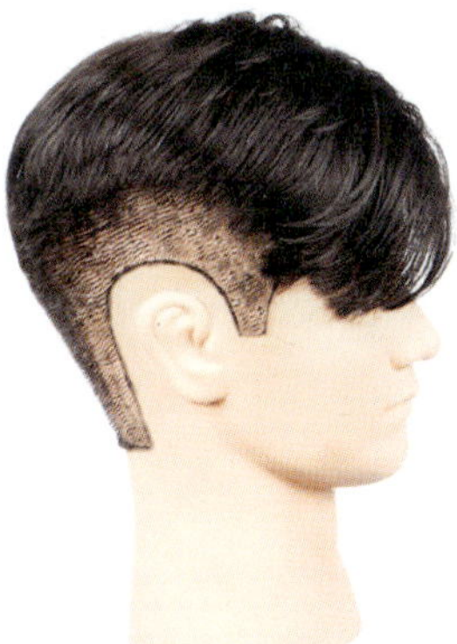

12-34. 커트 된 오른쪽 모습

(13) 모히칸 커트 1

모히칸 인디언의 헤어스타일로 수탉의 벼슬 모양처럼 가운데 부분만 기르고 좌우를 깎거나 삭발을 하는 헤어스타일이다.
1970년대에 펑크 패션으로 대유행하였으며, 1980년대에는 다양한 모히칸 헤어커트 스타일이 생겨났다.
축구선수 베컴이 모히칸 헤어스타일을 주로 해 매스컴을 통해 알려지게 되면서 '베컴머리' 또는 '닭 벼슬머리'로 불리게 되며 국내에도 유행하게 되었다.
짧고 깔끔하면서도 조금 더 강하고 개성 있는 스타일링으로 연출이 가능한 스타일이다.

완성형-앞

완성형-옆(좌)

완성형-옆(우)

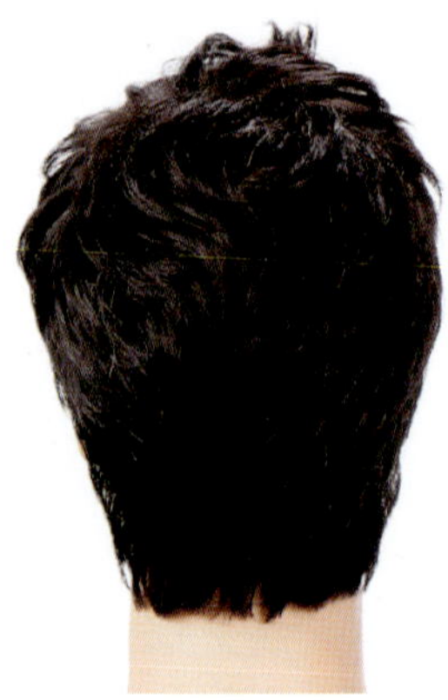
완성형-뒤

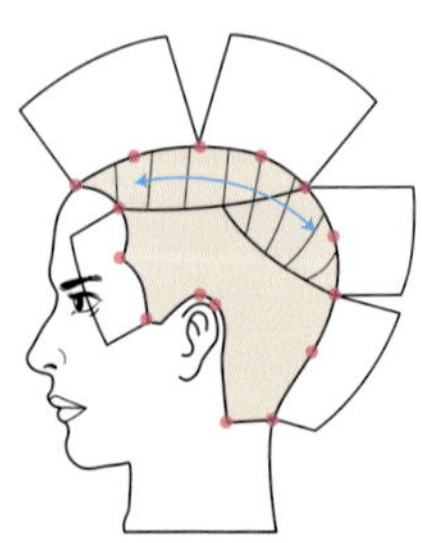
도해도

[커트 절차]

① 블로킹 : 5 블로킹
② 머리위치 : 똑바로
③ 섹션, 파팅 : 수직, 사선, 방사선
④ 분배, 빗질 : 직각분배
⑤ 손가락, 가위위치 : 파팅과 평행, 비평행
⑥ 디자인 라인 : 이동디자인 라인

13-1. 크라운 부분과 뒷부분으로 블로킹이 된 상태

13-2. 왼쪽 사이드에서 3cm 길이 가이드로 하이그래쥬에이션

13-3. 대각파팅으로 진행

13-4. 온 더 베이스로 이동 디자인 라인

13-5. 사이드로 진행하며 대각파팅

13-6. 하이그래쥬에이션으로 진행

13-7. 직각분배로 커트

13-8. 왼쪽 사이드와 백사이드 커트가 끝난 상태

13-9. 오른쪽사이드도 길이 설정하여 높은 그래쥬에이션

13-10. 대각 파팅으로 진행

13-11. 네이프도 대각파팅하여 직각분배로 커트

13-12. 사이드 커트가 끝난 상태

13-13. 양쪽 커트가 끝난 상태

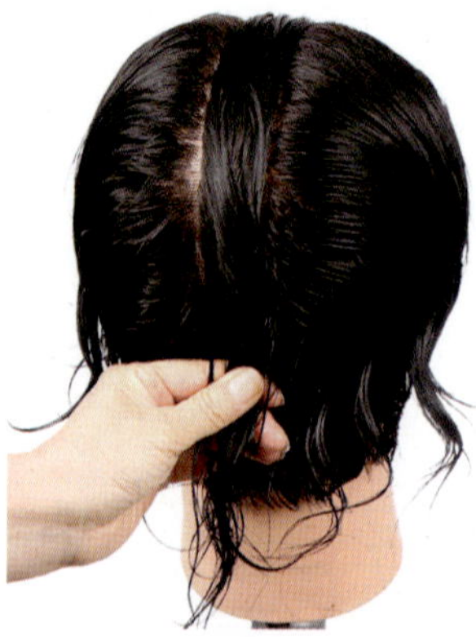

13-14. 센터 2cm 폭으로 파팅

13-15. 11cm 길이로 레이어 커트

13-16. 일반시술각 사용하여 두상의 곡면 따라 커트

13-17. 백 부분의 길이와 연결

13-18. 각도를 들어서 연결

13-19. 코너 제거

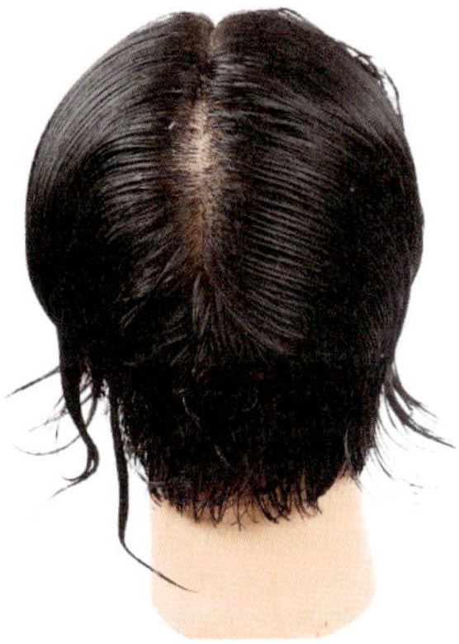

13-20. 센터 파팅을 나눔

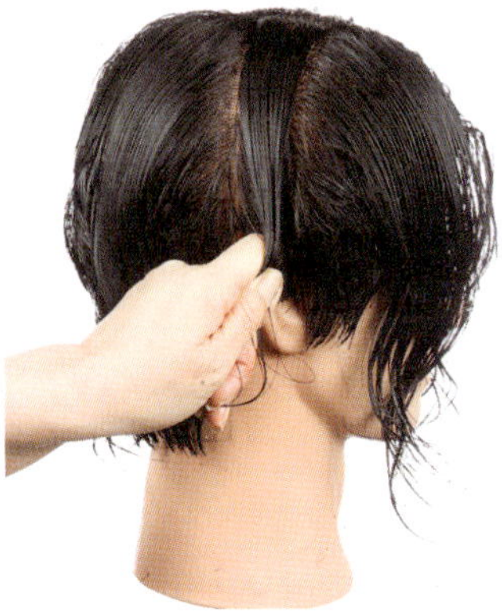

13-21. 탑과 이어백을 수직 파팅

13-22. 손가락 비평행으로 연결

13-23. 이동 디자인 라인으로 연결

13-24. 손가락 비평행, 방사선 섹션

13-25. 사이드 부분도 동일하게 진행

13-26. 뒷부분으로 진행하면서 방사선 파팅

13-27. 가이드 선 따라서 연결

13-28. 동일한 방법으로 손가락 비평행

13-29. 방사선 파팅으로 이동하는 모습

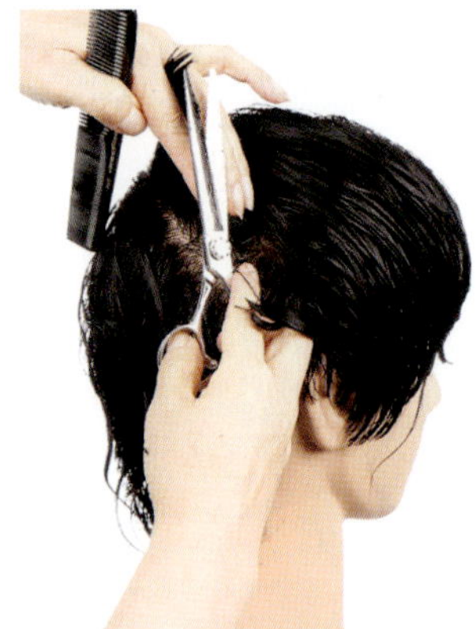

13-30. 이동 디자인으로 커트

13-31. 손가락 비평행 커트

13-32. 동일하게 진행

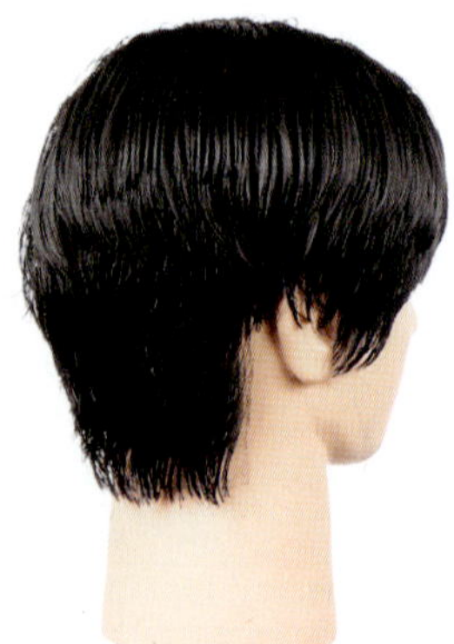

13-33. 오른쪽 커트가 끝난 상태

13-34. 이어백 라인에서 수직 파팅 가이드 설정

13-35. 비평행으로 연결

13-36. 이동 디자인으로 연결

13-37. 탑과 그래쥬에이션으로 연결

13-38. 방사선 파팅으로 진행

13-39. 손가락 비평행으로 연결

13-40. 비평행으로 연결

13-41. 모발 끝 부분에 아웃커브 슬라이싱 질감 처리

13-42. 인커브 슬라이싱

13-43. 커트 된 앞모습

13-44. 커트 된 왼쪽 모습

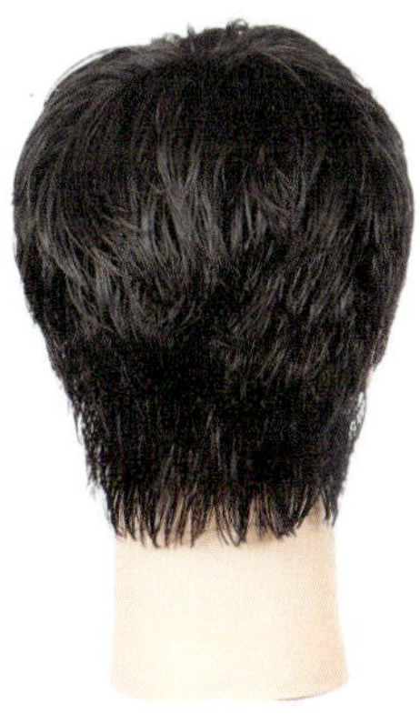

13-45. 커트 된 뒷모습

(14) 모히칸 커트 2

모히칸 인디언의 헤어스타일로 수탉의 벼슬 모양처럼 가운데 부분만 기르고 좌우를 깎거나 삭발을 하는 헤어스타일이다.

1970년대에 펑크 패션으로 대유행하였으며, 1980년대에는 다양한 모히칸 헤어커트 스타일이 생겨났다.

축구선수 베컴이 모히칸 헤어스타일을 주로 해 매스컴을 통해 알려지게 되면서 '베컴머리' 또는 '닭 벼슬머리'로 불리게 되며 국내에도 유행하게 되었다.

짧고 깔끔하면서도 조금 더 강하고 개성 있는 스타일링으로 연출이 가능한 스타일이다.

완성형–앞

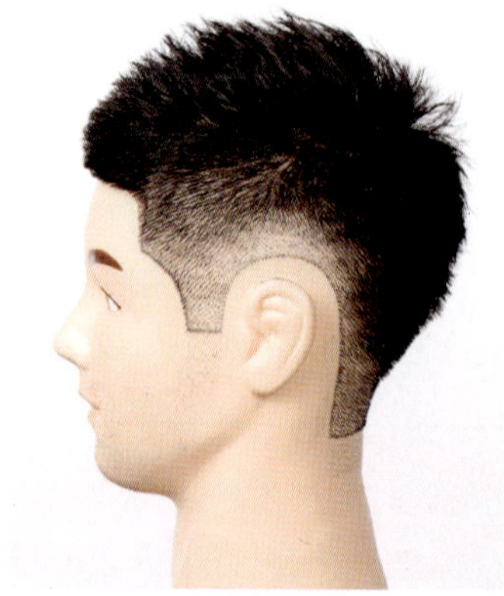

완성형–옆(좌)

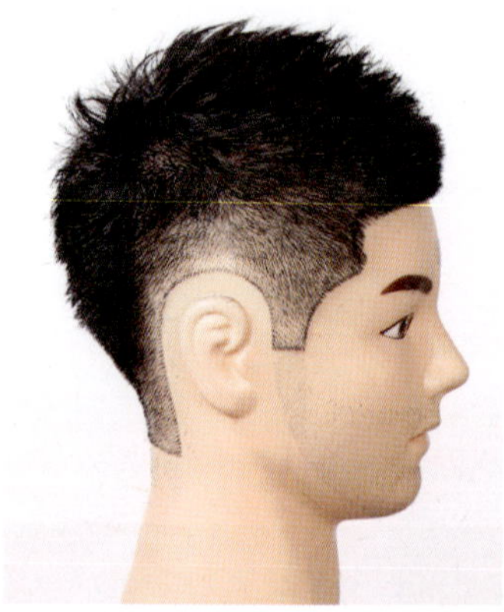

완성형–옆(우)

완성형–뒤

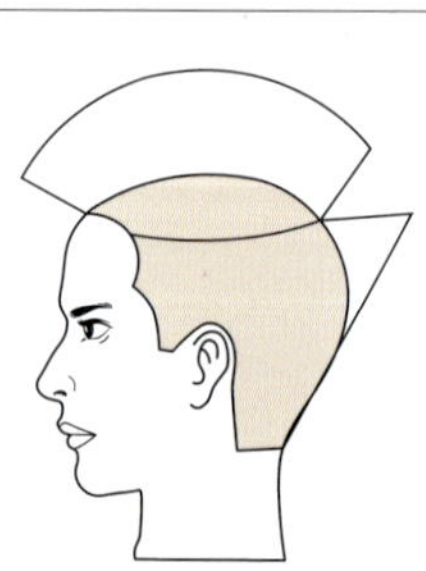

도해도

[커트 절차]

① 블로킹 : 2블로킹

② 머리위치 : 똑바로, 약간숙임, 옆기울임

③ 섹션, 파팅 : 사선, 수직, 방사선

④ 분배, 빗질 : 직각분배, 변이분배

⑤ 손가락위치 : 파팅선과 평행

⑥ 디자인라인 : 이동디자인 라인

14-1~3. 블로킹 : C.T.M.P~G.P 블로킹

14-4~6. 온베이스 빗각도 45°로 들어 클리퍼 한다.

14-7~9. 페이스 라인 부분은 동일한 베이스와 각도로 진행한다.

14-10~12. 윗 선에 맞추어 두상 곡면에 따라 자연스럽게 연결하여 커트한다.

14-13~15. 옆 가이드라인에 맞추어 두상곡면에 따라 자연스럽게 연결하여 커트한다.

14-16~18. 왼쪽 백사이드 부분도 옆 가이드라인에 맞추어 두상곡면에 따라 자연스럽게 연결하여 커트한다.

14-19~21. 백부분도 옆 가이드라인에 맞추어 두상곡면에 따라 자연스럽게 연결하여 커트한다.

14-22~24. 오른쪽 백사이드 부분도 옆 가이드라인에 맞추어 두상곡면에 따라 자연스럽게 연결하여 커트한다.

14-25~27. 윗 선에 맞추어 두상 곡면에 따라 자연스럽게 연결하여 커트한다.

14-28~30. 이어라인과 네이프 라인을 정리한다.

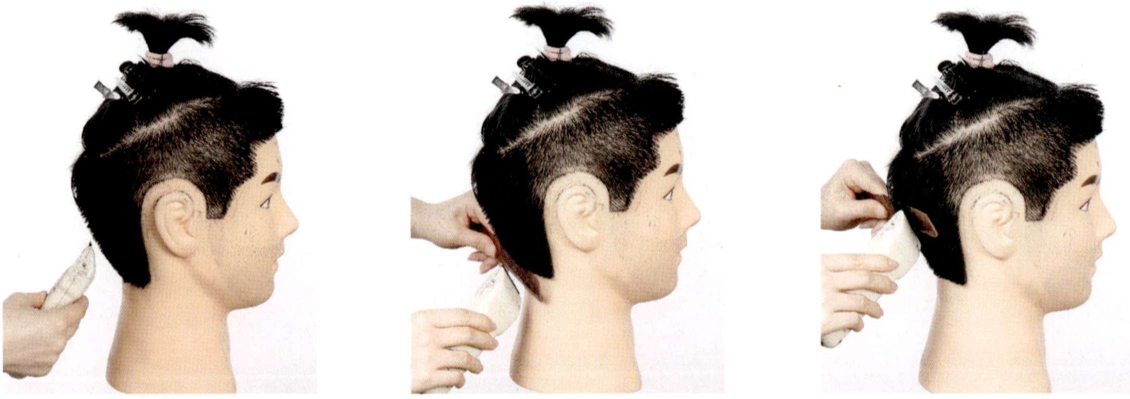

14-31~33. 정리한 부분과 자연스럽게 연결되도록 클리퍼한다.

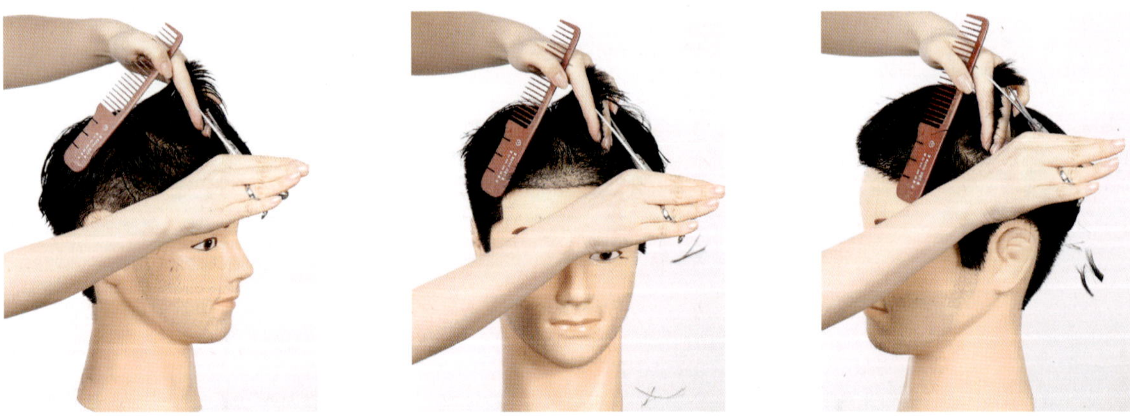

14-34~36. 방사선 파팅, 두상각 90˚, 탑의 길이가 길어지도록 손위치 비평행으로 잡아 커트한다.

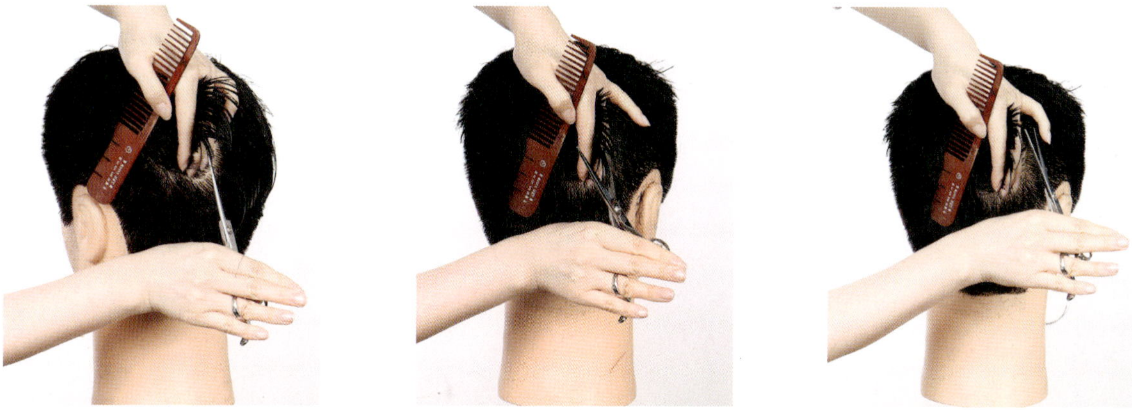

14-37~39. 백부분도 방사선 파팅, 두상각 90°, 탑의 길이가 길어지도록 손위치 비평행으로 잡아 커트한다.

14-40. 인테리어부분 커트된 상태

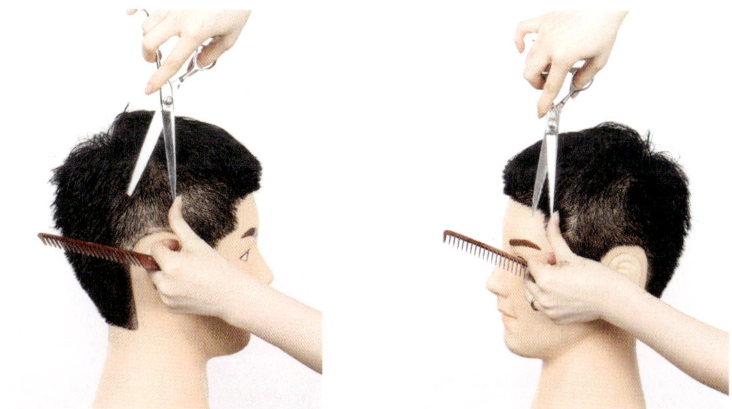

14-41~42. 클리퍼된 부분을 싱글링으로 표면 정리한다.

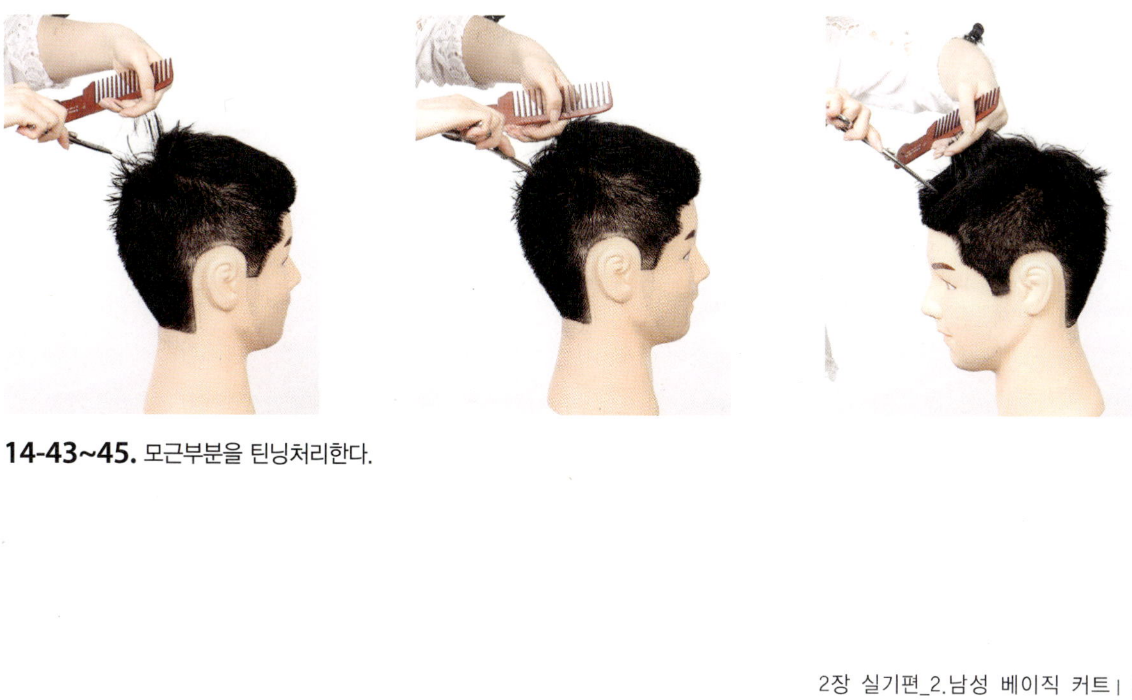

14-43~45. 모근부분을 틴닝처리한다.

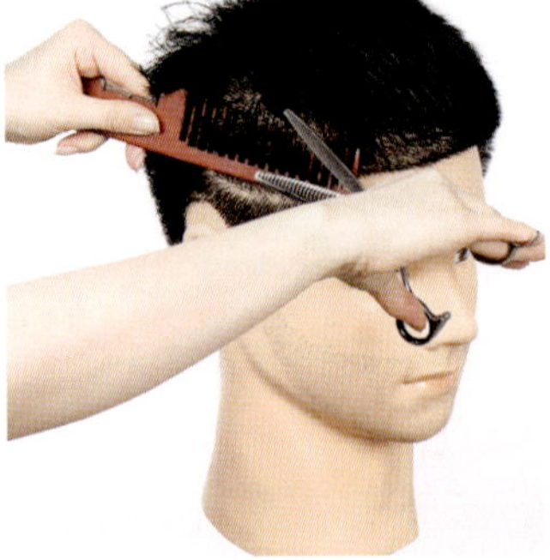
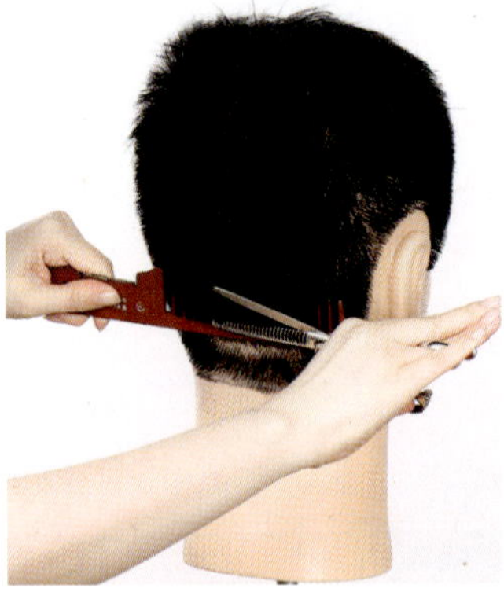
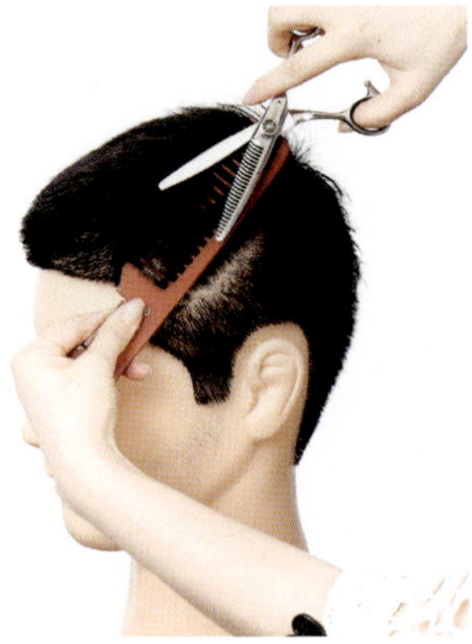

14-46~48. 엑스테리어 부분도 싱글링 기법으로 틴닝한다.

14-49. 커트 된 앞모습

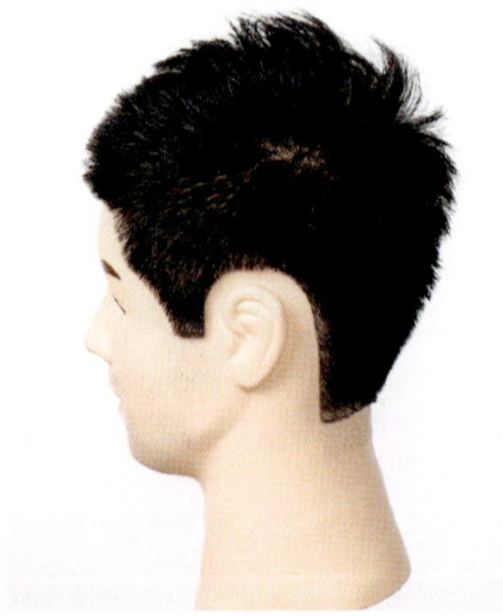

14-50. 커트 된 왼쪽 모습

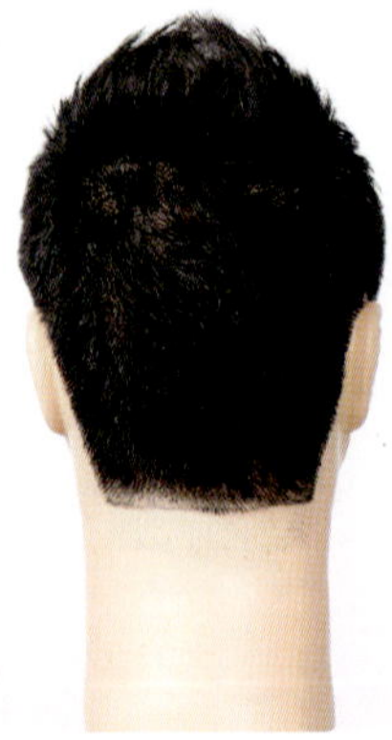

14-51. 커트 된 뒷모습

(15) 스왓 커트 (스포츠 모히칸형)

스왓컷이란 미국경찰 특수 기동대 SWAT(Special Weapons and Tactics)를 칭하는 뜻으로, 짧고 남성적인 군인같은 헤어스타일이다.

비슷한 용어로는 반삭스타일이라 불리기도 하며, 전체적으로 파격적이면서도 깔끔한 스타일을 말한다.

길이는 주로 3~5cm의 기장으로 커트하여 연출한다.

완성형-앞

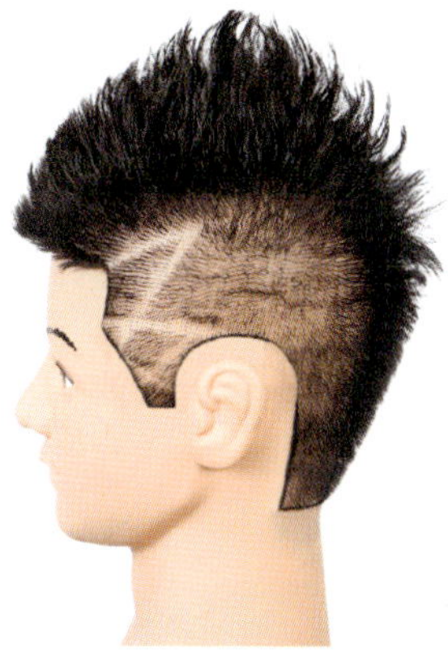

완성형-옆(좌)

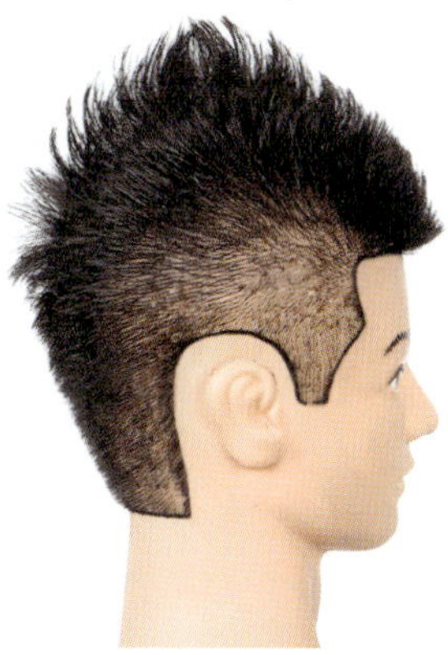

완성형-옆(우)

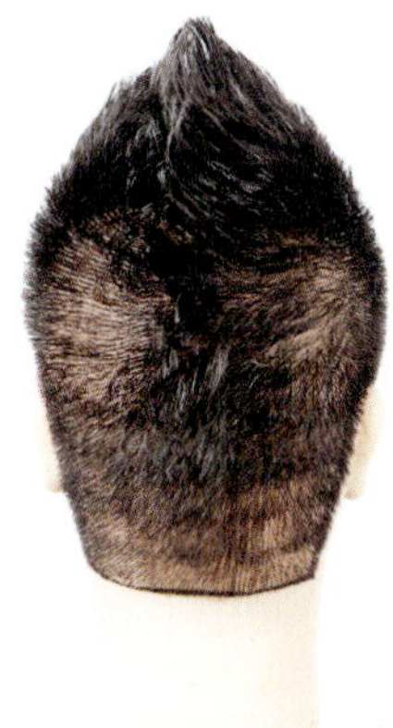

완성형-뒤

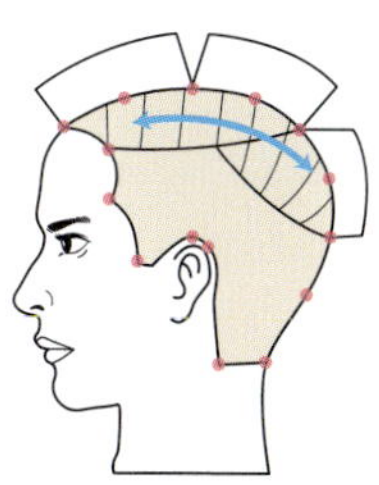

도해도

[커트 절차]

① 블로킹 : 5블로킹

② 머리위치 : 똑바로

③ 섹션, 파팅 : 수직, 사선, 방사선

④ 분배, 빗질 : 직각분배

⑤ 손가락위치 : 파팅과 평행, 비평행

⑥ 디자인라인 : 이동디자인 라인

15-1. 센터 블로킹을 나눈 상태

15-2. 크라운 부분의 삼각형 블로킹을 나눈 상태

15-3. 2cm 길이 가이드 설정

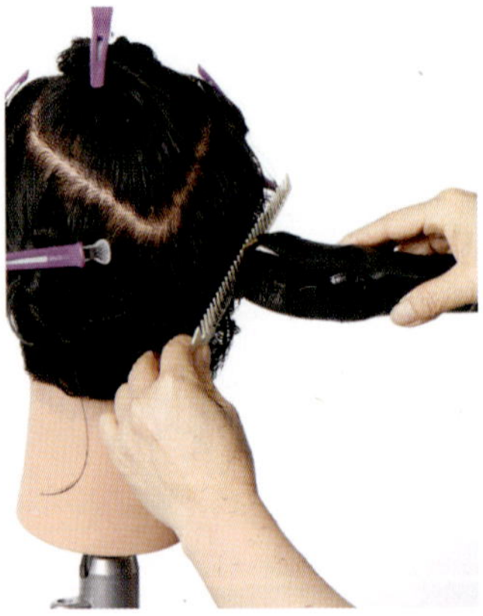

15-4. 두상의 곡면을 따라 그래쥬에이션으로 커트

15-5. 오른쪽 백 사이드가 끝난 상태

15-6. 왼쪽 위에서 가이드라인을 형성하여 아래쪽으로 진행

15-7. 면 처리를 요철이 없도록 정교하게 커트

15-8. 라인을 클리어하게 정리

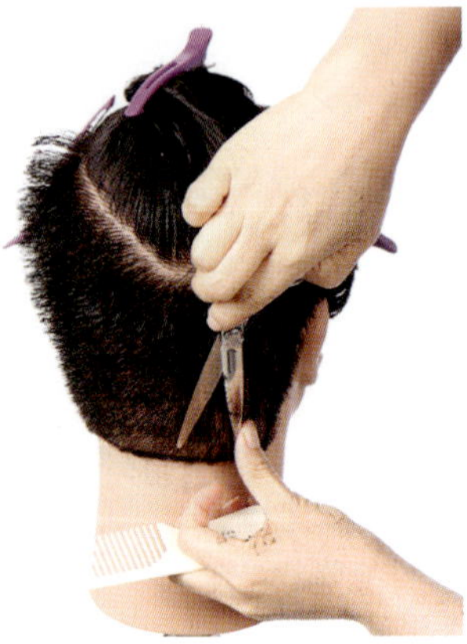

15-9. 옆으로 가위사용 기법으로 마무리 커트

15-10. 지지대를 대고 좀 더 짧게 면 처리하는 상태

15-11. 위로 올려치기 기법(싱글링기법)

15-12. 앞머리와 사이드는 빗을 사용하여 클리퍼로 가이드라인 설정

15-13. 아래쪽으로 내려오면서 가이드에 맞추어 커트

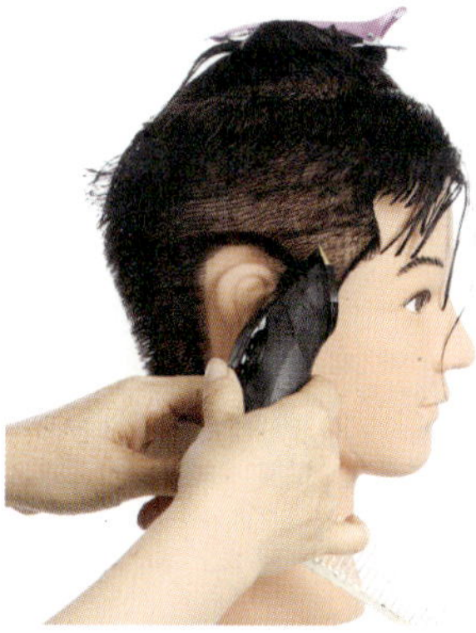

15-14. 클리퍼를 사선으로 라인 정리

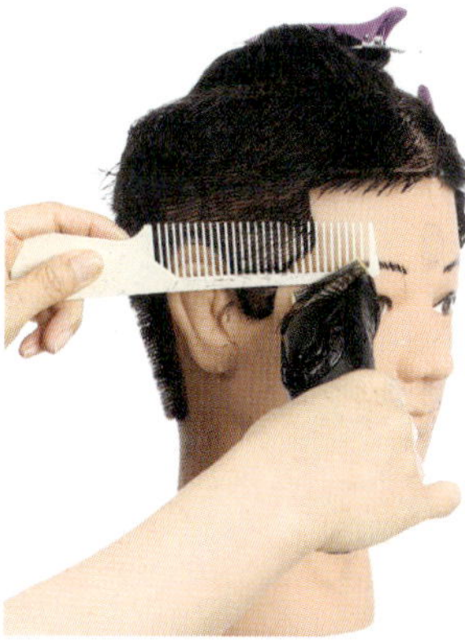

15-15. 두상의 곡면을 따라 둥근 형으로 커트

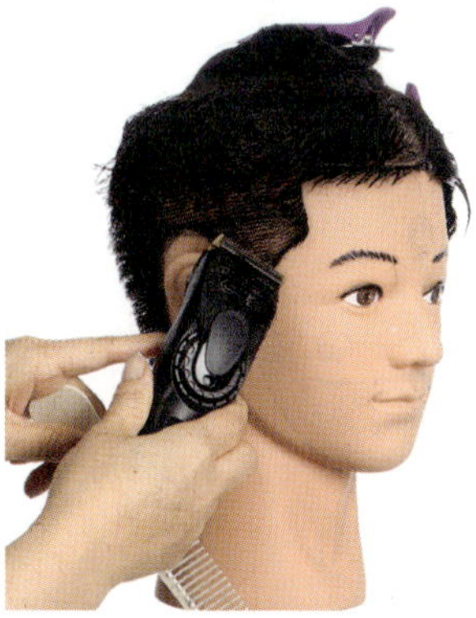

15-16. 페이스라인 정리

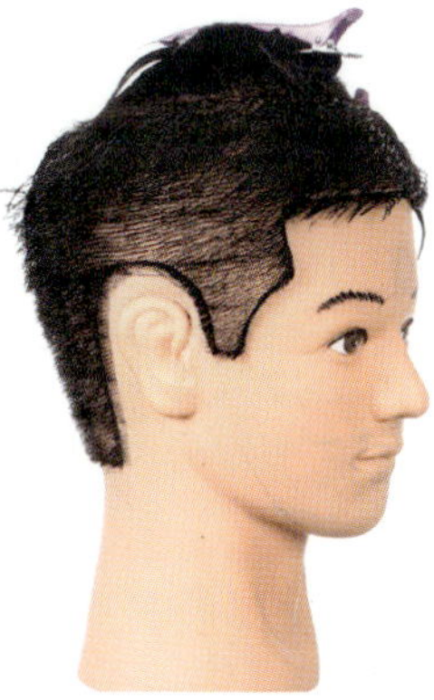

15-17. 오른쪽 앞머리까지 커트 된 상태

15-18. 왼쪽 라인을 위에서 가이드 설정

15-19. 아래에서 위로 올라가면서 라인정리

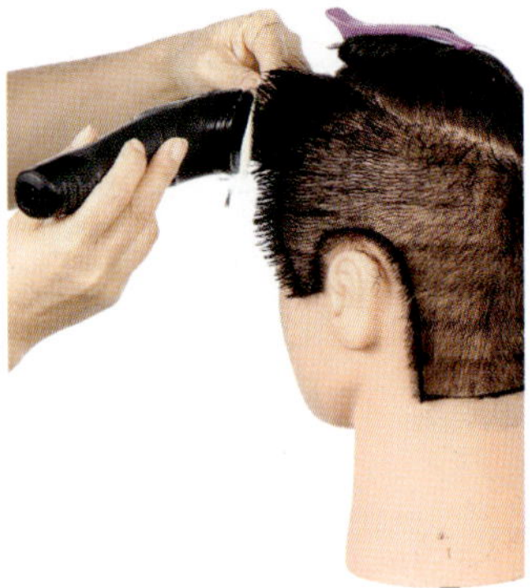

15-20. 앞머리도 동일하게 커트

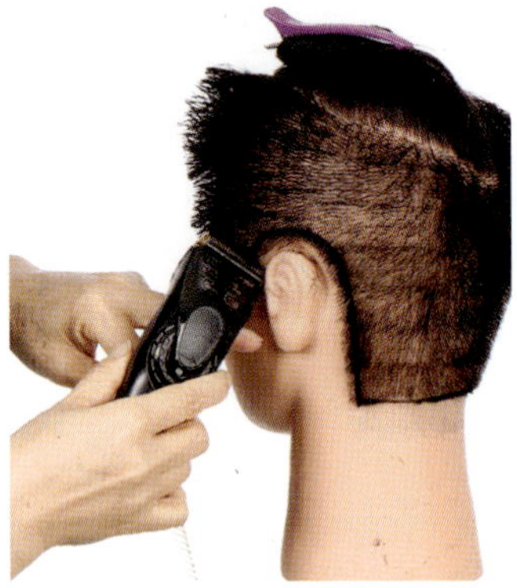

15-21. 햄 라인을 따라 클리퍼를 사선으로 라인 정리

15-22. 네이프 라인을 따라 라인 정리

15-23. 옆으로 가위사용 기법 (트리밍 기법)

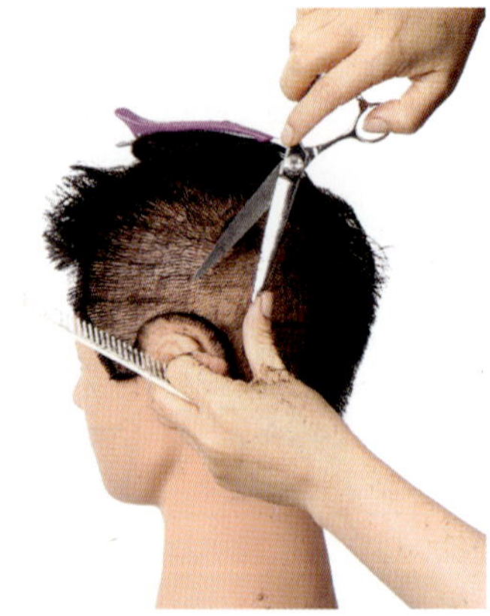

15-24. 요철이 없도록 정교하게 라인 정리

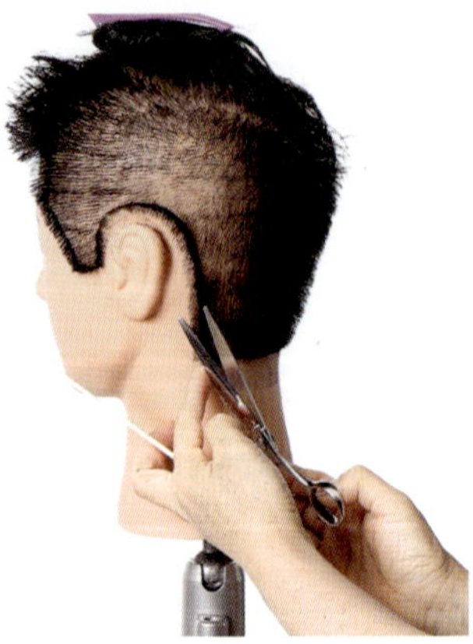

15-25. 가위로 라인 정리하는 상태

15-26. 아웃라인 정리

15-27. 앞머리까지 커트된 상태

15-28. 센터 1cm 폭으로 파팅

15-29. 백의 짧은 가이드와 연결

15-30. 그레쥬에이션을 커트

15-31. 일반 시술각으로 레이어 커트

15-32. 레이어 커트

15-33. 앞머리와 연결

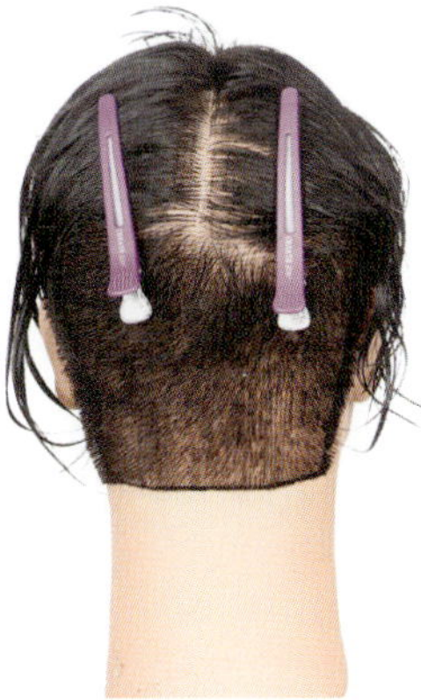

15-34. 센터 파팅 한 상태

15-35. 이어 백라인에서 사선 파팅

15-36. 그레쥬에이션으로 손가락 비평행 커트

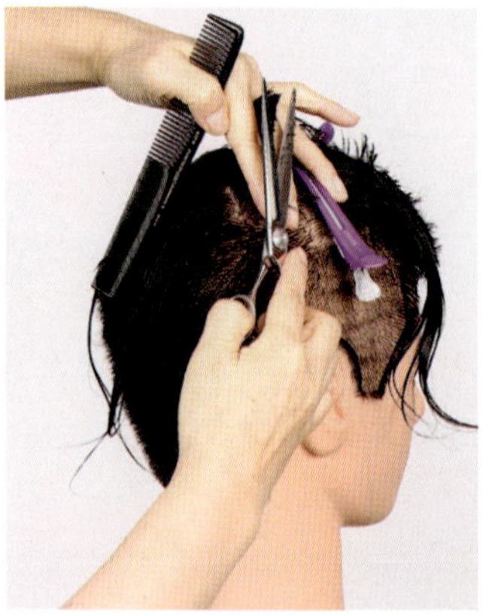

15-37. 이동 디자인으로 진행

15-38. 손가락 비평행 커트

15-39. 빗을 대고 사선으로 싱글링 커트

15-40. 오른쪽 커트가 마무리된 상태

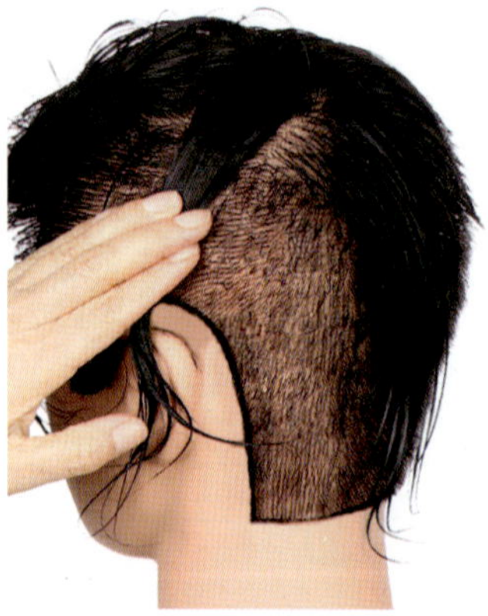

15-41. 이어 백라인에 사선 파팅

15-42. 손가락 비평행

15-43. 방사선 파팅을 이용하여 비평행 커트

15-44. 동일한 방법으로 진행

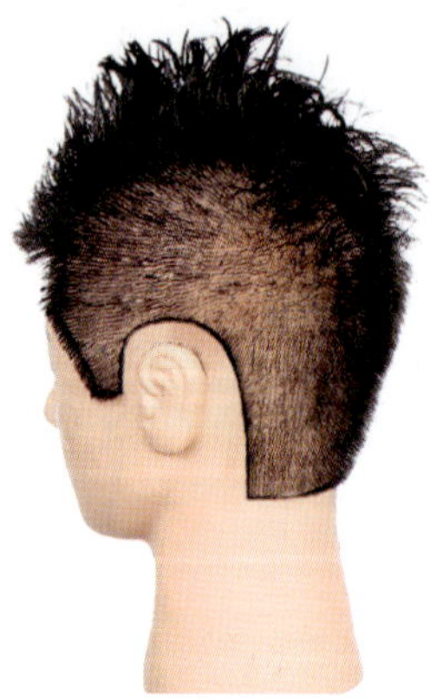

15-45. 왼쪽 커트가 마무리된 상태

15-46. 윗부분의 모발을 트위스트 하여 틴닝을 질감 처리

15-47. 다운 이펙트기법 사용, 뿌리를 세워주는 테크닉

15-48. 앞머리 쪽도 다운 이펙트 기법 사용

15-49. 면도용 클리퍼로 스크래치 기법 사용

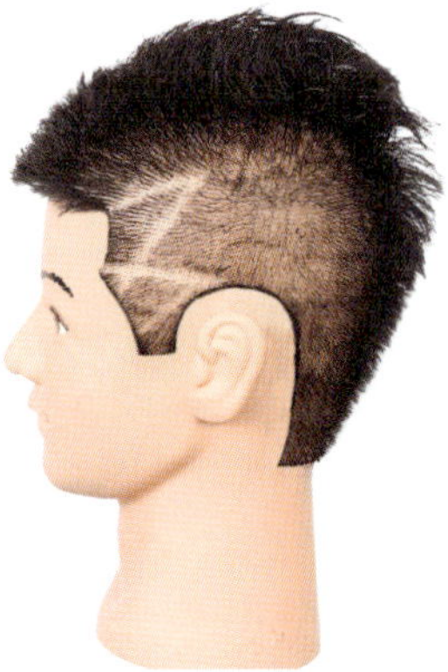

15-50. 스크래치 된 상태

15-51. 커트 된 앞모습

2. 남성 디자인 커트

1) 투 블럭형 커트 (포마드형)

2) 투 블럭형 커트 (댄디형)

3) 투 블럭형 커트 (레이어형)

4) 투 블럭형 커트 (모히칸형)

5) 모히칸 커트 1

6) 후대각 커트 1

7) 디스커넥션 커트

8) 후대각 커트 2

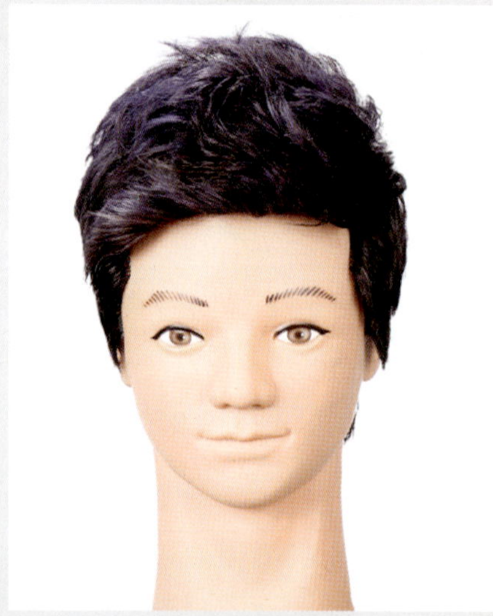

9) 모히칸 커트 2

(1) 투 블럭 커트 (포마드 형)

투블럭 컷이란 윗, 앞머리의 기장을 다르게 커트하여 두 개의 블럭을 형성해주는 헤어컷의 종류를 말한다. 대부분 앞머리를 길게, 옆머리를 짧게 남기는 스타일을 선호한다.

모발의 길이가 비대칭으로 내린 모습이 전형적인 투 블럭 헤어커트 스타일이라 볼 수 있다. 다양한 이미지 연출이 가능한 투블럭 헤어커트는 스타일링 범위가 넓은 만큼 다양하게 응용이 가능하다.

완성형–앞

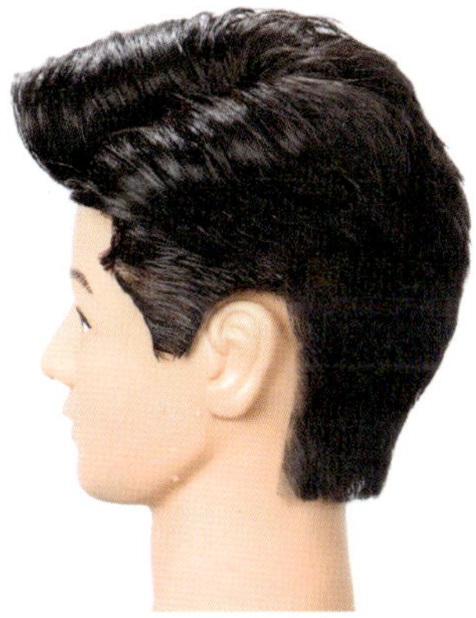
완성형–옆(좌)

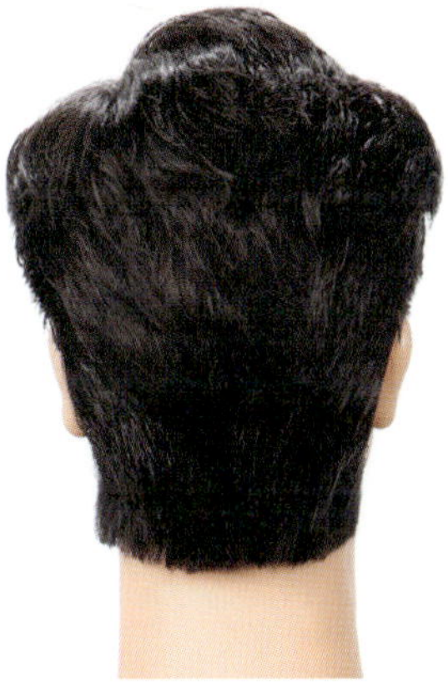
완성형–뒤

완성형–옆(우)

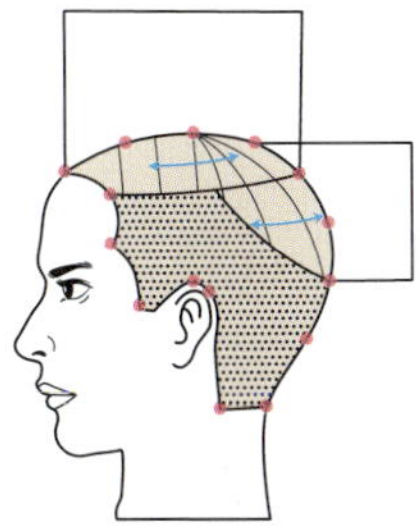
도해도

[커트 절차]

① 블로킹 : 2 블로킹

② 머리위치 : 똑바로, 약간 앞숙임, 옆 기울임

③ 섹션, 파팅 : 사선, 수직, 방사선

④ 분배, 빗질 : 직각분배, 변이분배

⑤ 손가락, 가위위치 : 파팅과 평행, 비평행

⑥ 디자인 라인 : 이동 디자인 라인

1-1. 블로킹이 된 앞모습

1-2. 블로킹이 된 뒷모습

1-3. 사이드부분 사선 파팅으로 하이 그레쥬에이션으로 커트

1-4. 첫 가이드 설정된 상태

1-5. 사선 파팅으로 이동 디자인 라인

1-6. 두 번째 파팅까지 커트가 된 상태

1-7. 네이프라인까지 사선 파팅하여 직각분배

1-8. 네이프라인까지 커트 된 상태

1-9. 직각분배로 커트

1-10. 왼쪽 부분 커트가 끝난 상태

1-11. 오려치기 기법(싱글링 기법)

1-12. 이어 라인 가위로 정리

1-13. 구레나룻 정리

1-14. 헤어라인 정리

1-15. 왼쪽 부분 수정 커트가 된 상태

1-16. 오른쪽 사이드부분 5cm 길이 가이드로 사선 파팅

1-17. 하이 그레쥬에이션으로 커트

1-18. 첫 가이드가 설정된 상태

1-19. 사선으로 파팅 후 직각 분배하여 커트

1-20. 직각분배로 커트

1-21. 네이프까지 사선으로 파팅 직각분배

1-22. 네이프까지 커트가 끝난 상태

1-23. 직각분배로 커트

1-24. 이동 디자인 라인으로 커트

1-25. 오른쪽 커트가 끝난 상태

1-26. 올려치기 기법(싱글링 기법)

1-27. 가위로 이어 라인 정리

1-28. 오른쪽 수정커트가 끝난 상태

1-29. 센터 2cm 폭으로 파팅

1-30. 탑에서 10cm 위로 똑바로 스퀘어커트

1-31. 위로 똑바로 스퀘어 커트

1-32. 수직파팅 하는 상태

1-33. 위로 똑바로 평면 커트

1-34. 이동 디자인으로 평면 커트

1-35. 위로 똑바로 평면 커트

1-36. 뒤로 똑바로 수직 커트

1-37. 옆으로 똑바로 수직 커트

1-38. 사이드 부분 이동 디자인 라인으로 수직 커트

1-39. 오른쪽 사이드 커트가 끝난 상태

1-40. 왼쪽도 옆으로 똑바로 수직 커트

1-41. 사이드도 이동 디자인으로 수직 커트

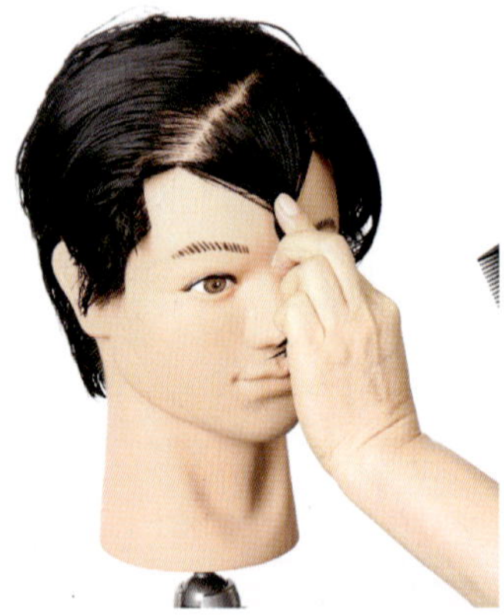

1-42. 왼쪽 가르마 중심으로 사선 앞머리 파팅

1-43. 사선으로 직각 분배하여 사선 커트

1-44. 왼쪽 앞머리 파팅 된 상태

1-45. 왼쪽 앞머리 사선 파팅과 직각분배

1-46. 코너 부분에 슬라이싱 질감 처리

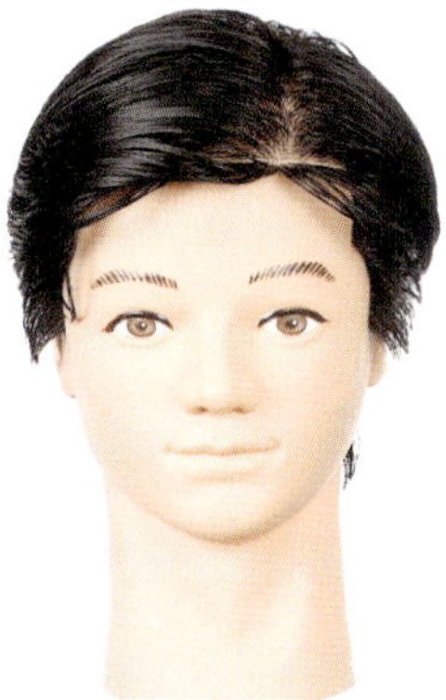

1-47. 커트 된 앞모습

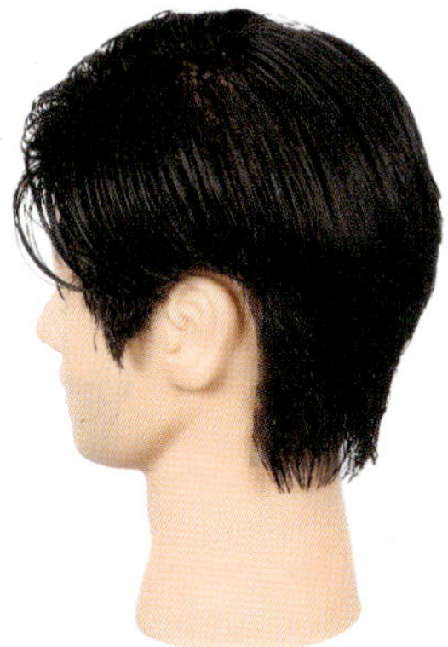

1-48. 커트 된 왼쪽 모습

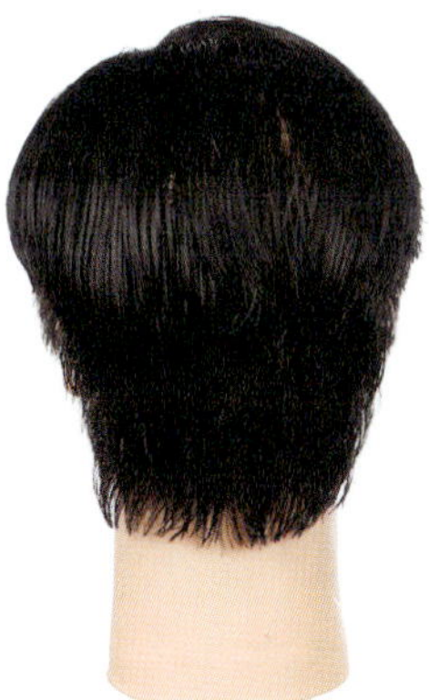

1-49. 커트 된 뒷모습

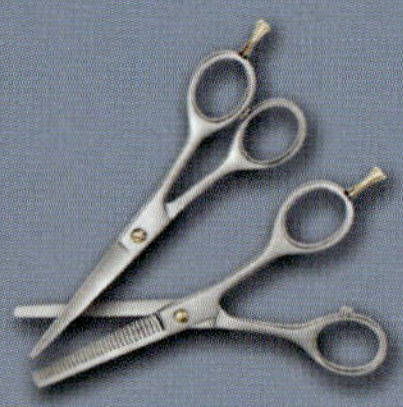

(2) 투 블럭 커트 (댄디 형)

투블럭 헤어커트는 파트를 둘로 나누어 시작하며, 옆머리와 뒷머리의 뻗치기 쉬운 머리를 짧게 커트하고, 윗머리는 기장에 따라 다양한 헤어커트를 만들어 내는 스타일이다.

모발의 길이가 비대칭으로 내린 모습이 전형적인 투 블럭 헤어커트 스타일이라 볼 수 있다. 다양한 이미지 연출이 가능한 투블럭 헤어커트는 스타일링 범위가 넓은 만큼 다양하게 응용이 가능하다.

댄디의 깔끔한 이미지를 형성하는 디자인은 볼륨을 형성하여 동양적인 두상에 알맞는 디자인이다.

완성형-앞

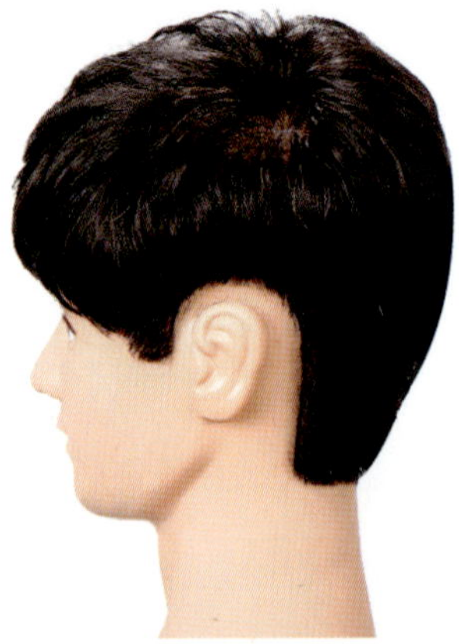

완성형-옆(좌)

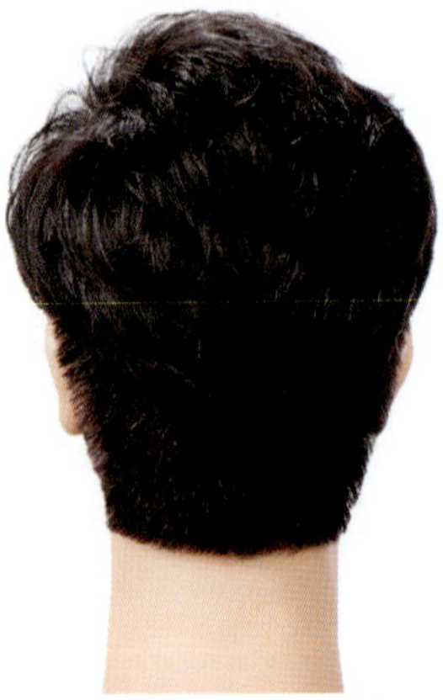

완성형-뒤

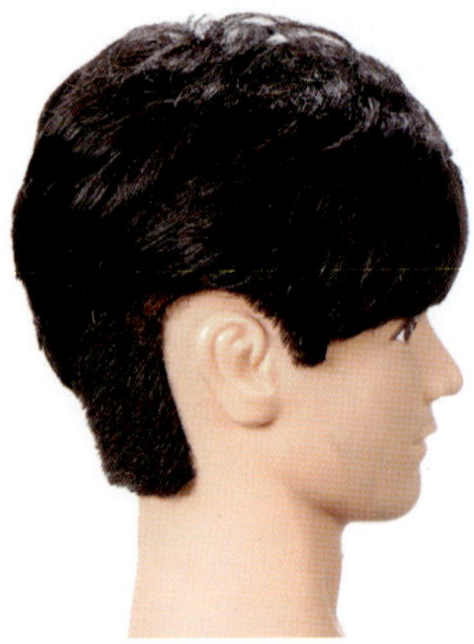

완성형-옆(우)

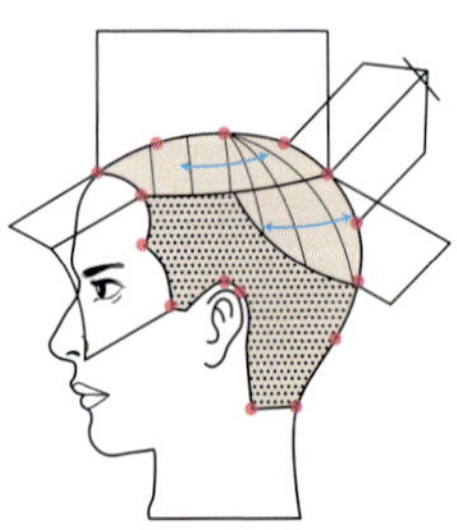

도해도

[커트 절차]

① 블로킹 : 2 블로킹

② 머리위치 : 똑바로, 약간 앞숙임, 옆 기울임

③ 섹션, 파팅 : 사선, 수직, 방사선

④ 분배, 빗질 : 직각분배, 변이분배

⑤ 손가락, 가위위치 : 파팅과 평행, 비평행

⑥ 디자인 라인 : 이동 디자인 라인

2-1. 블로킹이 된 앞모습

2-2. 블로킹이 된 뒷모습

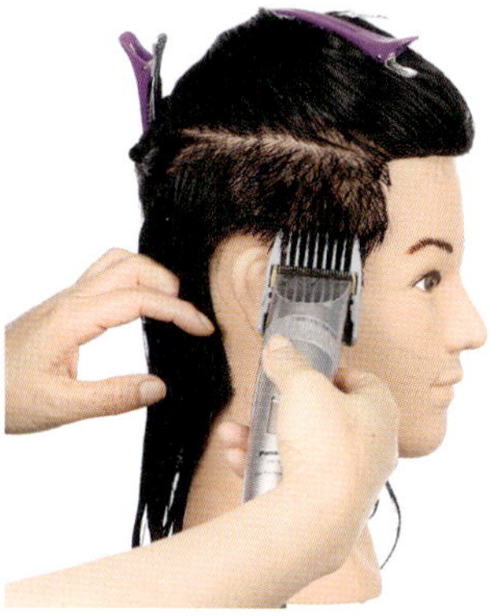

2-3. 클리퍼에 12mm 덮개를 씌워 라인 정리

2-4. 모든 머리를 동일한 길이로 커트

2-5. 백까지 동일하게 진행

2-6. 왼쪽 사이드도 동일하게 커트

2-7. 면도용 클리퍼로 이어 라인 정리

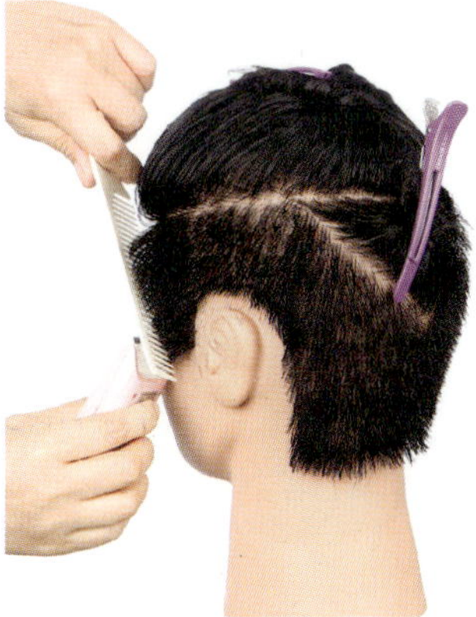

2-8. 페이스라인도 정리

2-9. 오른쪽 구레나룻도 정리

2-10. 페이스라인 정리

2-11. 네이프와 사이드가 커트 된 상태

2-12. 센터 2cm 파팅을 나눈다.

2-13. 탑 10cm 길이 가이드로 평면 커트

2-14. 위로 똑바로 평면 커트

2-15. 위로 똑바로 이동 디자인 평면 커트

2-16. 이동 디자인으로 커트

2-17. 왼쪽도 동일하게 위로 똑바로

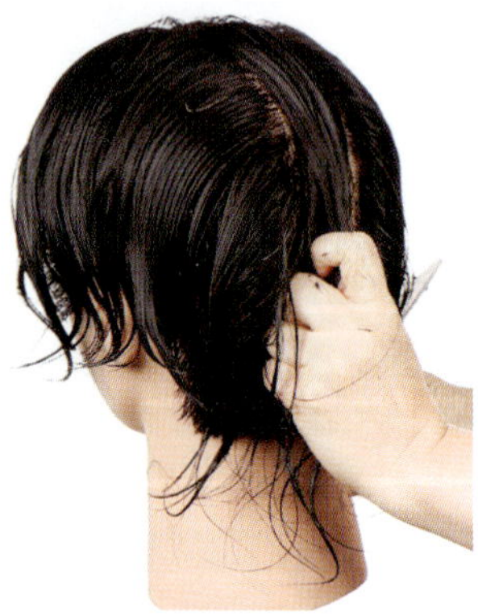

2-18. 뒤에 센터 2cm 폭으로 수직 파팅

2-19. 손가락 비평행으로 그레쥬에이션으로 커트

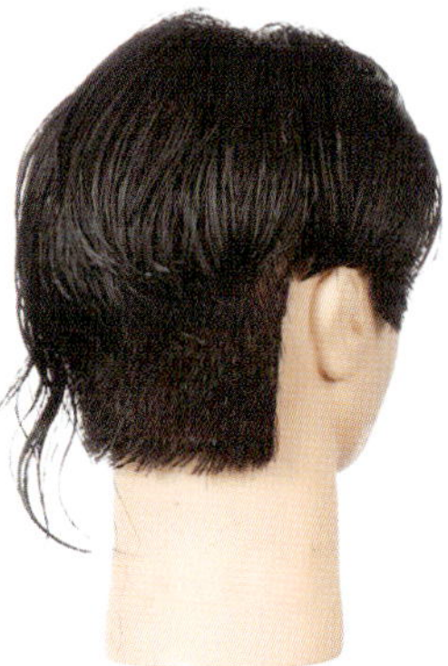

2-20. 오른쪽 커트가 끝난 상태

2-21. 그레쥬에이션으로 이동 디자인 커트

2-22. 이동 디자인으로 커트

2-23. 그레쥬에이션으로 손가락 비평행 커트

2-24. 앞머리쪽은 뒤로 당겨 커트

2-25. 왼쪽 가르마 중심으로 사선 파팅한 상태

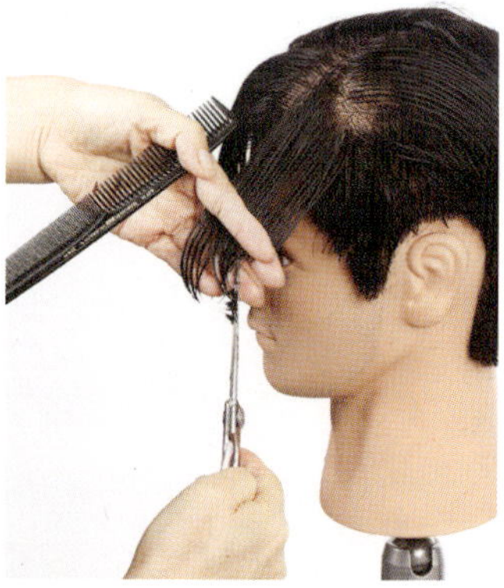

2-26. 짧은 부분 앞머리를 먼저 설정

2-27. 앞머리 고정 디자인 라인으로 당겨서 커트

2-28. 오른쪽 앞머리 비평행으로 커트

2-29. 앞머리는 나칭커트로 자연스럽게

2-30. 고정 디자인 라인으로 모아서 나칭커트

2-31. 왼쪽 가르마에서 2cm폭으로 파팅

2-32. 앞머리와 탑부분의 코너 연결

2-33. 오른쪽 앞머리를 왼쪽으로 당겨서 코너 제거

2-34. 오른쪽으로 커트되도록 슬라이싱 질감처리 커트

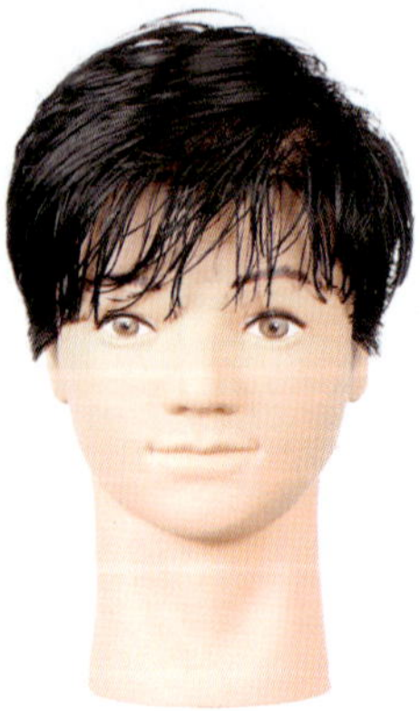

2-35. 커트 된 앞모습

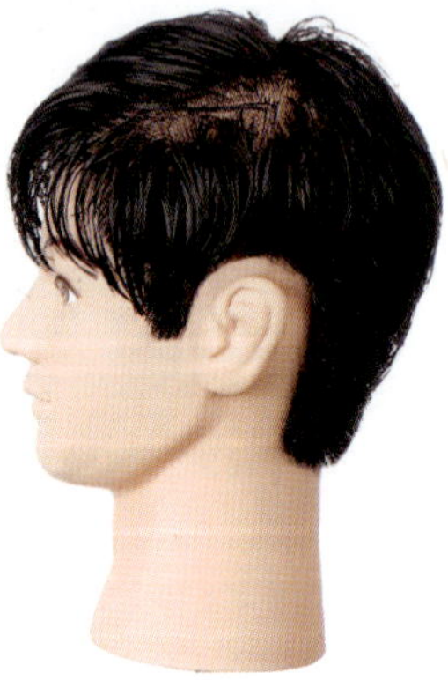

2-36. 커트 된 왼쪽 모습

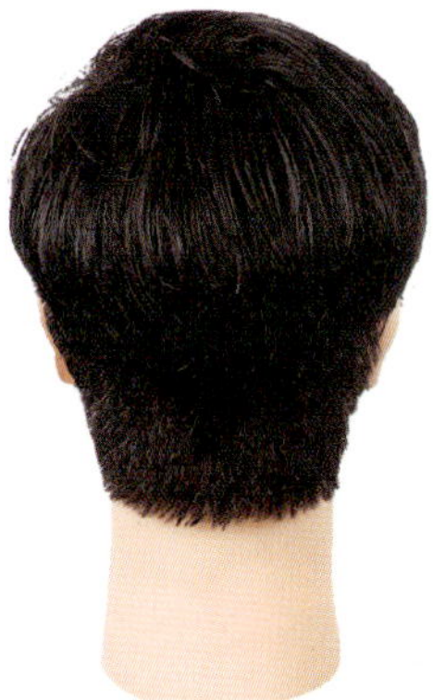

2-37. 커트 된 뒷모습

(3) 투 블럭 커트 (레이어 형)

투블럭 헤어커트는 파트를 둘로 나누어 시작하며, 옆머리와 뒷머리의 뻗치기 쉬운 머리를 짧게 커트하고, 윗머리는 기장에 따라 다양한 헤어커트를 만들어 내는 스타일이다.

모발의 길이가 비대칭으로 내린 모습이 전형적인 투 블럭 헤어커트 스타일이라 볼 수 있다. 다양한 이미지 연출이 가능한 투블럭 헤어커트는 스타일링 범위가 넓은 만큼 다양하게 응용이 가능하다.

레이어드된 커트 디자인으로 인해 층이 많이 형성하여 활동적인 남성의 이미지를 준다.

완성형–앞

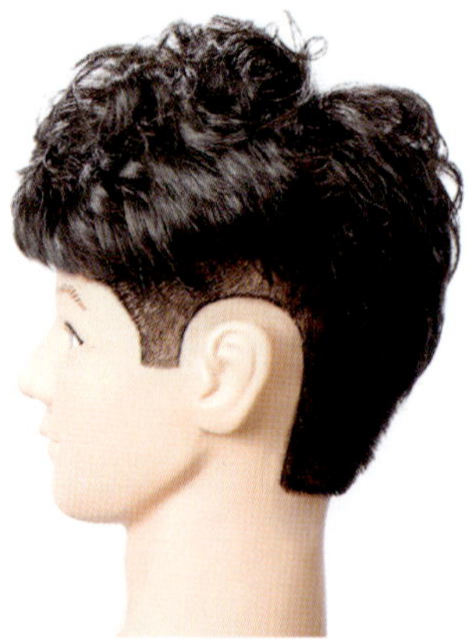

완성형–옆(좌)

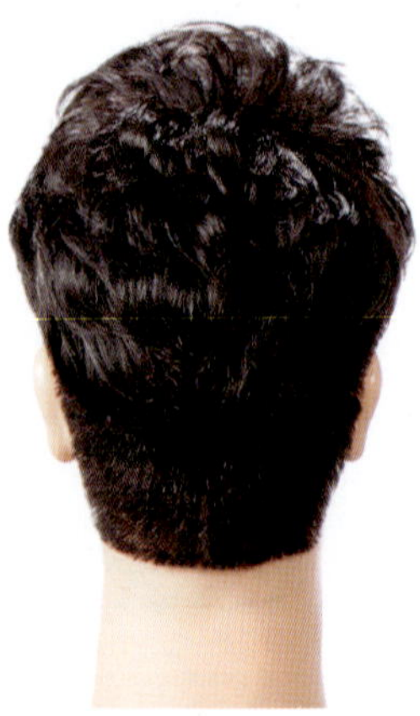

완성형–뒤

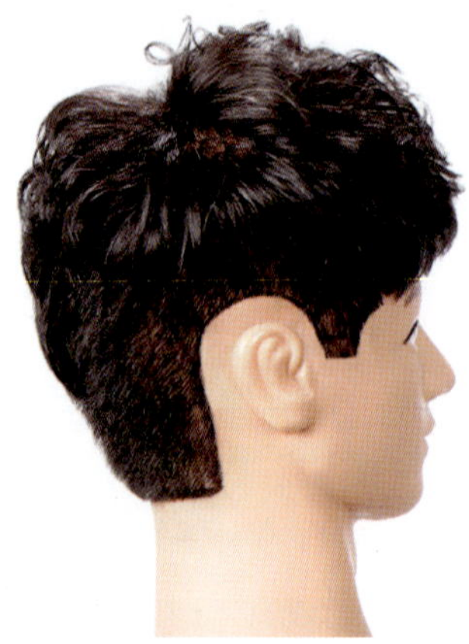

완성형–옆(우)

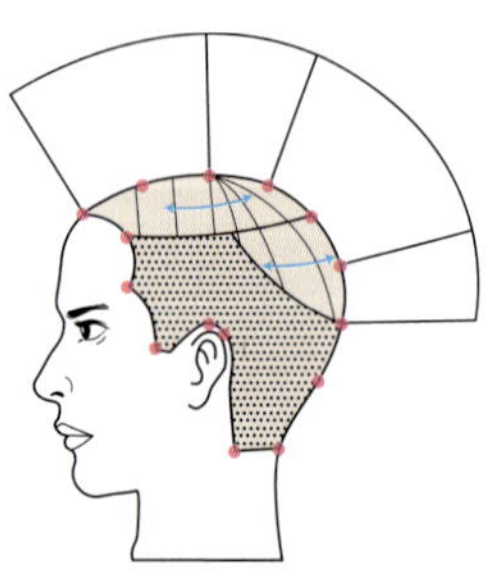

도해도

[커트 절차]

① 블로킹 : 2 블로킹

② 머리위치 : 똑바로, 약간 앞숙임, 옆 기울임

③ 섹션, 파팅 : 사선, 수직, 방사선

④ 분배, 빗질 : 직각분배

⑤ 손가락, 가위위치 : 파팅과 평행

⑥ 디자인 라인 : 이동 디자인 라인

3-1. 블로킹이 된 앞모습

3-2. 블로킹이 된 뒷모습

3-3. 클리퍼를 이용하여 라인 정리

3-4. 빗을 대고 라인 확인

3-5. 라인 정리

3-6. 페이스라인 정리

3-7. 이어 라인 정리

3-8. 빗을 사선으로 대고 가이드에 맞춰 커트

3-9. 햄라인을 빗을 대고 라인 정리

3-10. 뒷부분도 위에서 아래로 향하여 진행

3-11. 위에 가이드에 맞춰 라인 설정

3-12. 위로 올라가면서 정교하게 커트

3-13. 오른쪽 커트가 끝난 상태

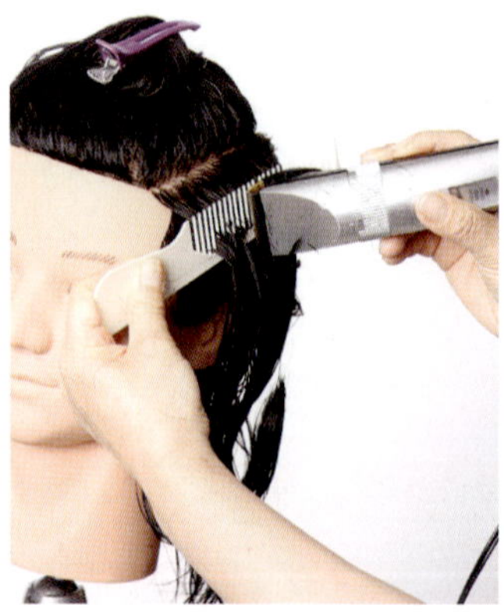

3-14. 왼쪽 사이드부분 윗부분에서 가이드 설정

3-15. 라인을 정교하게 정리

3-16. 이어 라인 정리

3-17. 위로 올라가면서 정교하게 진행

3-18. 사선으로 올려치기 기법으로 커트

3-19. 요철 부분이 없도록 정교하게 커트

3-20. 라인 수정

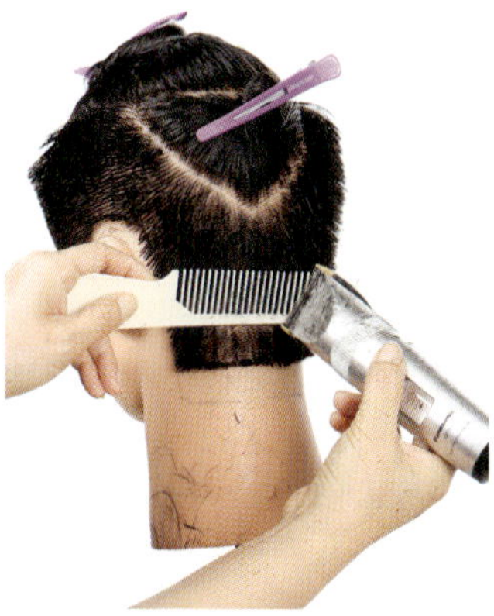

3-21. 올려치기 기법으로 정교하게 진행

3-22. 햄라인 정리

3-23. 사이드와 네이프 커트가 끝난 상태

3-24. 센터 2cm 폭으로 파팅

3-25. 8~9cm 정도 가이드로 유니폼 레이어커트

3-26. 두상 각도를 사용하여 레이어커트 이동 디자인 라인

3-27. 앞머리도 레이어 커트

3-28. 이동 디자인 라인으로 진행

3-29. 레이어로 진행

3-30. 두상의 곡면에 따라 유니폼 레이어커트

3-31. 일반시술각 90° 들어서 커트

3-32. 손가락 평행하게 유니폼 레이어커트 방사선 파팅으로 진행

3-33. 왼쪽도 동일한 방법으로 커트

3-34. 이동 디자인 라인으로 진행

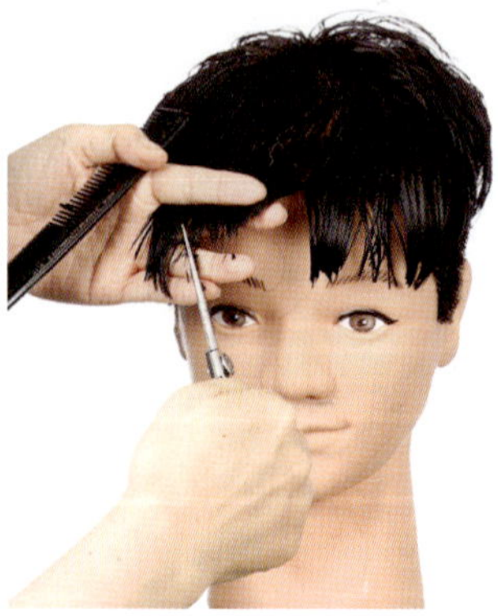

3-35. 앞머리 수평라인 나칭커트

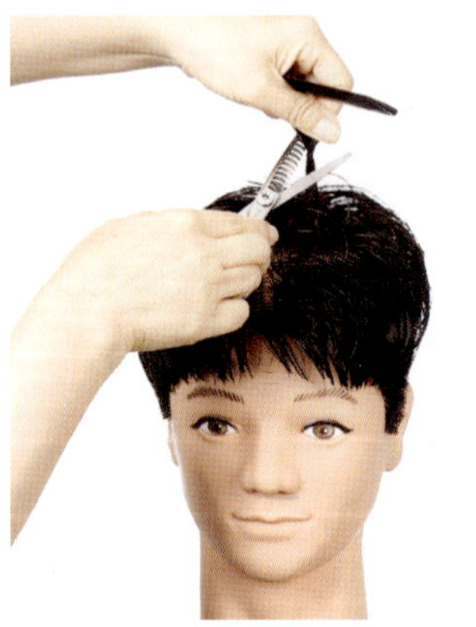

3-36. 트위스트하여 틴닝가위 사용

3-37. 커트 된 앞모습

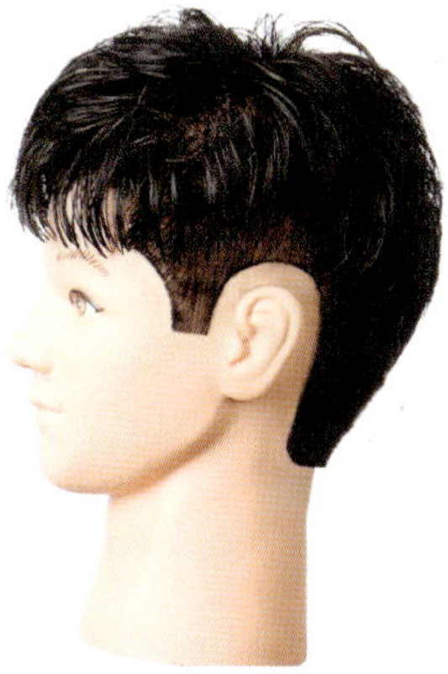

3-38. 커트 된 왼쪽 모습

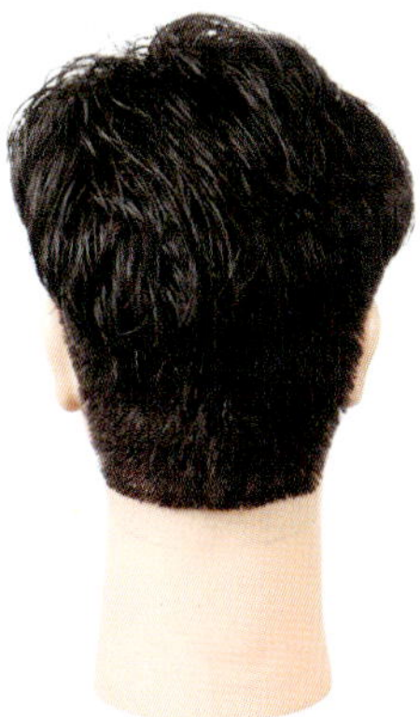

3-39. 커트 된 뒷모습

(4) 투 블럭 커트 (모히칸 형)

투블럭 헤어커트는 파트를 둘로 나누어 시작하며, 옆머리와 뒷머리의 뻗치기 쉬운 머리를 짧게 커트하고, 윗머리는 기장에 따라 다양한 헤어커트를 만들어 내는 스타일이다.

모발의 길이가 비대칭으로 내린 모습이 전형적인 투 블럭 헤어커트 스타일이라 볼 수 있다. 다양한 이미지 연출이 가능한 투블럭 헤어커트는 스타일링 범위가 넓은 만큼 다양하게 응용이 가능하다.

모히칸 형의 투블럭 스타일은 탑에 볼륨을 주어 얼굴을 좀 더 길어 보이게 연출할 수 있는 디자인이다.

완성형–앞

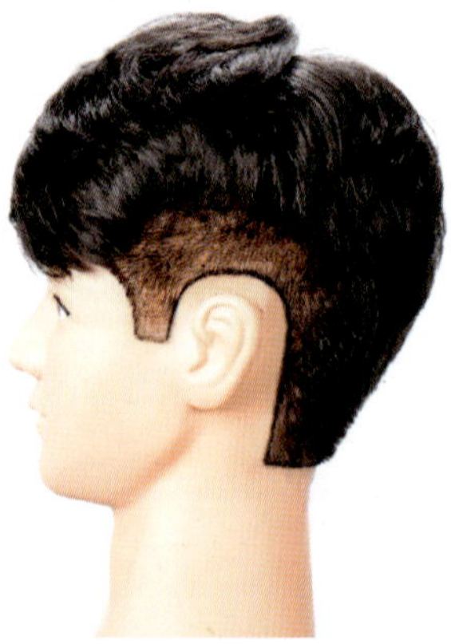

완성형–옆(좌)

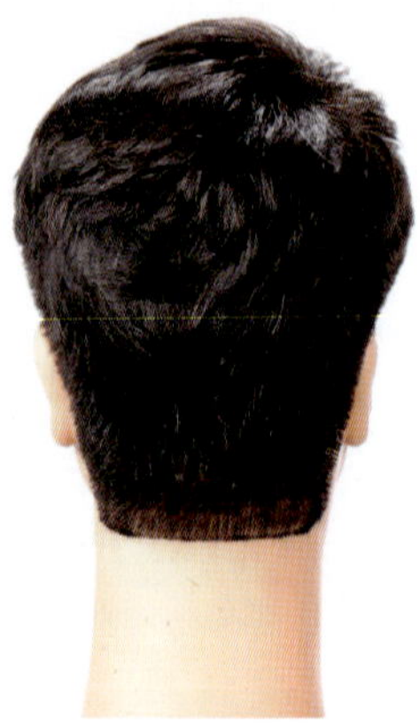

완성형–뒤

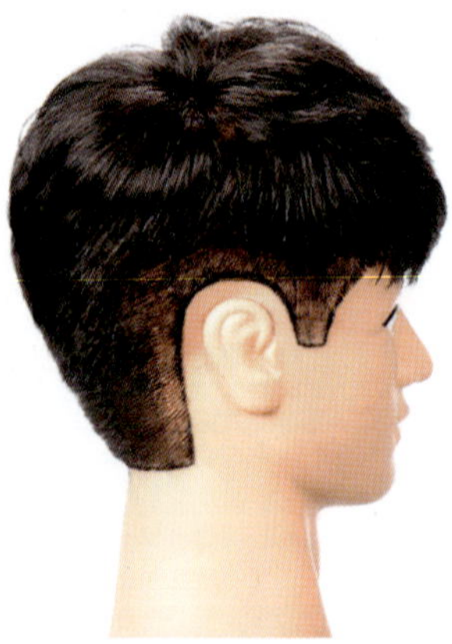

완성형–옆(우)

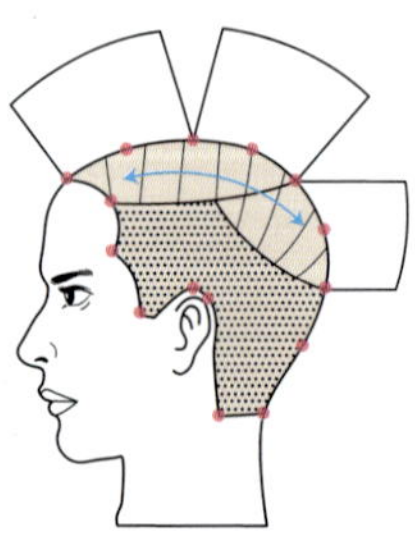

도해도

[커트 절차]

① 블로킹 : 2 블로킹

② 머리위치 : 똑바로, 약간 앞숙임, 옆 기울임

③ 섹션, 파팅 : 사선, 수직, 방사선

④ 분배, 빗질 : 직각분배, 변이분배

⑤ 손가락, 가위위치 : 파팅과 평행, 비평행

⑥ 디자인 라인 : 이동 디자인 라인

4-1. 블로킹이 된 앞모습

4-2. 블로킹이 된 뒷모습

4-3. 뒷부분부터 빗을 대고 클리퍼로 윗부분부터 가이드라인 설정

4-4. 아래로 가면서 진행

4-5. 네이프 부분까지 라인에 맞춰 커트

4-6. 사이드 부분에 빗을 사선으로 대고 커트

4-7. 두상의 곡면을 따라 그레쥬에이션으로 커트

4-8. 귀 뒷부분에서 사선으로 커트

4-9. 이어 라인 정리

4-10. 사이드 부분도 동일하게 커트

4-11. 클리퍼를 사선으로 라인 정리

4-12. 왼쪽 백 사이드와 사이드 커트가 끝난 상태

4-13. 블로킹 라인에서 가이드 설정

4-14. 가이드에 맞춰 아래로 가면서 그레쥬에이션으로 커트

4-15. 헤어라인에는 빗을 바짝 대고 가이드에 맞춰 커트

4-16. 사이드도 동일한 방법으로 가이드 설정

4-17. 위에 가이드에 맞춰 라인 정리

4-18. 사이드로 동일한 방법으로 진행

4-19. 이어 라인 정리

4-20. 요철이 생기지 않도록 라인을 클리어하게 정리

4-21. 왼쪽과 오른쪽 사이드 커트가 끝난 상태

4-22. 센터 2cm 정도 파팅을 나누어 그레쥬에이션으로 커트

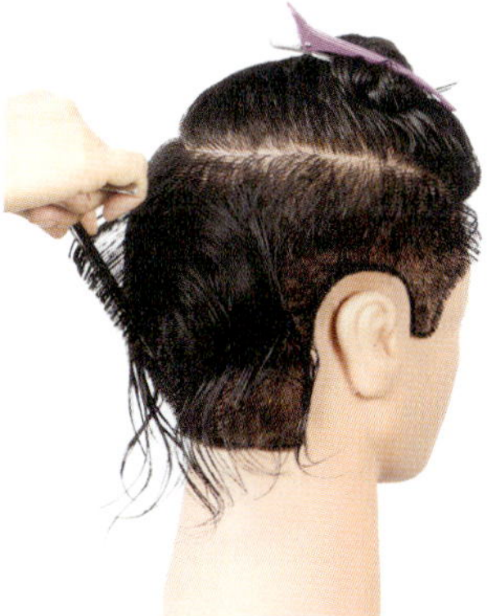

4-23. 비평행 라인 확인

4-24. 왼쪽으로 진행하면서 사선 파팅의 손가락 비평행 커트

4-25. 대각으로 라인체크

4-26. 싱글링 기법으로 라인체크

4-27. 오른쪽도 손가락 비평행 그레쥬에이션으로 커트

4-28. 센터 2cm 정도 파팅을 나눈 상태

4-29. 레이어로 10cm 정도의 길이 가이드 설정

4-30. 두상 각도를 사용하여 손가락 평행하게 커트

4-31. 이동 디자인 라인으로 커트 진행

4-32. 센터의 가이드 선에 맞춰 손가락 비평행 그레쥬에이션 커트

4-33. 이동 디자인으로 온 더 베이스

4-34. 앞머리까지 동일하게 진행

4-35. 오른쪽 사이드 커트가 끝난 상태

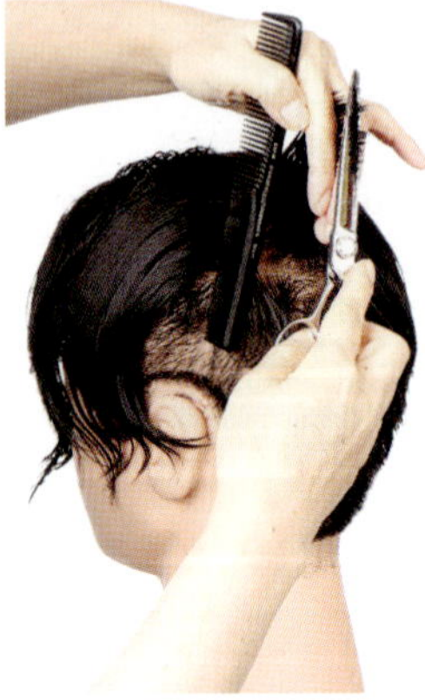

4-36. 왼쪽도 사선 파팅에 맞춰 손가락 비평행 커트

4-37. 손가락 비평행으로 그레쥬에이션 커트 진행

4-38. 이동 디자인 라인으로 진행 온 더 베이스

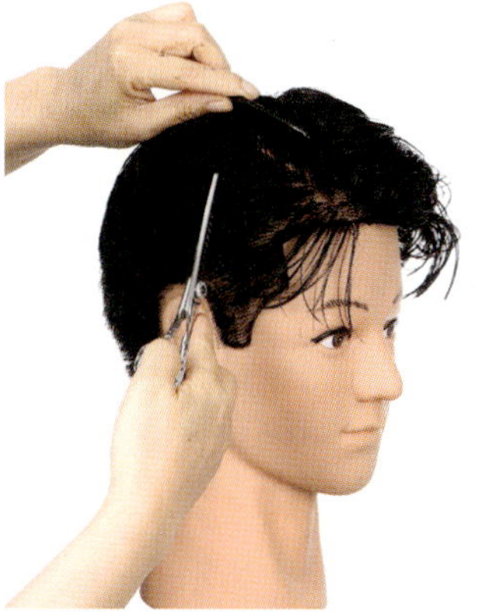

4-39. 위에 모발을 옆으로 제쳐두고 틴닝가위 사용하여 질감처리

4-40. 올려치기 가위 방법으로 틴닝가위 사용

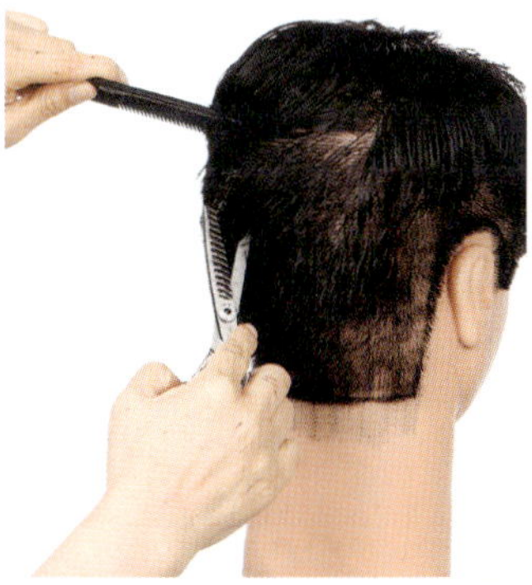

4-41. 위에 모발을 옆으로 제쳐두고 틴닝가위 사용하여 안쪽 모발의 숱량을 정리

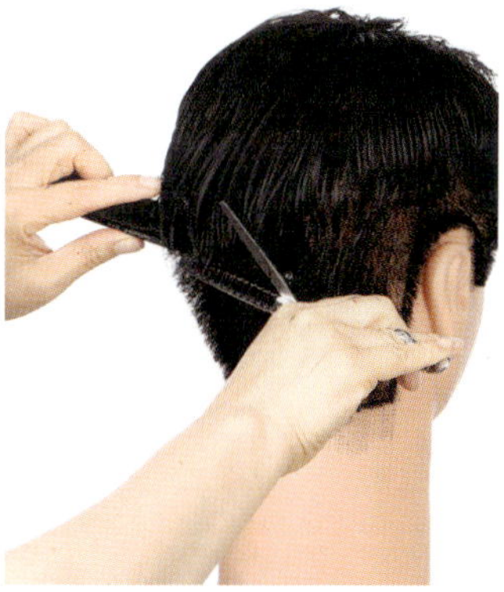

4-42. 싱글링 기법으로 틴닝가위 사용하여 모발의 끝부분의 자연스럽게 정리

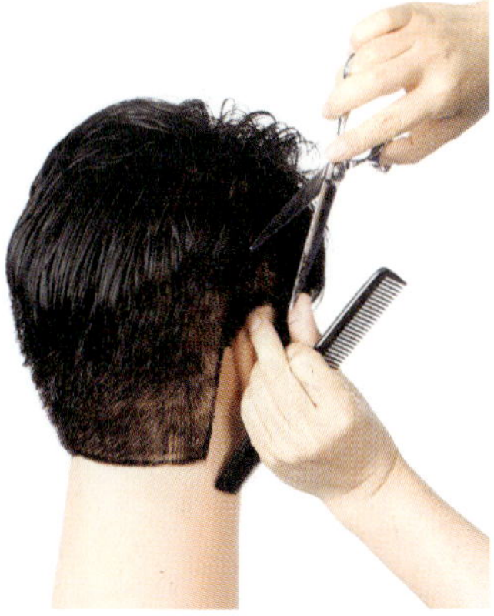

4-43. 옆 가위 기법을 사용하여 튀어나온 모발 정리

4-44. 커트 된 앞모습

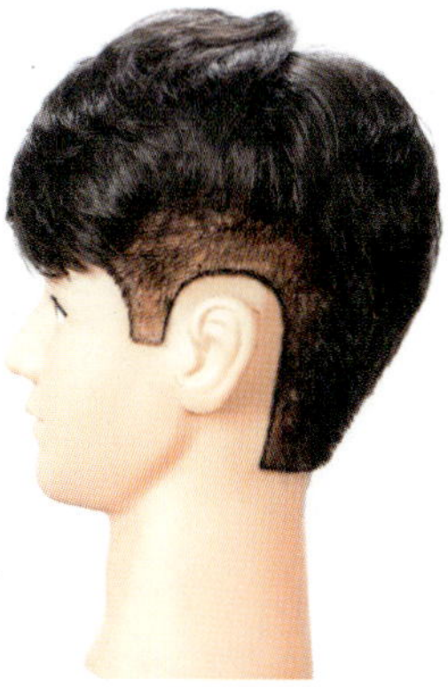

4-45. 커트 된 왼쪽 모습

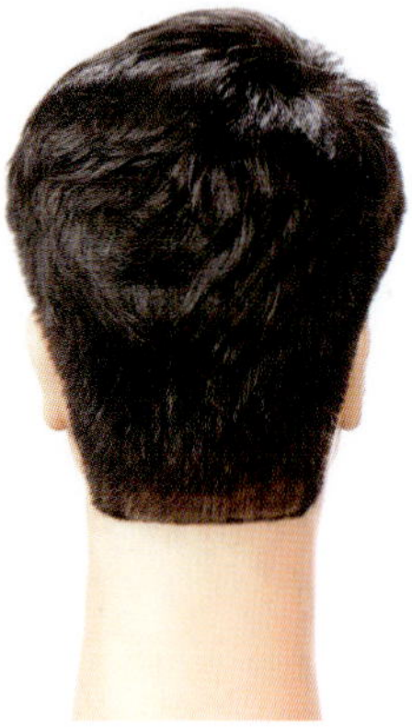

4-46. 커트 된 뒷모습

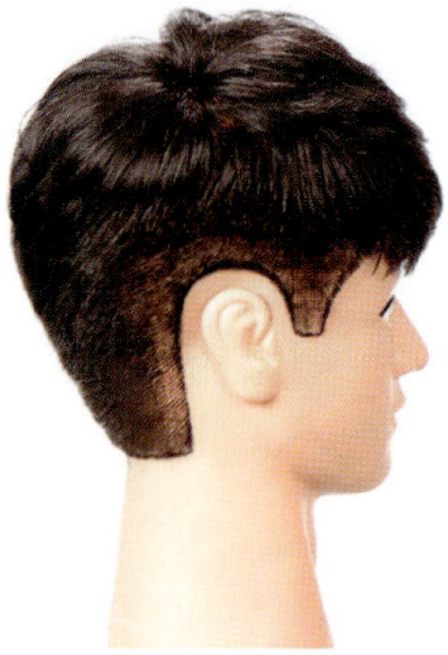

4-47. 커트 된 오른쪽 모습

(5) 모히칸 커트 1

이 스타일의 특징은 탑에 볼륨감과 투톤 컬러를 연출하는 발리아쥬 기법의 컬러 테크닉으로 남성의 화려함을 강조한 디자인이다.

완성형–앞

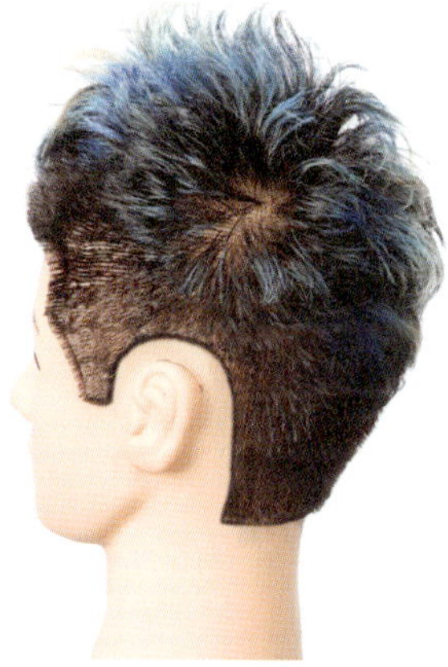

완성형–옆(좌)

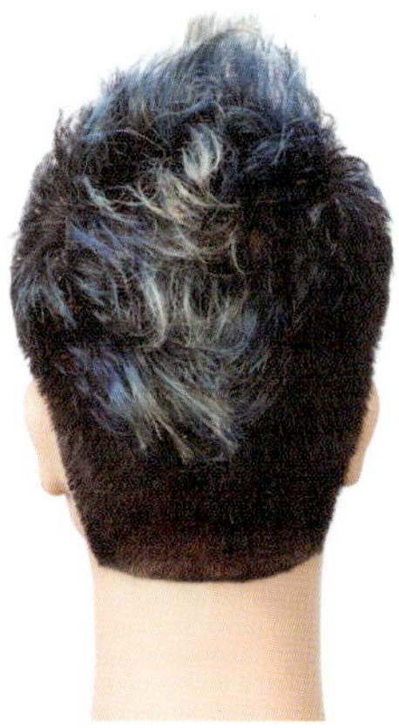

완성형–뒤

완성형–옆(우)

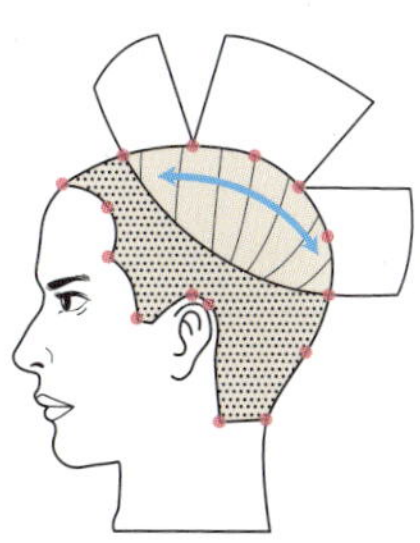

도해도

[커트 절차]

① 블로킹 : 2 블로킹

② 머리위치 : 똑바로, 약간 앞숙임, 옆 기울임

③ 섹션, 파팅 : 사선, 수직, 방사선

④ 분배, 빗질 : 직각분배, 변이분배

⑤ 손가락, 가위위치 : 파팅과 평행, 비평행

⑥ 디자인 라인 : 이동 디자인 라인

5-1. 크라운 부분을 블로킹을 한 상태

5-2. 블로킹 라인에서 1.5cm 정도 길이 가이드로 클리퍼 커트

5-3. 두상의 곡면을 따라 라운드형으로 커트

5-4. 앞머리까지 동일한 길이로 커트

5-5. 세밀하게 라인 정리

5-6. 왼쪽 사이드와 앞머리 커트가 끝난 상태

5-7. 오른쪽도 왼쪽 가이드에 맞춰 라운드 형태로 커트

5-8. 위에 가이드에 맞춰 내려가면서 커트

5-9. 올라가면서 세밀하게 커트

5-10. 위에서 길이 설정 후 내려가면서 커트

5-11. 내려가면서 커트

5-12. 라인을 요철이 생기지 않도록 정밀하게 정리

5-13. 위로 올라가면서 정밀하게 커트

5-14. 앞머리도 위에서 가이드 설정

5-15. 내려가면서 라인 설정

5-16. 올라가면서 세밀하게 라인 정리

5-17. 이어 라인을 정리

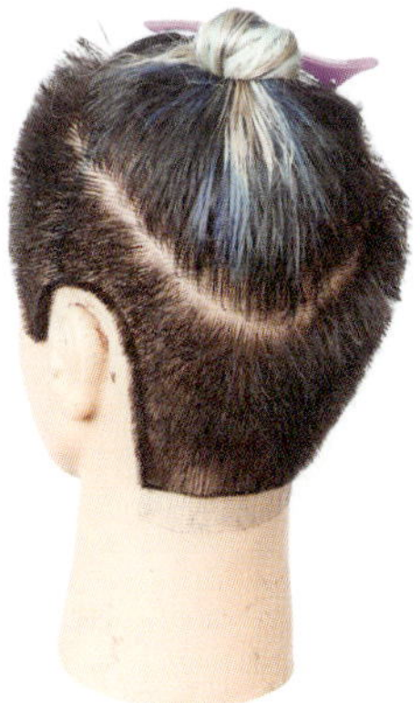

5-18. 왼쪽 오른쪽 백사이드와 사이드가 끝난 상태

5-19. 센터 2cm 폭으로 파팅

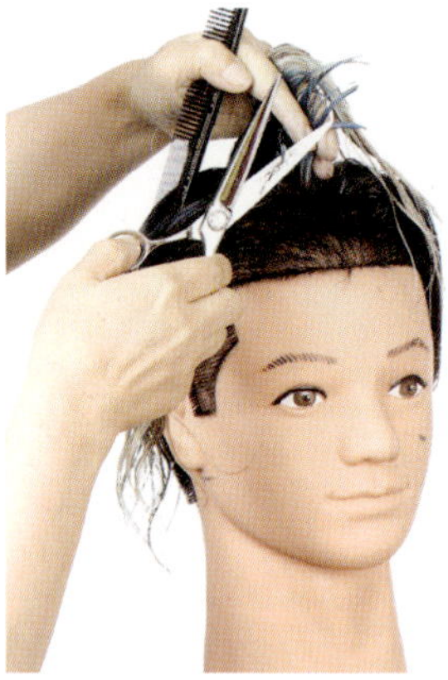

5-20. 앞머리를 짧게 포인팅으로 커트

5-21. 길이 가이드를 길게 블런트 커트

5-22. 포인팅으로 가볍게 커트

5-23. 뒤와 연결하여 포인팅 커트

5-24. 센터 파팅을 한 상태

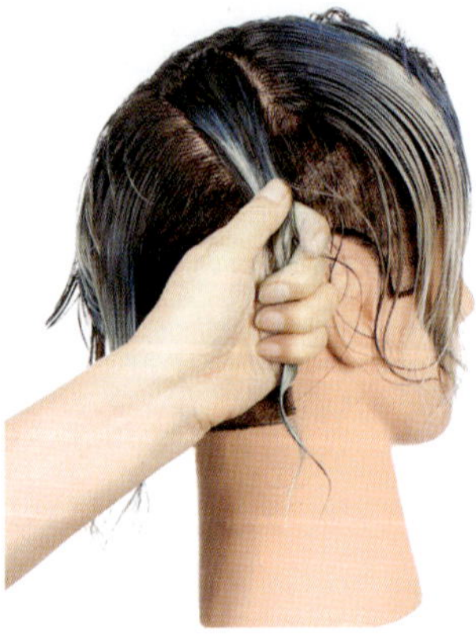

5-25. 귀 부분에서 사선 파팅

5-26. 사선으로 비평행으로 포인팅 커트

5-27. 방사선으로 이동 디자인하면서 포인팅 커트

5-28. 그레쥬에이션으로 포인팅 커트

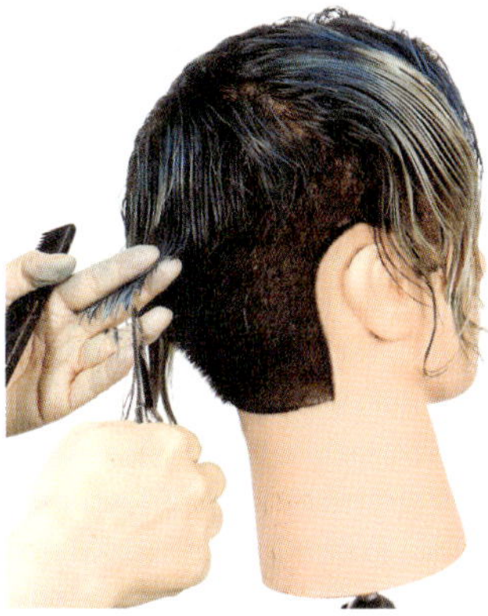

5-29. 사선으로 길이 정리

5-30. 앞머리 부분에서도 손가락 비평행 포인팅 커트

5-31. 이동 디자인으로 포인팅 커트

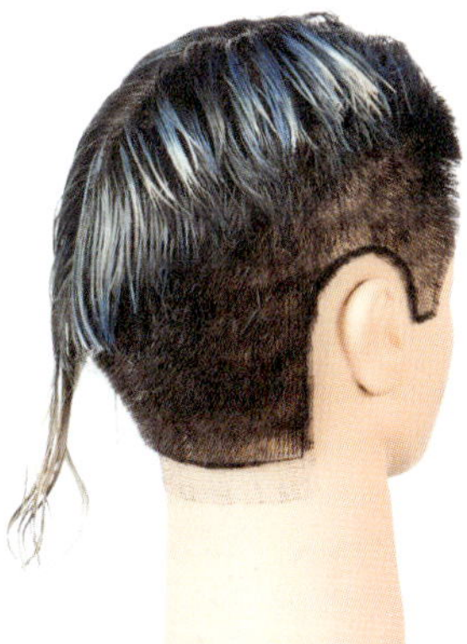

5-32. 오른쪽 커트가 끝난 상태

5-33. 귀를 중심으로 방사선 파팅을 한 상태

5-34. 사선 파팅하고 손가락 비평행으로 포인팅 커트

5-35. 사선 파팅한 상태

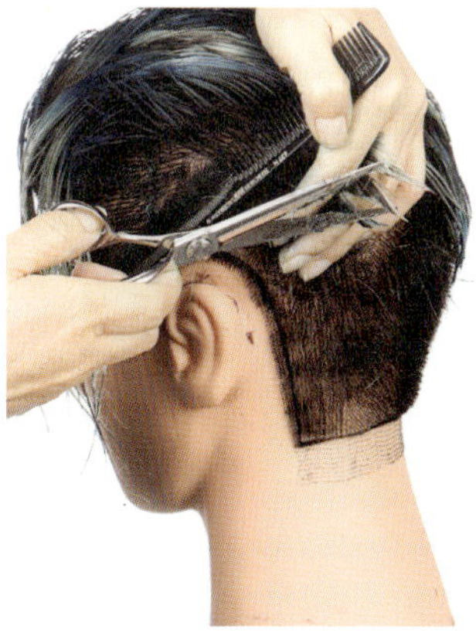

5-36. 손가락 비평행하게 포인팅 커트

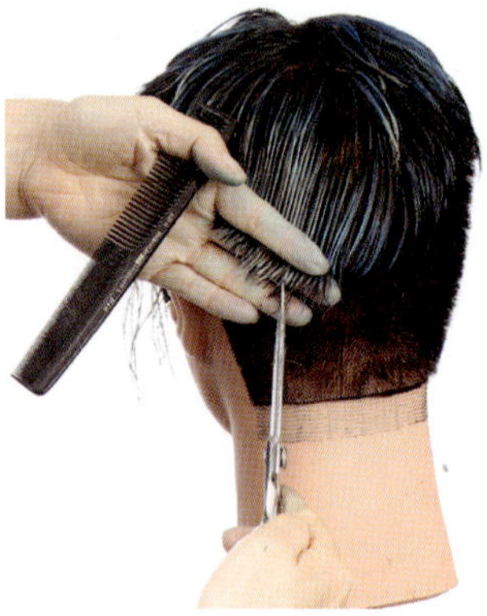

5-37. 사선으로 라인 정리

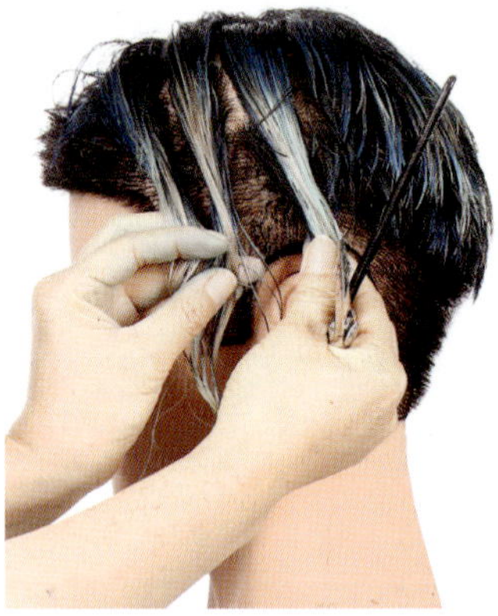

5-38. 앞쪽 파팅 선을 나눈 상태

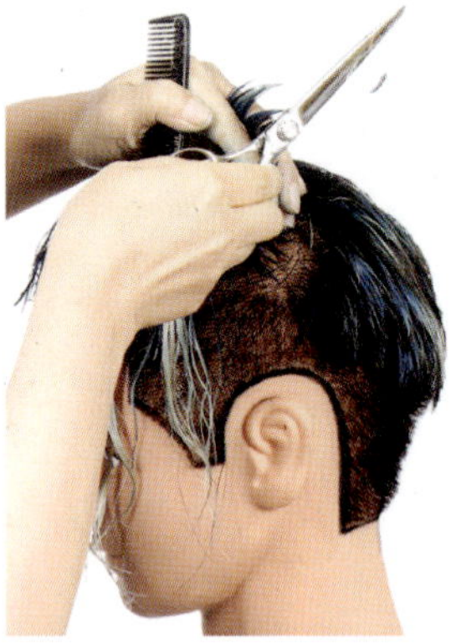

5-39. 포인팅으로 커트

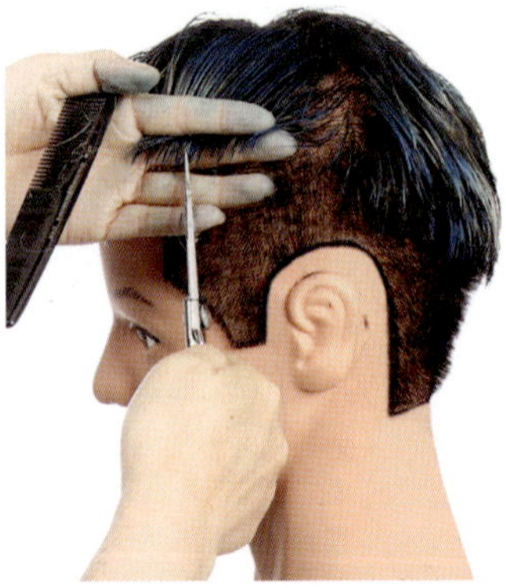

5-40. 라인 정리

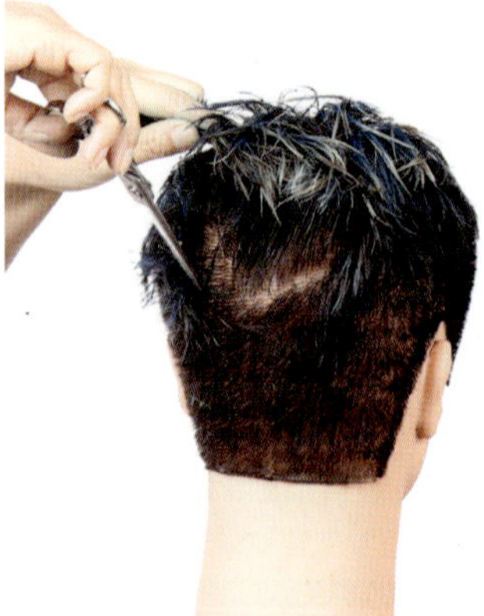

5-41. 다운 이펙트로 질감처리

5-42. 커트 된 앞모습

5-43. 커트 된 오른쪽 모습

5-44. 커트 된 뒷모습

(6) 후대각 커트 1

이 스타일의 특징은 후대각 그래쥬에이션으로 바람머리를 연상케 하는 디자인이다. 투톤의 컬러로 탑 부분을 밝게 하고 페이스라인을 어둡게 하여 댄디한 남성의 이미지를 강조하였다.

완성형-앞

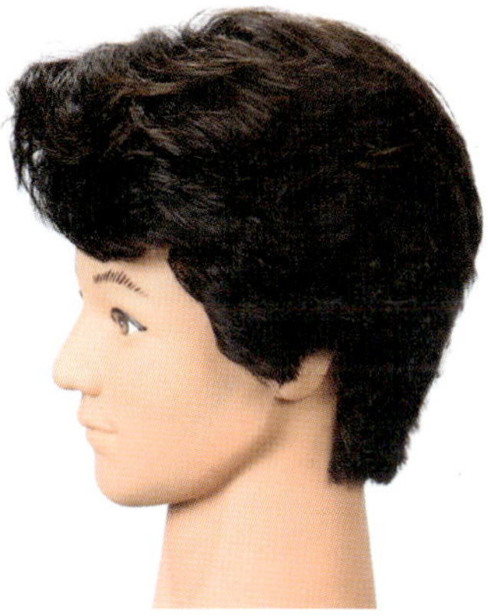

완성형-옆(좌)

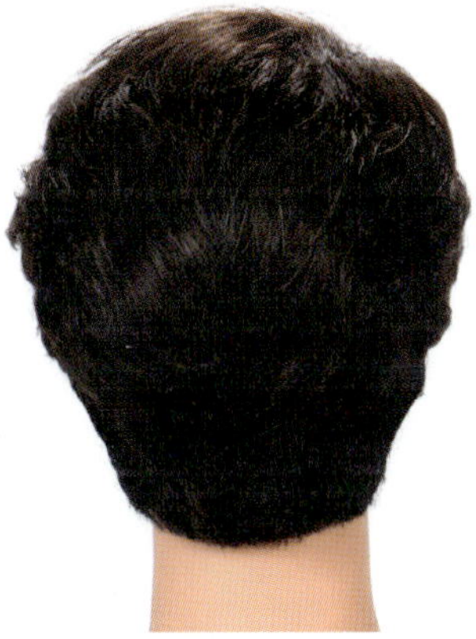

완성형-뒤

완성형-옆(우)

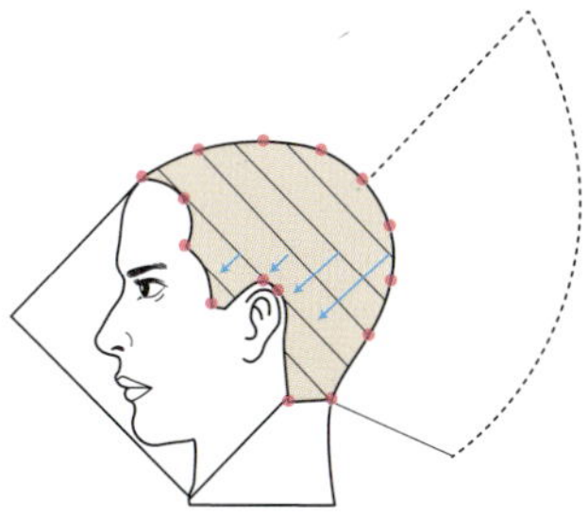

도해도

[커트 절차]

① 블로킹 : 2 블로킹

② 머리위치 : 똑바로, 약간 앞숙임, 옆 기울임

③ 섹션, 파팅 : 사선, 수직, 방사선

④ 분배, 빗질 : 직각분배, 변이분배

⑤ 손가락, 가위위치 : 파팅과 평행, 비평행

⑥ 디자인 라인 : 이동 디자인 라인, 고정 디자인 라인

6-1. 블로킹 된 앞모습

6-2. 센터 파팅한 상태

6-3. 첫 번째 판넬사이드 코너에서 대각 파팅 후 직각 분배하여 손가락 평행

6-4. 직각분배 손가락 평행하게 블런트 커트

6-5. 평행하게 커트 된 상태

6-6. 두 번째 판넬 이동 디자인 45°로 그레쥬에이션

6-7. 세 번째 판넬 45°로 후대각 그레쥬에이션

6-8. 파팅과 평행한 손가락 직각분배로 커트

6-9. 네이프도 동일하게 진행

6-10. 직각분배 파팅과 손가락 평행하게 사용

6-11. 세 번째 판넬에 고정 디자인 라인으로 진행

6-12. 앞머리도 파팅과 손가락 평행하게 진행

6-13. 네이프도 세 번째 판넬에 고정 디자인 라인

6-14. 세 번째 판넬에 고정 디자인 라인으로 커트

6-15. 동일하게 진행

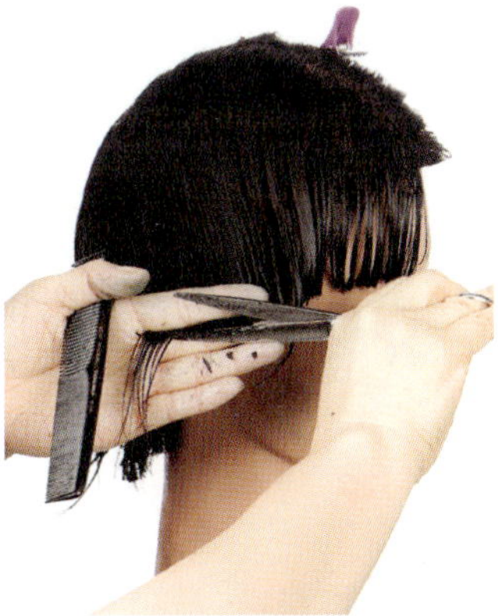

6-16. 나머지 부분도 동일하게 진행

6-17. 오른쪽 커트가 끝난 후 앞쪽으로 빗질한 상태

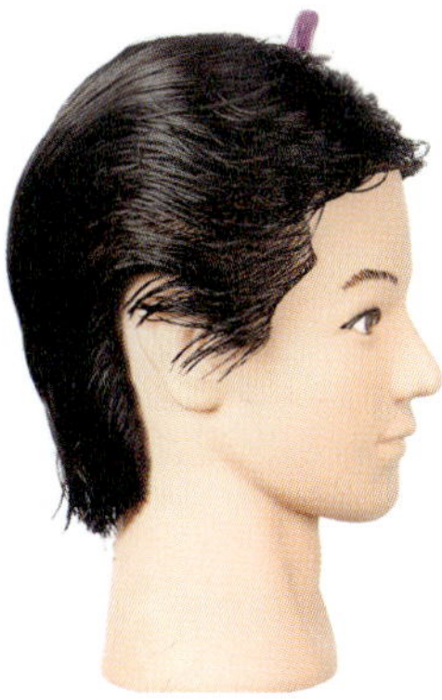

6-18. 뒤로 빗질한 상태

6-19. 첫 번째 판넬 왼쪽도 동일한 방법으로 대각 파팅

6-20. 양쪽 길이 체크

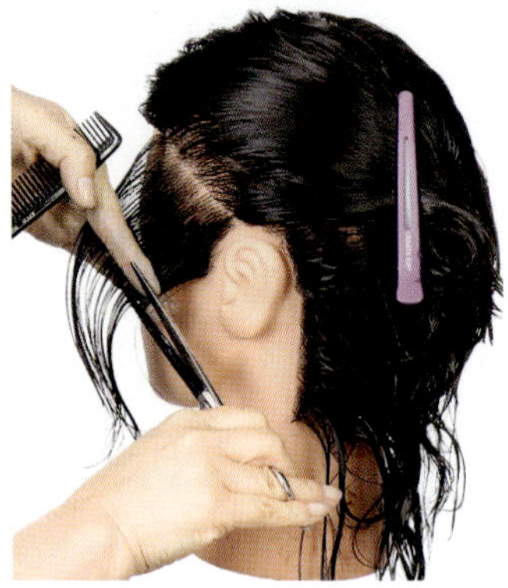

6-21. 두 번째 판넬 이동 디자인 라인으로 45° 커트

6-22. 세 번째 판넬 이동 디자인 라인 직각분배 손가락 평행

6-23. 45° 그레쥬에이션 커트

6-24. 네이프도 동일하게 진행

6-25. 세 번째 판넬까지 끝난 상태

6-26. 세 번째 판넬이 45°로 고정 디자인으로 손가락 평행하게 커트

6-27. 네이프까지 동일하게 진행

6-28. 세 번째 판넬에 고정 디자인 라인

6-29. 대각라인으로 블런트 커트

6-30. 백에서 수평파팅 다운 베이스로 블런트 커트

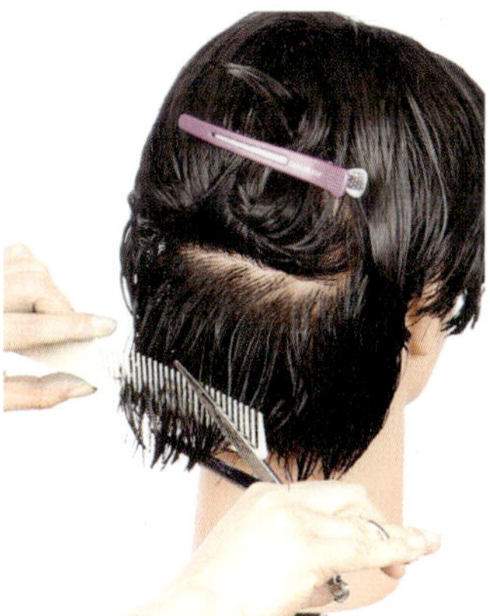

6-31. 코너 부분을 싱글링 기법으로 정리

6-32. 두상의 곡면 따라 라운드형으로 커트

6-33. 센터 2cm 폭으로 파팅

6-34. 자연시술각 45° 그레쥬에이션으로 온 더 베이스

6-35. 이동 디자인으로 동일하게 커트

6-36. 동일한 방법으로 진행

6-37. 오버섹션의 모발도 자연시술각 45°에 맞춰 커트

6-38. 이동 디자인 라인으로 동일하게 진행

6-39. 섹션을 나눠 모발의 1/2 정도 틴닝가위 사용

6-40. 모발의 끝 부분에 리버스 방향으로 질감처리

6-41. 반대편도 리버스 방향으로 슬라이싱 커트

6-42. 커트가 끝난 앞모습

6-43. 커트가 끝난 왼쪽 모습

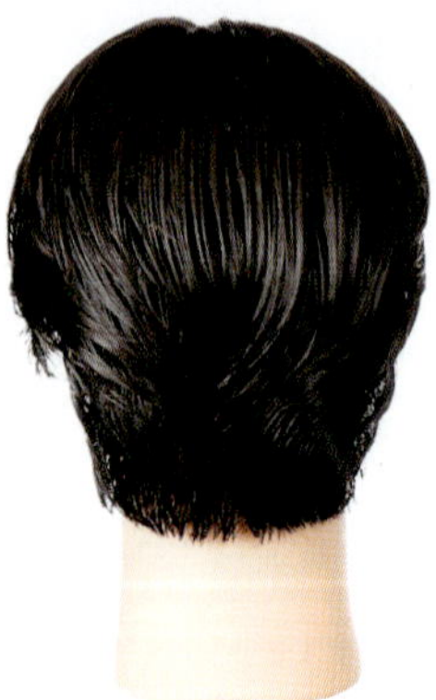

6-44. 커트가 끝난 뒷모습

(7) 디스커넥션 커트

이 스타일의 특징은 다양한 블로킹과 지그재그 섹션을 이용하여 디스커넥션을 연출하는 디자인으로 오렌지의 하이라이트의 컬러감과 로우 라이트의 어두운 색상으로 가벼움과 자연스러움을 연출하였다.

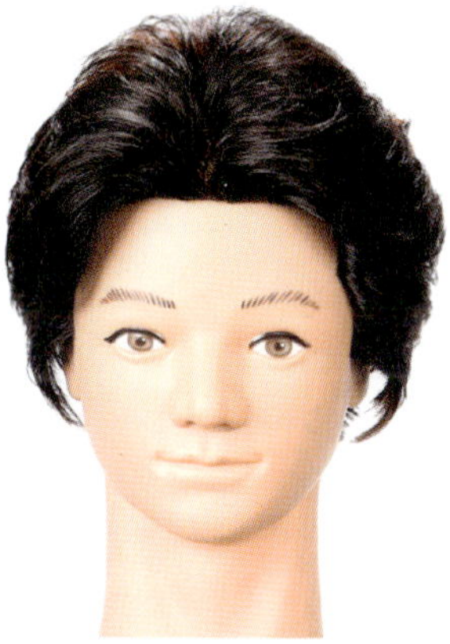

완성형-앞

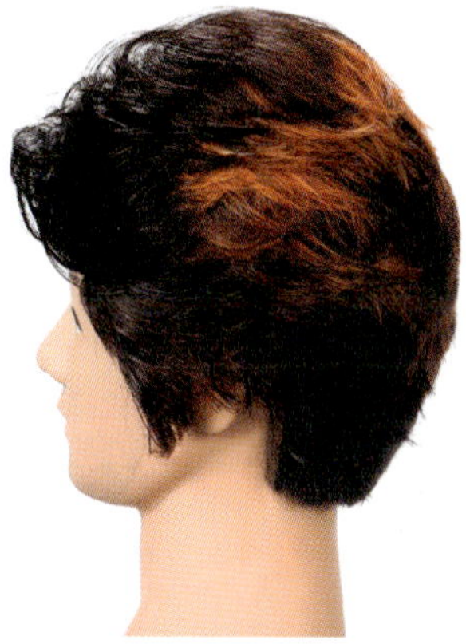

완성형-옆(좌)

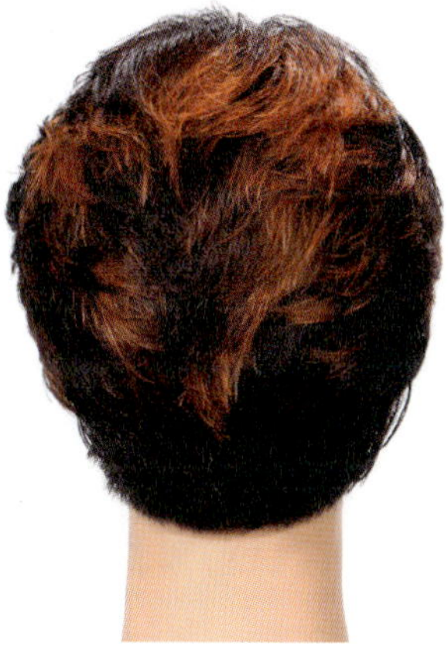

완성형-뒤

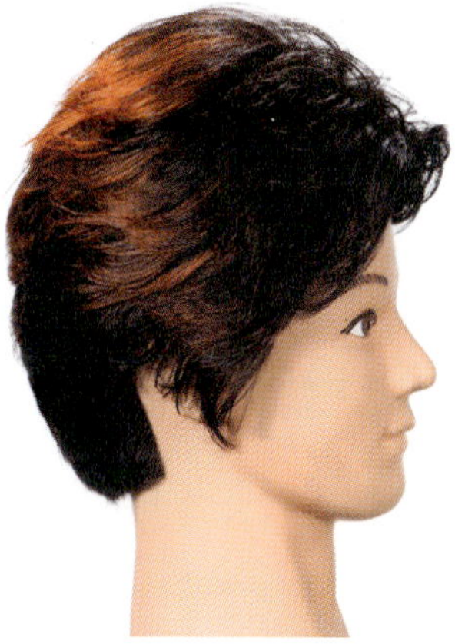

완성형-옆(우)

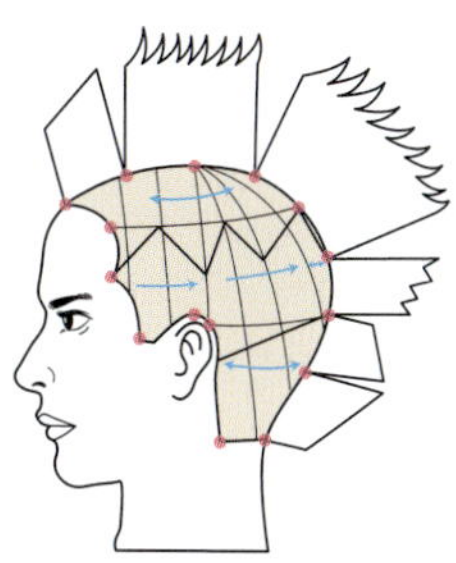

도해도

[커트 절차]

① 블로킹 : 5 블로킹

② 머리위치 : 똑바로, 약간 앞숙임, 옆 기울임

③ 섹션, 파팅 : 사선, 수직, 방사선

④ 분배, 빗질 : 직각분배, 변이분배

⑤ 손가락, 가위위치 : 파팅과 평행, 비평행

⑥ 디자인 라인 : 이동 디자인 라인

7-1. 사이드 부분을 지그재그로 블로킹을 나눈 상태

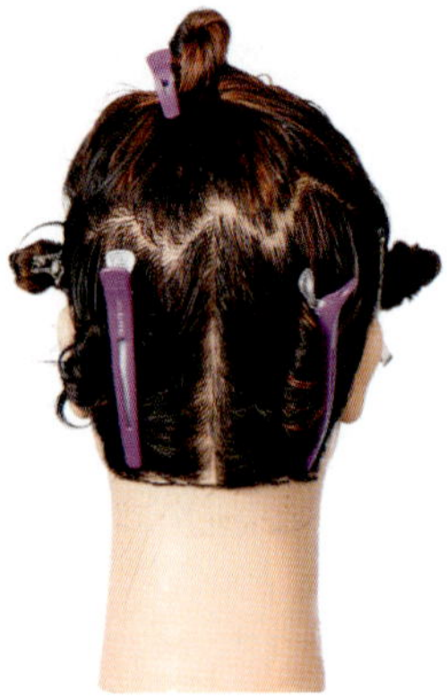

7-2. 뒷부분을 지그재그로 블로킹을 나눈 상태

7-3. 네이프의 가이드라인을 설정 다운베이스

7-4. 왼쪽 네이프 두상의 곡면을 따라 라운드형으로 커트

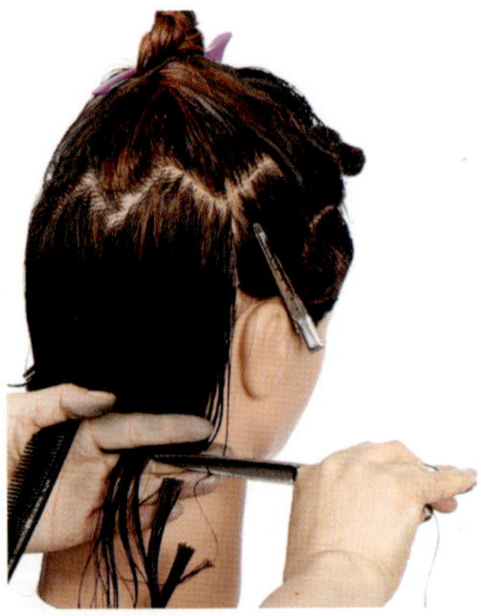

7-5. 오른쪽도 동일하게 커트

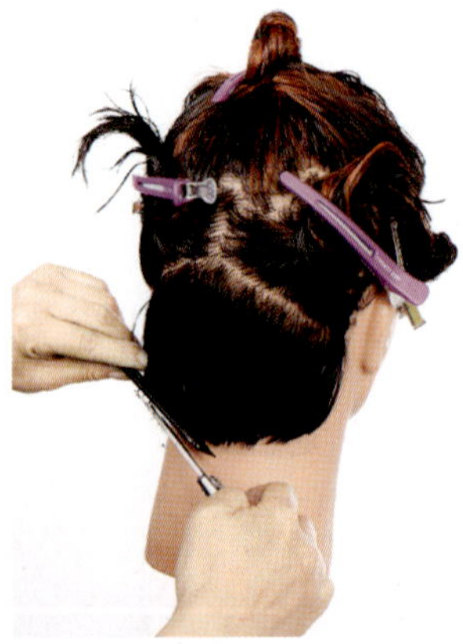

7-6. 아웃라인을 빗 대고 라인 정리

7-7. 인크리스 레이어형으로 손가락 비평행 커트

7-8. 센터 고정디자인으로 손가락 비평행 커트

7-9. 인크리스형으로 커트 된 상태

7-10. 뒷부분을 온 더 베이스로 포인팅 커트로 스퀘어 라인

7-11. 이동 디자인으로 포인팅 커트

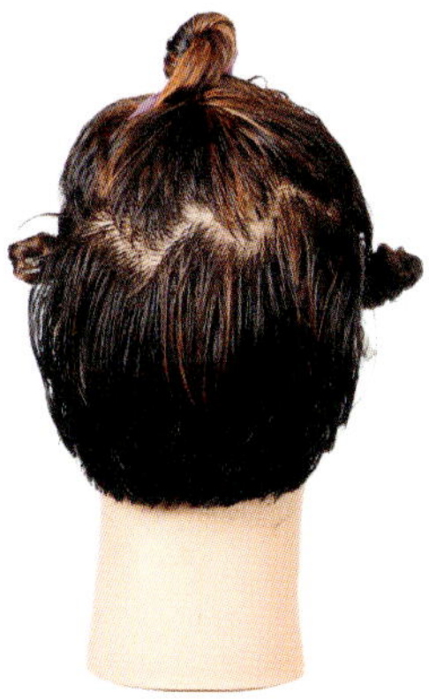

7-12. 백 부분 커트가 끝난 상태

7-13. 사이드 부분은 가이드에 맞춰 포인트 커트

7-14. 이어 투 이어 라인까지 고정 디자인 라인으로 뒤로 당겨 커트

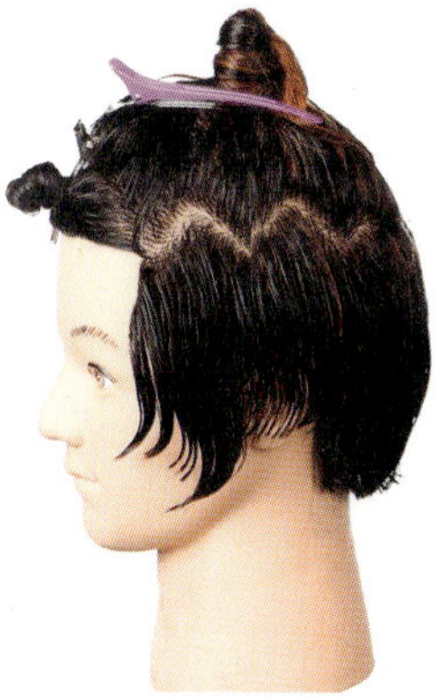

7-15. 왼쪽 사이드 커트가 끝난 상태

7-16. 오른쪽 사이드도 스퀘어 커트

7-17. 고정디자인으로 스퀘어 커트

7-18. 이어 투 이어 라인에 고정 디자인 라인

7-19. 오른쪽 사이드 커트가 끝난 상태

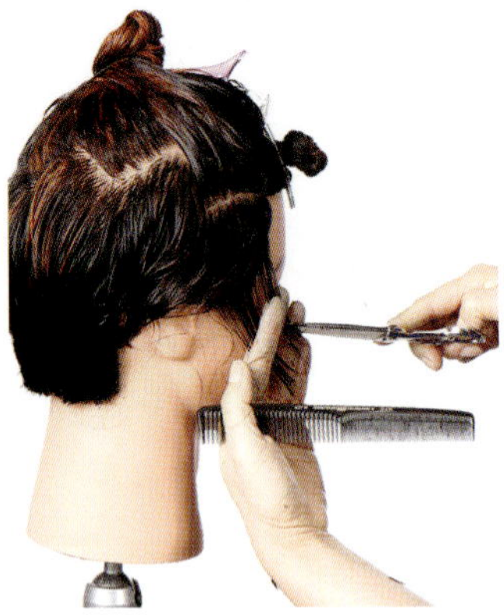

7-20. 후대각 라인으로 앞쪽으로 당겨서 라인 설정

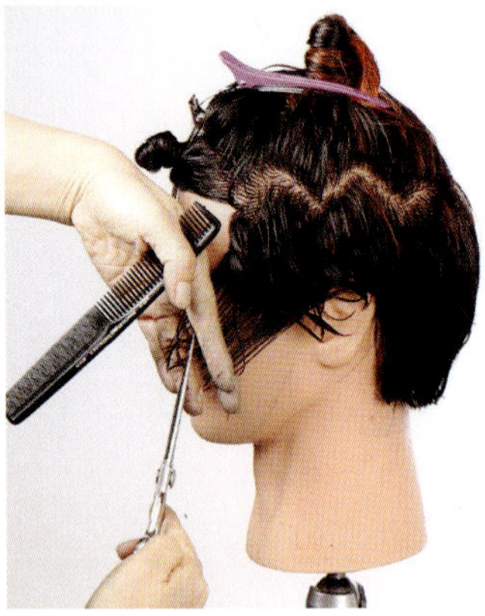

7-21. 왼쪽도 동일하게 앞쪽으로 당겨서 커트

7-22. 크라운 부분은 2cm 폭으로 파팅

7-23. 두상의 90° 각도를 들어서 나칭 커트

7-24. 레이어 커트로 나칭 커트

7-25. 탑으로 들어서 레이어로 나칭 커트

7-26. 이동 디자인으로 나칭 커트

7-27. 레이어로 나칭 커트

7-28. 이어 투 이어 라인으로 고정 디자인 라인

7-29. 오른쪽 커트가 끝난 상태

7-30. 왼쪽 사이드도 이동 디자인 라인으로 동일하게 커트

7-31. 두상의 곡면에 따라 레이어 커트

7-32. 사이드는 이어 투 이어 라인에 고정디자인으로 레이어 커트

7-33. 앞머리도 탑에 고정 디자인 라인으로 레이어 커트

7-34. 앞머리를 센터 가르마로 사선으로 파팅

7-35. 후대각 라인으로 손가락 비평행 사선 커트

7-36. 커트 된 앞모습

7-37. 커트 된 왼쪽 모습

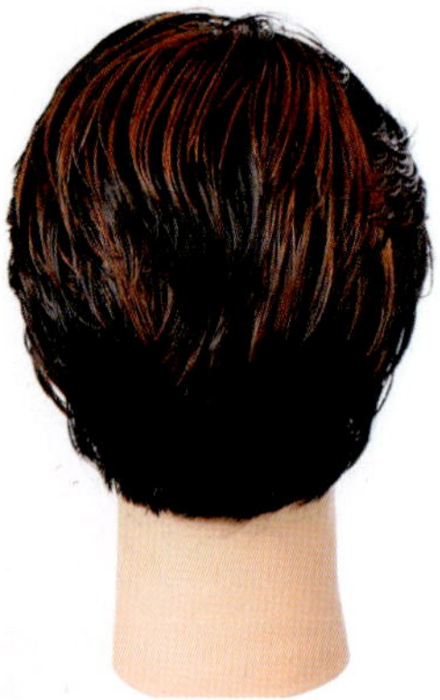

7-38. 커트 된 뒷모습

7-39. 커트 된 오른쪽 모습

(8) 후대각 커트 2

후대각의 그래쥬에이션과 레이어의 혼합된 디자인으로 연출하였으며, 위빙 컬러 테크닉으로 투톤 컬러를 사용하여 시각적으로 부각되는 디자인으로 연출하였다.

완성형–앞

완성형–옆(좌)

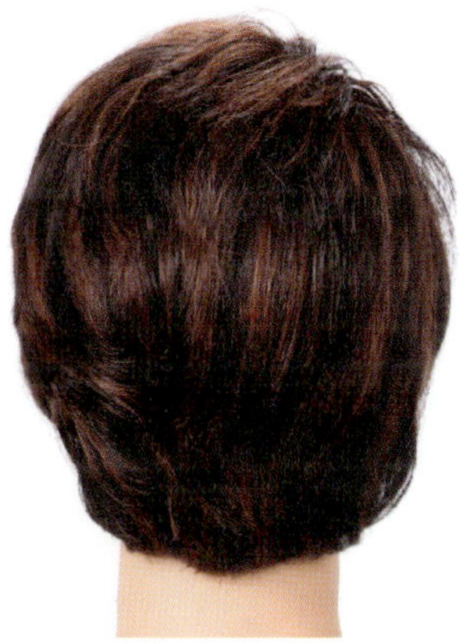
완성형–뒤

완성형–옆(우)

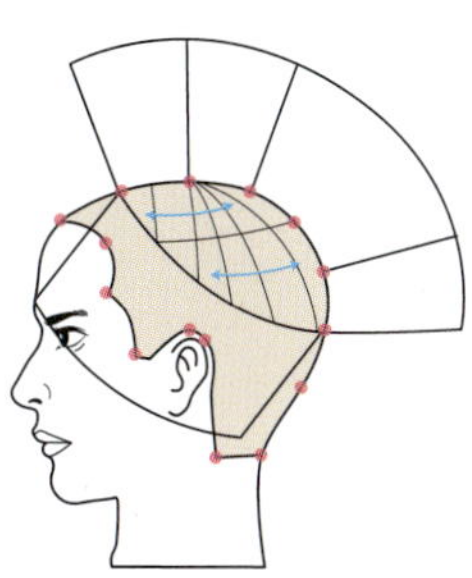
도해도

[커트 절차]

① 블로킹 : 4 블로킹

② 머리위치 : 똑바로, 약간 앞숙임, 옆 기울임

③ 섹션, 파팅 : 사선, 수직, 방사선

④ 분배, 빗질 : 직각분배, 변이분배

⑤ 손가락, 가위위치 : 파팅과 평행, 비평행

⑥ 디자인 라인 : 이동 디자인 라인

8-1. 헤어라인을 2cm 정도 라운드로 파팅을 나눈다.

8-2. 뒷부분 파팅을 나눈 상태

8-3. 네이프를 다운베이스로 블런트 커트

8-4. 두상의 곡면을 따라 라운드형으로 커트

8-5. 이동 디자인 라인으로 손가락 파팅과 평행하게 커트

8-6. 사이드 부분도 손가락 파팅과 평행하게 직각분배

8-7. 왼쪽 사이드 커트가 끝난 상태

8-8. 오른쪽도 라운드 형태로 다운 베이스

8-9. 파팅과 손가락 평행하게 직각분배

8-10. 앞머리도 직각분배로 나칭 커트

8-11. 앞쪽으로 당겨서 동일하게 직각분배

8-12. 네이프와 앞머리 커트가 끝난 상태

8-13. 센터 2cm 정도 파팅을 나눈 상태

8-14. 손가락을 비평행하여 그레쥬에이션으로 연결

8-15. 각도를 들어서 손가락 평행하게 하여 레이어 커트

8-16. 이동 디자인 라인으로 동일하게 커트

8-17. 위로 90° 들어서 블런트 커트

8-18. 탑과 앞머리를 연결

8-19. 이동 디자인으로 레이어 커트

8-20. 두상의 곡면에 따라 라운드 레이어 커트

8-21. 직각분배 동일 한 길이로 레이어 커트

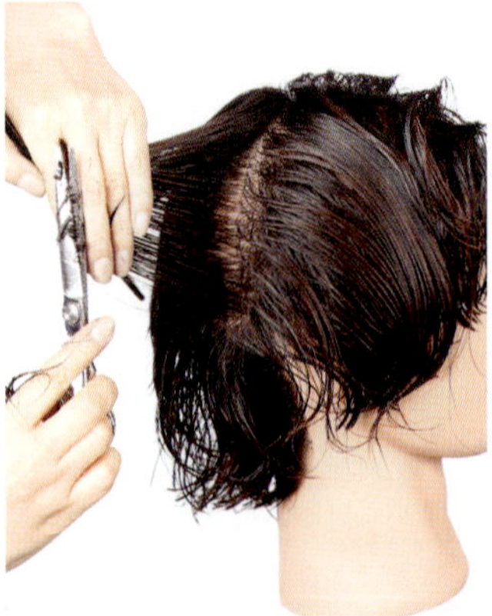

8-22. 이동 디자인 라인으로 진행

8-23. 동일한 방법으로 진행

8-24. 두상에서 90° 들어서 레이어로 커트

8-25. 왼쪽도 동일한 방법으로 레이어 커트

8-26. 두상에서 90° 들어서 레이어로 커트

8-27. 각도를 들어서 두상의 곡면에 따라 커트

8-28. 레이어 커트로 진행

8-29. 두상의 곡면에 따라 동일한 길이 가이드로 진행

8-30. 레이어로 동일하게 각도를 들어 커트

8-31. 사이드도 동일한 방법으로 진행

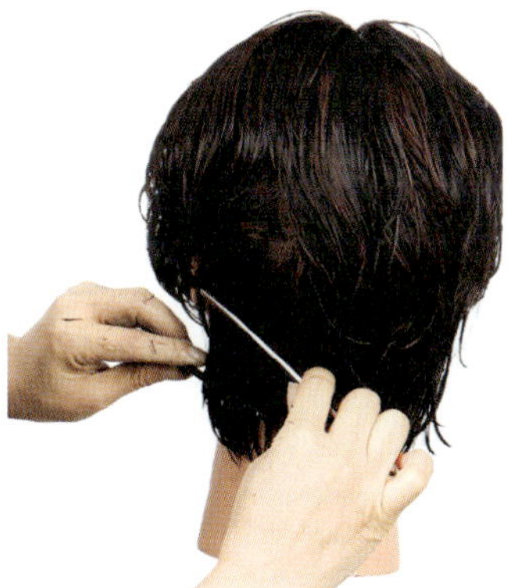

8-32. 네이프 부분에 레이저와 빗을 사용하여 레이저 회전 기법 사용 질감 처리

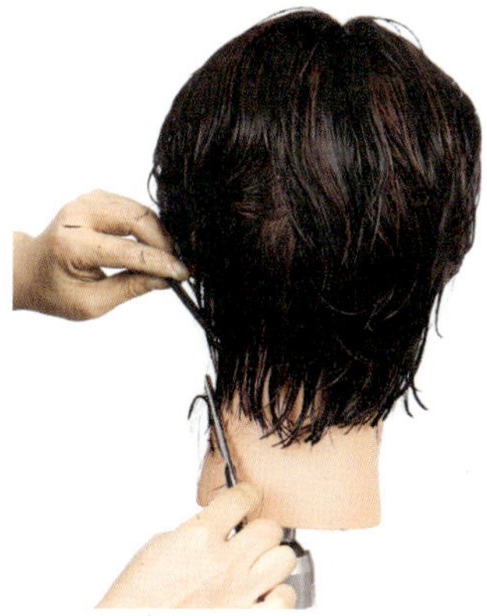

8-33. 레이저 회전기법으로 질감을 가볍게 처리

8-34. 네이프 사이드도 동일하게 질감처리

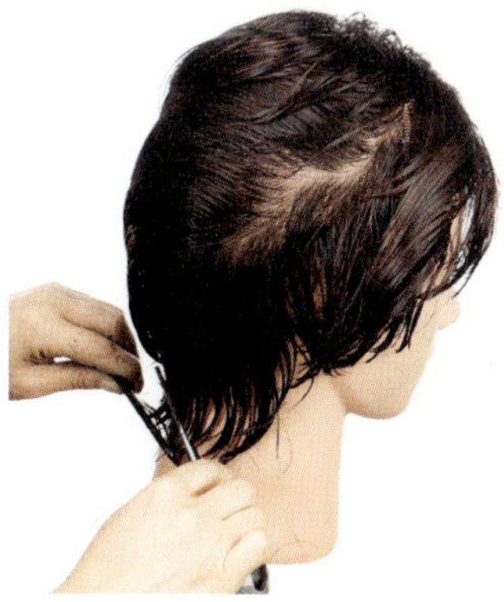

8-35. 아웃라인에 가벼움을 준다.

8-36. 커트 된 앞모습

8-37. 커트 된 왼쪽 모습

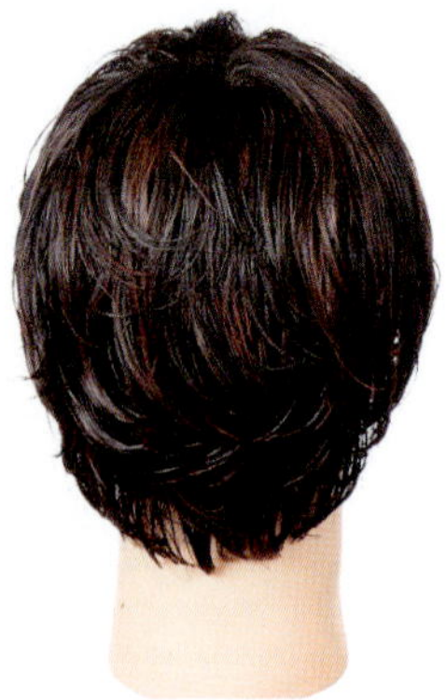

8-38. 커트 된 뒷모습

8-39. 커트 된 오른쪽 모습

(9) 모히칸 커트 2

이 스타일의 특징은 투블럭의 모히칸 형으로 커트하여 긴 부분에 애쉬 바이올렛을 표현하고 마무리 스타일링을 리젠트한 디자인으로 연출하였다.

완성형–앞

완성형–옆(좌)

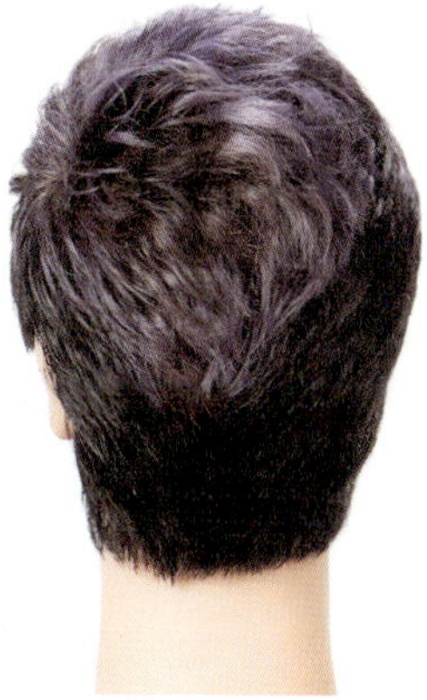

완성형–뒤

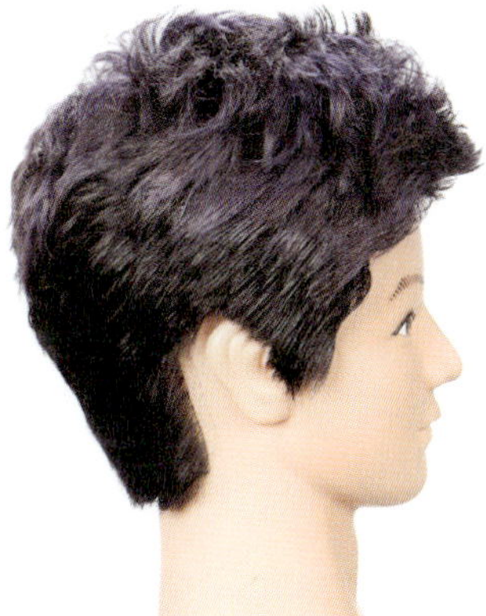

완성형–옆(우)

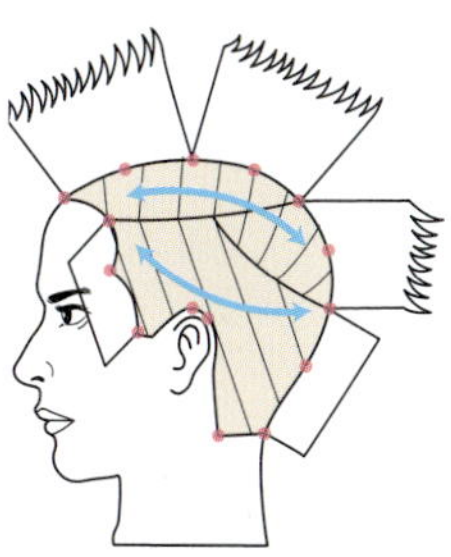

도해도

[커트 절차]

① 블로킹 : 2 블로킹

② 머리위치 : 똑바로, 약간 앞숙임, 옆 기울임

③ 섹션, 파팅 : 사선, 수직, 방사선

④ 분배, 빗질 : 직각분배, 변이분배

⑤ 손가락, 가위위치 : 파팅과 평행, 비평행

⑥ 디자인 라인 : 이동 디자인 라인

9-1. 뒷부분 파팅이 나뉜 상태

9-2. 사이드 부분에서 대각으로 나누어 직각분배 레이저 커트

9-3. 레이어로 레이저 에칭커트

9-4. 이동 디자인 라인으로 동일하게 커트

9-5. 레이저 에칭 직각분배

9-6. 동일한 길이로 이동 디자인 라인 커트

9-7. 네이프까지 직각분배 레이어 커트

9-8. 네이프 부분 커트 된 상태

9-9. 동일한 길이의 이동 디자인으로 커트

9-10. 네이프까지 직각분배

9-11. 네이프 수평으로 라인체크

9-12. 네이프 라인 정리

9-13. 레이저 회전기법으로 질감 처리

9-14. 오른쪽 사이드와 뒷부분 커트가 끝난 상태

9-15. 왼쪽 사이드에서 사선 파팅

9-16. 레이저 에칭으로 길이 설정

9-17. 첫 가이드가 설정된 상태

9-18. 이어 라인 레이저로 라인 정리

9-19. 이동 디자인 라인으로 동일 하게 커트

9-20. 네이프 직각분배 레이어 커트

9-21. 네이프까지 커트가 끝난 상태

9-22. 이동 디자인 라인으로 직각 분배

9-23. 직각분배로 레이어 커트

9-24. 네이프까지 동일하게 진행

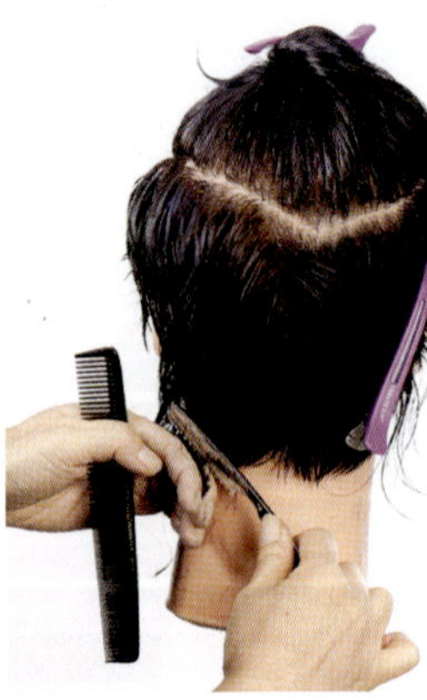

9-25. 직각분배로 에칭커트

9-26. 양쪽 코너 정리

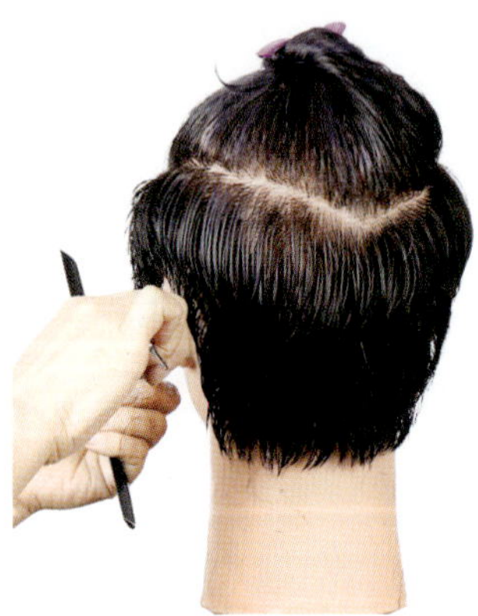

9-27. 레이저로 귀를 조심하여 이어 라인 정리

9-28. 네이프 무거운 부분에 레이저 회전 기법으로 질감 처리

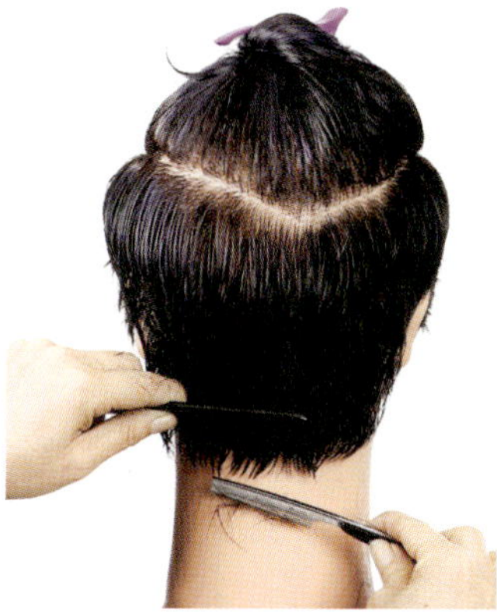

9-29. 레이저로 네이프 라인 정리

9-30. 앞머리를 수평으로 나눈 상태

9-31. 레이저 에칭 기법으로 앞머리 라인 정리

9-32. 가볍게 질감을 주면서 라인 정리

9-33. 앞머리 커트가 끝난 상태

9-34. 센터 2cm 정도 파팅을 나눈다.

9-35. 앞머리 포인팅으로 비평행 커트

9-36. 딥 포인팅 커트하여 가볍게 질감과 라인 만들기

9-37. 이동 디자인으로 포인팅 커트

9-38. 뒷부분도 포인팅 커트

9-39. 오른쪽 사이드도 비평행 손가락으로 포인팅 커트

9-40. 왼쪽 사이드도 포인팅 커트

9-41. 이동 디자인으로 포인팅 기법으로 그레쥬에이션 커트

9-42. 동일한 방법으로 사이드까지 진행

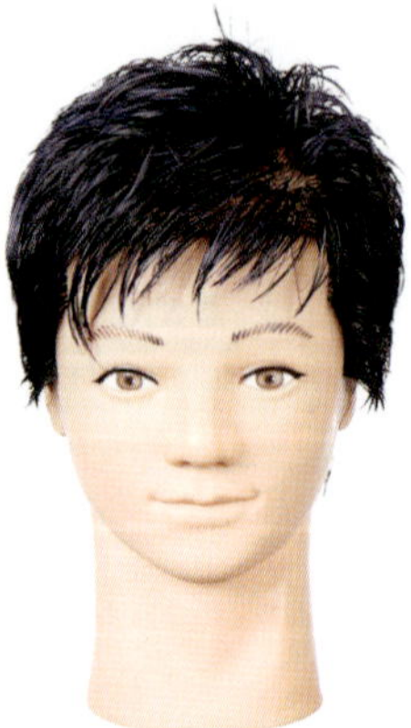

9-43. 커트 된 앞모습

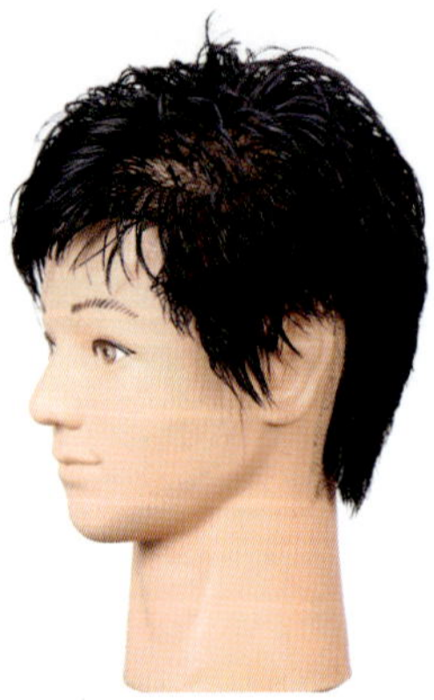

9-44. 커트 된 왼쪽 모습

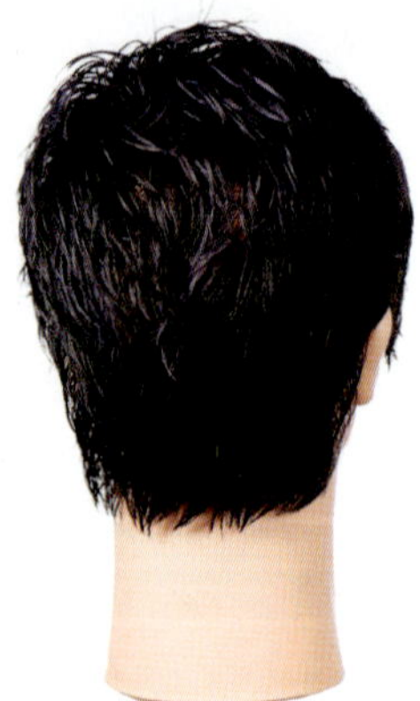

9-45. 커트 된 뒷모습

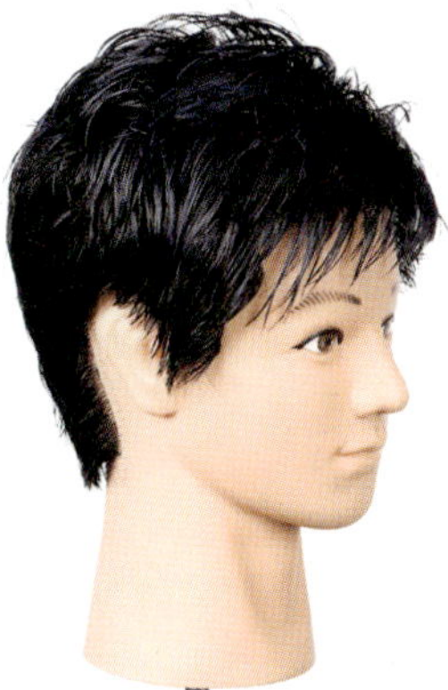

9-46. 커트 된 오른쪽 모습

제3장 자격증편

BASIC MEN'S CUT PRO

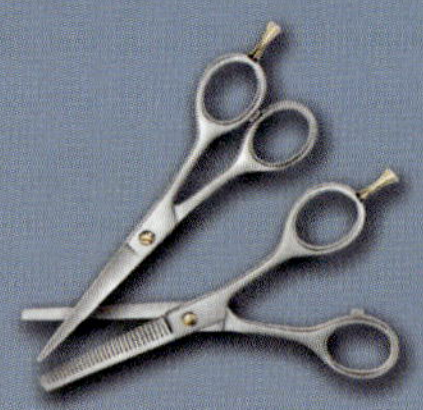

1. 이용사 자격증 이해

(1) 이용사 자격증 출제기준

1) 필기 출제기준

- **직무분야** : 이용 · 숙박 · 여행 · 오락 · 스포츠
- **중직무분야** : 이용 · 미용
- **자격종목** : 이용사
- **적용기간** : 2016. 7. 1.~2020. 12. 31.
- **직무내용** : 고객의 인체 및 모발을 대상으로 용모를 단정하게 연출하기 위하여 이용기술을 활용하여 머리카락 또는 수염 등을 깎거나, 다듬는 방법으로 고객의 용모를 단정하게 하는 직무를 수행
- **필기검정방법** : 객관식
- **문제수** : 60
- **시험시간** : 1시간

필기과목명	문제수	주요항목	세부항목	세세항목
이용 이론, 공중위생 관리학, 화장품학	60	1. 이용이론	1. 이용의 개요	1. 이용의 정의 2. 이용의 개념
			2. 이용의 자세	1. 이용인의 자세 2. 이용시술자의 작업과 자세
			3. 이용시술을 위한 인체 각 부의 명칭	1. 이용에 관련된 인체 명칭
		2. 이용의 역사	1. 한국의 이용	1. 고대 이용의 역사 2. 근 · 현대의 이용 역사
			2. 외국의 이용	1. 고대 이용의 역사 2. 근 · 현대의 이용 역사
		3. 이용용구	1. 이용도구	1. 가위, 바리캉(클리퍼), 레이저(면체용, 커트용) 빗, 브러시 등 도구류
			2. 이용기기	1. 드라이어, 아이론, 스티머, 적외선조사기 등 기기류 2. 샴푸대, 소독기 및 기구류
		4. 세발술	1. 샴푸	1. 샴푸제의 성질 2. 샴푸제의 종류 및 작용
			2. 린스	1. 린스제 작용 및 종류 2. 헤어트리트먼트의 종류 및 유형
			3. 샴푸 및 린스 작업	1. 샴푸작업 2. 린스작업
		5. 이발(조발)	1. 이발의 기초지식	1. 이발의 기본작업 및 자세 2. 이발 도구의 사용법 3. 이발기법
			2. 조발의 종류 및 작업	1. 보통 조발술 2. 스포츠 조발술 3. 영스타일 조발술 4. 특수 조발술
		6. 면도	1. 면도에 관한 사항	1. 면도의 정의 및 기초 2. 안면 피부분석 3. 면도작업

필기과목명	문제수	주요항목	세부항목	세세항목
			2. 안면관리	1. 얼굴 기초화장
		7. 정발술 (헤어스타일링)	1. 정발술 (헤어스타일링)	1. 오리지널 세트 2. 리세트
			2. 디자인	1. 얼굴형에 따른 헤어디자인 2. 부수적 요소에 따른 헤어디자인
			3. 아이론 및 블로 드라이 스타일링	1. 아이론 스타일링의 정의 및 방법 2. 블로우 드라이 스타일링 정의 및 방법
		8. 스캘프 케어	1. 두개피 관리	1. 두개피의 진단 및 관리 2. 두개피 관리법 및 방법
			2. 스캘프매니플레이션	1. 스캘프매니플레이션 의 정의 및 목적 2. 스캘프매니플레이션의 방법
			3. 모발관리 (헤어트리트먼트)	1. 모발의 종류와 관리 2. 모발에 따른 관리 및 방법
		9. 매뉴얼테크닉	1. 매뉴얼테크닉 기초지식	1. 기초 및 목적 2. 방법
			2. 얼굴매뉴얼테크닉	1. 얼굴매뉴얼테크닉 정의 및 피부 분석 2. 얼굴매뉴얼테크닉 방법
		10. 미안술	1. 미안술의 기초지식	1. 미안술의 정의 및 기초
			2. 팩	1. 팩과 시술방법
			3. 기기를 이용한 미안술	1. 전류와 광선을 응용한 미안술 2. 기타 기기를 이용한 미안술
		11. 퍼머넌트 웨이브(펌)	1. 퍼머넌트 웨이브의 기초 지식	1. 퍼머넌트웨이브(펌)의 역사 2. 퍼머넌트웨이브(펌)의 원리 3. 퍼머넌트웨이브(펌)의 도구 및 웨이브제의 분류
			2. 퍼머넌트 웨이브 종류 및 방법	1. 퍼머넌트웨이브의 종류 2. 퍼머넌트웨이브의 방법
		12.염 · 탈색(헤어컬러링)	1. 헤어컬러링의 기초	1. 컬러링의 역사 2. 모발색채이론 3. 모발색의 이해
			2. 헤어컬러링의 원리	1. 염 · 탈색제의 유형별 특징 2. 염 · 탈색제의 원리
			3. 헤어컬러링의 종류 및 방법	1. 헤어컬러링의 종류 2. 헤어컬러링의 방법
		13. 가발술	1. 가발의 종류 및 사용	1. 가발의 종류 2. 가발 사용법 3. 홈케어 관리
			2. 가발제작	1. 가발디자인 2. 패턴작업
			3. 가발커트	1. 제작 커트 2. 스타일링 커트
		14. 피부학	1. 피부와 피부 부속기관	1. 피부구조 및 기능 2. 피부 부속기관의 구조 및 기능

필기과목명	문제수	주요항목	세부항목	세세항목
			2. 피부유형분석	1. 정상피부의 성상 및 특징 2. 건성피부의 성상 및 특징 3. 지성피부의 성상 및 특징 4. 민감성피부의 성상 및 특징 5. 복합성피부의 성상 및 특징 6. 노화피부의 성상 및 특징
			3. 피부와 영양	1. 3대 영양소, 비타민, 무기질 2. 피부와 영양 3. 체형과 영양
			4. 피부장애와 질환	1. 원발진과 속발진 2. 피부질환
			5. 피부와 광선	1. 자외선이 미치는 영향 2. 적외선이 미치는 영향
			6. 피부면역	1. 면역의 종류와 작용
			7. 피부노화	1. 피부노화의 원인 2. 피부노화현상
		15. 공중위생 관리학	1. 공중보건학 총론	1. 공중보건학의 개념 2. 건강과 질병 3. 인구보건 및 보건지표
			2. 질병관리	1. 역학 2. 감염병관리 3. 기생충질환관리 4. 성인병관리 5. 정신보건 6. 이 · 미용 안전사고
			3. 가족 및 노인보건	1. 가족보건 2. 노인보건
			4. 환경보건	1. 환경보건의 개념 2. 대기환경 3. 수질환경 4. 주거 및 의복환경
			5. 산업보건	1. 산업보건의 개념 2. 산업재해
			6. 식품위생과 영양	1. 식품위생의 개념 2. 영양소 3. 영양상태 판정 및 영양장애
			7. 보건행정	1. 보건행정의 정의 및 체계 2. 사회보장과 국제 보건기구
			8. 소독의 정의 및 분류	1. 소독관련 용어정의 2. 소독기전 3. 소독법의 분류 4. 소독인자

필기과목명	문제수	주요항목	세부항목	세세항목
			9. 미생물 총론	1. 미생물의 정의 2. 미생물의 역사 3. 미생물의 분류 4. 미생물의 증식
			10. 병원성 미생물	1. 병원성 미생물의 분류 2. 병원성 미생물의 특성
			11. 소독방법	1. 소독 도구 및 기기 2. 소독 시 유의사항 3. 대상별 살균력 평가
			12. 분야별 위생 · 소독	1. 실내환경 위생 · 소독 2. 도구 및 기기 위생 · 소독 3. 이 · 미용업 종사자 및 고객의 위생관리
			13. 공중위생관리법의 목적 및 정의	1. 목적 및 정의
			14. 영업의 신고 및 폐업	1. 영업의 신고 및 폐업신고 2. 영업의 승계
			15. 영업자 준수사항	1. 위생관리
			16. 이 · 미용사의 면허	1. 면허발급 및 취소 2. 면허수수료
			17. 이 · 미용사의 업무	1. 이 · 미용사의 업무
			18. 행정지도감독	1. 영업소 출입검사 2. 영업제한 및 개선 3. 영업소 폐쇄 4. 공중위생감시원
			19. 업소 위생등급	1. 위생서비스평가 2. 위생등급
			20. 보수교육	1. 영업자 위생교육 2. 위생교육기관
			21. 벌칙	1. 위반자에 대한 벌칙, 과징금 2. 과태료, 양벌규정 3. 행정처분
			22. 법령, 법규사항	1. 공중위생관리법시행령 2. 공중위생관리법시행규칙
		16. 화장품학	1. 화장품개론	1. 화장품의 정의 2. 화장품의 분류
			2. 화장품제조	1. 화장품의 원료 2. 화장품의 기술 3. 화장품의 특성
			3. 화장품의 종류와 기능	1. 기초 화장품 2. 메이크업 화장품 3. 모발 화장품 4. 바디(body)관리 화장품 5. 네일 화장품 6. 방향화장품 7. 에센셜(아로마) 오일 및 캐리어 오일 8. 기능성화장품

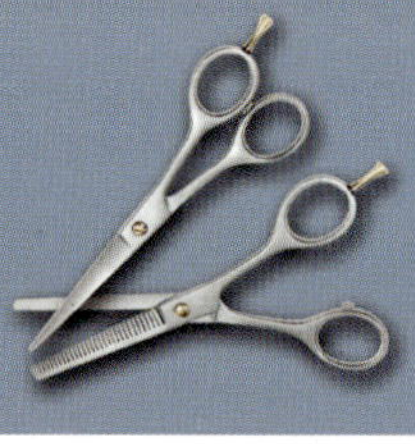

2) 실기 출제기준

- **직무분야** : 이용 · 숙박 · 여행 · 오락 · 스포츠
- **중직무분야** : 이용 · 미용
- **자격종목** : 이용사
- **적용기간** : 2016. 7. 1.~2020. 12. 31.
- **직무내용** : 고객의 인체 및 모발을 대상으로 용모를 단정하게 연출하기 위하여 이용기술을 활용하여 머리카락 또는 수염 등을 깎거나, 다듬는 방법으로 고객의 용모를 단정하게 하는 직무를 수행
- **수행준거** : 1. 이용기구의 소독 및 정비를 할 수 있다.
  2. 보통 · 장교 · 스포츠 조발 등을 할 수 있다.
  3. 면도를 능숙하게 시술할 수 있다.
  4. 두피 및 두발의 세발을 능숙하게 수행할 수 있다.
  5. 블로우 드라이 및 아이론 정발을 능숙하게 작업을 할 수 있다.
  6. 염 · 탈색을 능숙히 작업을 할 수 있다.
- **실기검정방법** : 작업형
- **시험시간** : 1시간 25분 정도

실기과목명	주요항목	세부항목	세세항목
이용실무	1. 위생관리	1. 개인위생 점검하기	1. 청결을 유지하기 위해 가운 및 타바드(이용용 앞치마)를 깨끗하고 청결하게 유지 · 점검할 수 있다. 2. 고객의 두피에 상해를 입히지 않게 하기 위해 적절한 손톱 관리 등을 할 수 있다. 3. 고객과의 대화 시 고객이 불쾌감을 느끼지 않도록 하기 위해 구강을 청결하게 유지할 수 있다.
		2 시술별 재료 준비하기	1. 타월을 위생적으로 관리할 수 있도록 소독 재료를 준비할 수 있다. 2. 빗, 가위 등 개인 용구의 소독을 위한 소독액과 여러 가지 시술 시 필요한 용구를 청결히 유지하기 위한 세척제를 준비할 수 있다.
		3. 용품 및 기구 준비하기	1. 빗, 가위 등의 용구를 소독하기 위한 자외선 소독기, 소독용구 담는 그릇, 건열 멸균기, 소독액(크레졸) 등을 준비하고 활용할 수 있다. 2. 소독용기 제조사의 설명서에 따라 관련기기를 유지관리 할 수 있다.
	2. 기본이발	1. 기본이발 사전준비하기	1. 조발도구 및 재료를 준비할 수 있다. 2. 고객의 의류와 소지품 등을 보관하고 가운을 입힐 수 있다. 3. 조발에 적합한 샴푸와 젖은 두발을 타월로 건조할 수 있다. 4. 기본 이발하기를 준비할 수 있다.
		2. 기본이발하기	1. 고객에게 어울리는 조발을 위해 관찰과 사고할 수 있다. 2. 빗과 가위를 바른 자세로 조작할 수 있다. 3. 기본 이발하기에 따라 자르기 기법을 선택할 수 있다. 4. 기본 이발 절차를 통해 조발할 수 있다.
		3. 기본이발 마무리하기	1. 제품을 사용하여 기본이발을 정발할 수 있다. 2. 고객의 만족도를 파악하여 수정 · 보완할 수 있다. 3. 기본 이발에서의 관리 또는 리셋방법을 설명할 수 있다. 4. 사용한 도구 및 재료를 위생적으로 처리할 수 있다. 5. 조발을 마친 후 주변과 오물을 분리 처리할 수 있다. 6. 고객기록카드를 작성할 수 있다.
	3. 면도	1. 면도 사전 준비하기	1. 고객의 원하는 얼굴면도를 하기 위해 상담할 수 있다. 2. 고객의 소지품을 보관하고 가운으로 갈아 입힐 수 있다. 3. 얼굴면도를 하기 위해 피부상태를 사전 점검할 수 있다. 4. 원하는 부위의 모발을 제거하고 스텐실 등을 사용하여 헤나 스티커 등 일시적인 색소 침착에 대하여 제안할 수 있다. 5. 얼굴면도 등을 실시하기 위해 면도의 도구 및 재료를 준비할 수 있다.

실기과목명	주요항목	세부항목	세세항목
		2. 얼굴면도하기	1. 고객에게 어울리는 눈썹, 수염구레나룻 등을 디자인 할 수 있다. 2. 얼굴면도 절차에 따른 기법과 방법을 선택할 수 있다. 3. 면도도구 및 재료를 사용하여 깎거나 다듬는 시술을 할 수 있다. 4. 피부의 상태에 따라 미안술 기기나 제품을 이용하여 매니플레이션을 할 수 있다.
		3. 면도 마무리하기	1. 피부의 손상여부에 따라 제품과 기술을 효율적으로 적용할 수 있다. 2. 고객의 만족도를 파악하여 수정 보완할 수 있다. 3. 면도의 관리 또는 리셋방법을 설명할 수 있다. 4. 사용한 도구 및 재료를 위생적으로 처리할 수 있다. 5. 고객에 맞는 제품추천 및 홈 케어를 제안할 수 있다. 6. 고객카드를 작성하여 각종 정보를 관리할 수 있다.
	4. 세발술	1. 샴푸 준비하기	1. 고객의 소지품을 보관하고 가운을 준비할 수 있다. 2. 넥 타월을 준비할 수 있다.. 3. 샴푸 앞장을 준비할 수 있다. 4. 두개피 유형에 따른 샴푸도구 및 재료를 준비할 수 있다. 5. 두개피 유형에 따리 트리트먼트제를 준비할 수 있다.
		2. 샴푸 시술하기	1. 모발에 브러싱을 하여 탈락된 모발과 각질을 제거할 수 있다. 2. 고객의 체온에 적정한 온수를 사용하여 샴푸할 수 있다. 3. 두개피 유형에 따라 샴푸 방법을 다르게 적용할 수 있다. 4. 샴푸 절차와 방법에 따라서 메니플레이션을 할 수 있다. 5. 염 · 탈색 샴푸는 유형에 따라 방법을 다르게 적용할 수 있다.
		3. 스캘프 매니플레이션하기	1. 피지와 각질, 오염물질 등 두피와 모발의 노폐물을 제거할 수 있다. 2. 두개피 유형에 따라 매니플래이션 기법을 다르게 적용할 수 있다. 3. 두개피 매니플래이션 시술 시 일정 거리를 유지할 수 있다. 4. 영양공급을 위해 손상된 모발에 맞는 제품을 사용할 수 있다.
		4. 마무리하기	1. 페이스라인 및 귀 뒤의 물기를 제거할 수 있다. 2. 다음 시술에 적절한 상태로 모발의 수분을 제거하고 모발이 손상 되지 않도록 타월 드라이를 할 수 있다. 3. 샴푸 후 두상과 네이프를 자극할 수 있다. 4. 샴푸 후 사용한 제품과 용기를 깨끗이 정리할 수 있다. 5. 스킨케어에 필요한 제품을 선정하여 제안할 수 있다.
	5. 정발술	1. 정발 준비하기	1. 고객의 소지품을 관리할 수 있다. 2. 상담을 통하여 고객이 원하는 디자인을 제안할 수 있다. 3. 상담을 통하여 선정된 결과를 고객 상담카드에 기록할 수 있다. 4. 정발도구 및 재료를 준비할 수 있다. 5. 고객의 안전을 관리할 수 있다.
		2. 정발 시술하기	1. 고객의 안전을 관리할 수 있다. 2. 정발에 적합한 모발의 수분을 조절할 수 있다. 3. 모량, 모질, 모류에 따라 볼륨의 증감을 조절할 수 있다. 4. 빗과 브러시를 이용하여 스트레이트, C컬, S컬 j컬 등 고객의 어울리는 스타일링을 연출할 수 있다. 5. 스타일링 제품을 도포한 후 드라이어, 아이론 기기를 사용하여 스타일을 연출할 수 있다.

실기과목명	주요항목	세부항목	세세항목
		3. 마무리하기	1. 고객의 정발상태를 체크할 수 있다. 2. 모발의 탄력성과 웨이브를 확인할 수 있다. 3. 사후 커트를 할 수 있다. 4. 고객이 원하는 형태로 스타일링 하여 마무리할 수 있다. 5. 고객의 소지품을 체크할 수 있다. 6. 고객의 청결을 관리할 수 있다. 7. 정발을 한 후 주변정리를 처리할 수 있다. 8. 고객 기록 카드를 작성할 수 있다.
	6. 아이론펌	1. 사전 준비하기	1. 상담을 통해 고객이 원하는 아이론 스타일을 제안할 수 있다. 2. 아이론도구 및 재료를 준비할 수 있다. 3. 아이론에 적합한 샴푸와 사전커트를 할 수 있다. 4. 아이론 펌 하기를 준비할 수 있다. 5. 아이론 펌 시술전 모발을 보호하기 위해 헤어케어를 할 수 있다.
		2. 아이론 펌 시술하기	1. 아이론 펌 시술에 적합한 와인딩 기법과 방법을 선택할 수 있다. 2. 아이론 기기를 바른 자세로 조작할 수 있다. 3. 아이론 펌 절차를 통해 아이론을 조작할 수 있다.
		3. 마무리하기	1. 모발에 맞는 샴푸제를 선택하여 미온수로 깨끗이 헹굴 수 있다. 2. 고객의 만족도를 파악하여 수정 보완할 수 있다. 3. 제품을 사용하여 스타일을 연출할 수 있다 4. 아이론 펌에서의 관리 또는 리셋방법을 설명할 수 있다. 5. 사용한 도구 및 재료를 위생적으로 처리할 수 있다. 6. 아이론 펌을 마친 후 주변의 오물을 분리 처리할 수 있다. 7. 고객기록카드를 작성할 수 있다.
	7. 염 · 탈색	1. 염 · 탈색 사전 준비하기	1. 고객이 요구하는 모발색을 상담할 수 있다. 2. 고객들에게 시술과정에 필요한 절차를 설명할 수 있다. 3. 고객의 두피와 모발을 관찰한 후 시술 전 · 후의 결과물과 주의사항을 설명할 수 있다. 4. 패치 테스트와 스트랜드 테스트를 적용할 수 있다. 5. 전 처치로서 샴푸와 트리트먼트를 할 수 있다. 6. 본 처리를 위해 시술 도구 및 재료를 위생적으로 준비할 수 있다.
		2. 염 · 탈색 시술하기	1. 시술목적에 적합한 조명과 도구를 선택할 수 있다. 2. 탈색과 염색에 따른 기술절차를 적용할 수 있다. 3. 염 · 탈색 시술을 위한 블로킹과 슬라이싱할 수 있다. 4. 탈색과 염색에 제품비율을 적용하여 도포할 수 있다. 5. 시술 촉진을 위해 열기구를 사용할 수 있다.
		3. 사후처리하기	1. 피부에 묻은 염모제를 제거하기 위해 에멀젼을 할 수 있다. 2. 마무리 샴푸 및 산성린스를 할 수 있다. 3. 정발 제품을 사용하여 리셋할 수 있다. 4. 고객에게 홈 케어를 설명할 수 있다. 5. 고객상담카드를 작성할 수 있다. 6. 시술하기에 사용된 도구 및 제품 등을 위생적으로 정리할 수 있다.

(2) 이용사 실기시험 문제

자격종목	이용사	과제명	성인남자의 보통조발

※ 시험시간 : 총 과제 시간 1시간 30분 (사전샴푸시간 5분 별도)

1) 요구사항

※ 지참한 마네킹에 다음 요구사항에 적합하도록 작업을 하시오.

순위	작업명 및 제한시간	작업내용 및 순서	유의사항
1	기구정비 및 소독술 (5분)	소독약을 적정비율로 조제한 다음 전기 바리캉의 몸체와 날을 분리하여 소독 후재결합 하시오. ▶ 작업순서 소독약 제조하기 → 기구 분해하기 → 기구 소독하기 → 정리 정돈하기	소독약의 취급, 소독약 제조(비율), 소독처리 및 바리캉 재결합에 유의하시오.
2	조발술 (25분)	가위와 전기바리캉을 사용하여 도면과 같이 머리카락이 귀 부분을 덮지 않은 단정한 머리형으로 조발하시오.(바리캉을 넥라인(목 뒷부분) 2cm 이하, 사이드 라인 1cm 이하의 범위로만 사용하여 올려깎기 한 후, 바리캉 부위 접합부를 가위로 그라데이션하시오.) ▶ 작업순서 커트 앞장치기 → 머리 물 분무하기 → 가르마 타기(빗질하기) → 지간깎기 → 숱고르기 → 바리캉 조발하기 → 가위와 빗으로 싱글링 커트하기 → 천가분칠하기 → 수정커트, 옆선 및 뒷선 정리하기 → 머리카락 털기 및 커트 보정리하기 → 뒷면도하기 → 정리정돈하기	도면과 같이 두발은 가지런하고 현대감각의 자연스러움과 전체적인 색조와 균형이 이루어져야 함.(뒷면도 포함, 바리캉은 지정된 부위만 사용하여야 하며, 사용 시 덧날과 빗 사용은 금지됨) '숱고르기'는 틴닝가위만, '가위와 빗으로 커트하기'와 '수정커트, 옆선 및 뒷선 정리하기'는 장가위만 사용할 수 있음.
3	면체술 (15분)	마네킹의 얼굴을 면체하시오. ▶ 작업순서 마스크 착용하기 → 면도 준비하기(의자위치, 수건대기) → 면도 거품 바르기 → 온습포대기 → 얼굴면도하기 → 얼굴 습포 세척하기 → 스킨, 로션 바르기 → 정리정돈하기	마네킹의 표면이 상하지 않도록 하여야 하며, 얼굴 부위에 적합한 면도기 사용에 유의하시오.(면체 자세, 면도기 사용 등에 중점을 두고 작업하시오.)
4	세발술 (10분)	마네킹의 두발을 좌식 세발하시오. ▶ 작업순서 세발앞장치기 → 샴푸하기 → 두정부 샴푸 마사지하기 → 모발 세척하기 → 얼굴 및 머리부위 물기 제거하기 → 타월드라이하기 → 정리정돈하기	세발술의 순서 및 원리에 입각하여 세발하시오.
5	정발술 (15분)	이용용 드라이어와 일자빗을 사용하여 조발한 두발의 앞머리를 세우고 옆머리를 구부려 정리하시오.(단, 가르마는 마네킹의 좌측 7 : 3 가르마로 표현하시오.) ▶ 작업순서 수건대기 → 핸드드라이 하기 → 정발제도포하기 → 머리정발하기 → 정리정돈하기	두발을 기초손질한 후 마네킹의 두발 성질에 적합한 정발 용품을 선택하여 사용하되 작품의 초점, 크기, 흐름 및 전체 조화미가 있도록 정발하며 필요 시 작품의 보정을 하시오.
6	아이론 (20분)	마네킹 천정부(인테리어 라인)부위의 두발을 아이론 하시오.(사전샴푸시간 5분 별도 부여) ▶ 작업순서 가발세척하기 → 재커트 하기 → 센터 중심으로 수평와인딩하기 → 양쪽 사이드사선 와인딩하기 → 정리정돈하기	배열, 균일성에 유의하여 와인딩 하시오.(12mm 아이론을 사용하여 센터 중심으로 수평 9개 이상, 양쪽 사이드 사선으로 5개 이상 와인딩 하시오.)

2) 수험자 유의사항

① 휴게 시간에 작업에 적합한 도구 및 재료를 사전에 준비하여 시작 지시와 동시에 바로 작업을 할 수 있도록 하시오.

② 소독술 작업에서 전기바리캉 날과 몸체를 분리하여 조제한 소독액에 담궈 소독 후 재결합을 하시오(단, 윗날은 분해하지 않음).

③ 소독액은 크레졸 비누액을 사용하며, 94 : 6의 비율로 희석액을 만들어 바리캉의 날을 소독하되, 소독 시 소독제의 자극취를 피하고 제품의 파손이 없도록 주의하시오.

④ 조발순서는 바르고 체계 있는 순서가 되도록 하고, 바리캉 사용 시 덧날과 빗은 사용하지 마시오.

⑤ 조발 시 두발 양에 따른 얼굴형과의 조화를 위하여 과정에 따라 이용용 가위(장 가위, 틴닝 가위 등)를 사용하여 작업하시오.

⑥ 면체시술 시 이용용 면도날을 사용하며 안전에 유의하여 작업하시오.

⑦ 화장품을 사용할 때 오염이 없도록 하며, 용기의 파손이 없도록 유의하시오.

⑧ 이용용 드라이기와 아이론은 220V 기기를 사용하시오(단, 110V 기기는 다운트랜스 지참한 경우 사용 가능함).

⑨ 바리캉의 경우, 덧날 및 자동조절 바리캉의 사용을 금지하므로 유의하시오.

⑩ 아이론 과제 시작 전 별도의 사전 샴푸 시간 5분을 부여합니다.

⑪ 다음과 같은 경우는 득점과 관계없이 채점대상에서 제외되므로 유의하시오.

가. 기권
- 중도포기하거나 한 과정이라도 응시하지 않은 경우

나. 실격
- 수험 중 검정장을 무단 이탈하는 경우
- 수험 중 타인의 도움을 받거나 타인의 수험에 방해를 한 경우

⑫ 다음과 같은 경우는 해당 세부과제 0점 처리 혹은 감점에 해당하므로 유의하시오.

가. 해당 세부과제 0점 처리
- 제시된 도구 및 기구 이외의 것을 사용하거나, 제한 시간 내 시술을 완성하지 못한 경우
- 문제에서 요구한 작업 순서를 지키지 않을 경우

나. 감점
- 바리캉 사용 시 덧날이나 자동조절 바리캉을 사용한 경우 : 조발술 해당 항목 0점

자격종목	이용사	과제명	성인남자의 보통조발	척도	NS

3) 도면

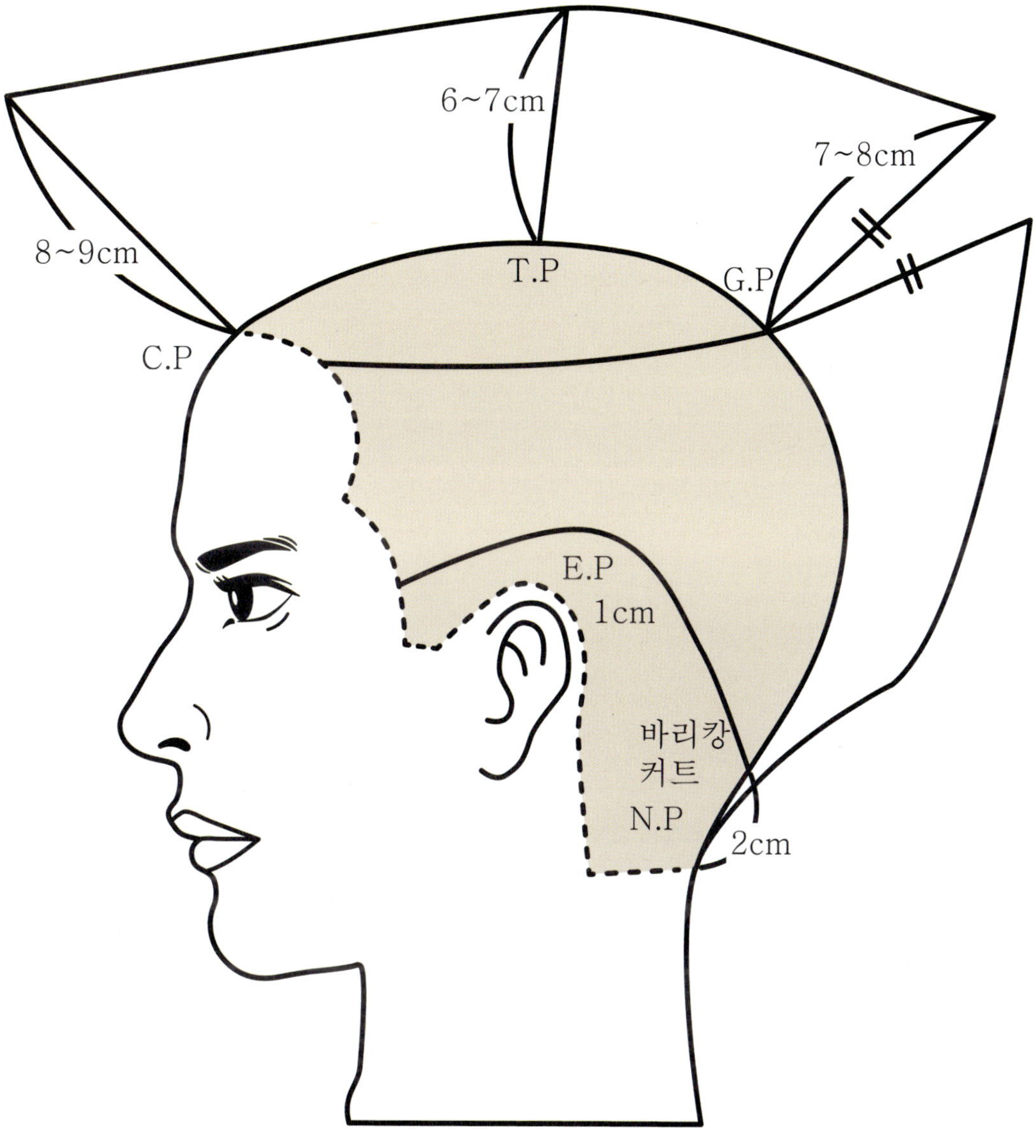

자격종목	이용사	과제명	장교머리형

※ 시험시간 : 총 과제 시간 1시간 30분 (사전샴푸시간 5분 별도)

1) 요구사항

※ 지참한 마네킹에 다음 요구사항에 적합하도록 작업을 하시오.

순위	작업명 및 제한시간	작업내용 및 순서	유의사항
1	기구정비 및 소독술 (5분)	소독약을 적정비율로 조제한 다음 전기 바리캉의 몸체와 날을 분리하여 소독 후 재결합 하시오. ▶ 작업순서 소독약 제조하기 → 기구 분해하기 → 기구 소독하기 → 정리정돈하기	소독약의 취급, 소독약 제조(비율), 소독처리 및 바리캉 재결합에 유의하시오.
2	조발술 (25분)	가위와 전기바리캉을 사용하여 도면과 같이 머리카락이 귀 부분을 덮지 않은 단정한 머리형으로 조발하시오.(바리캉을 넥라인(목 뒷부분) 3cm 이하, 사이드 라인 2cm 이하의 범위로만 사용하여 올려깎기 한 후, 바리캉 부위 접합부를 가위로 그라데이션하시오.) ▶ 작업순서 커트 앞장치기 → 머리 물 분무하기 → 가르마 타기(빗질하기) → 지간깎기 → 숱고르기 → 바리캉 조발하기 → 가위와 빗으로 싱글링 커트하기 → 천가분칠하기 → 수정커트 및 옆선 정리하기 → 머리카락 털기 및 커트 보 정리하기 → 뒷면도하기 → 정리정돈하기	도면과 같이 두발은 가지런하고 현대감각의 자연스러움과 전체적인 색조와 균형이 이루어져야 함.(뒷면도 포함, 바리캉은 지정된 부위만 사용하여야 하며, 사용 시 덧날과 빗 사용은 금지됨) '숱고르기'는 틴닝가위만, '가위와 빗으로 커트하기'와 '수정커트 및 옆선 정리하기'는 장가위만 사용할 수 있음.
3	면체술 (15분)	마네킹의 얼굴을 면체하시오. ▶ 작업순서 마스크 착용하기 → 면도 준비하기(의자위치, 수건대기) → 면도 거품 바르기 → 온습포대기 → 얼굴면도하기 → 얼굴 습포 세척하기 → 스킨로션 바르기 → 정리정돈하기	마네킹의 표면이 상하지 않도록 하여야 하며, 얼굴 부위에 적합한 면도기 사용에 유의하시오.(면체 자세, 면도기 사용 등에 중점을 두고 작업하시오.)
4	세발술 (10분)	마네킹의 두발을 좌식 세발하시오. ▶ 작업순서 세발앞장치기 → 샴푸하기 → 두정부 샴푸 마사지하기 → 모발 세척하기 → 얼굴 및 머리부위 물기 제거하기 → 타월드라이하기 → 정리정돈하기	세발술의 순서 및 원리에 입각하여 세발하시오.
5	정발술 (15분)	이용용 드라이어와 일자빗을 사용하여 조발한 두발의 앞머리를 세우고 옆머리를 구부려 정리하시오.(단, 가르마는 마네킹의 좌측 7 : 3 가르마로 표현하시오.) ▶ 작업순서 수건대기 → 핸드 드라이하기 → 정발제도포하기 → 머리 정발하기 → 정리정돈하기	두발을 기초손질한 후 마네킹의 두발 성질에 적합한 정발 용품을 선택하여 사용하되 작품의 초점, 크기, 흐름 및 전체 조화미가 있도록 정발하며 필요 시 작품의 보정을 하시오.
6	아이론 (20분)	마네킹 천정부(인테리어 라인)부위의 두발을 아이론 하시오.(사전 샴푸 시간 5분 별도 부여) ▶ 작업순서 가발세척하기 → 재커트 하기 → 센터 중심으로 수평와인딩하기 → 양쪽 사이드 사선 와인딩하기 → 정리정돈하기	배열, 균일성에 유의하여 와인딩 하시오.(12mm 아이론을 사용하여 센터 중심으로 수평 9개 이상, 양쪽 사이드 사선으로 5개 이상 와인딩 하시오.)

2) 수험자 유의사항

① 휴게 시간에 작업에 적합한 도구 및 재료를 사전에 준비하여 시작 지시와 동시에 바로 작업을 할 수 있도록 하시오.

② 소독술 작업에서 전기바리캉 날과 몸체를 분리하여 조제한 소독액에 담궈 소독 후 재결합을 하시오(단, 윗날은 분해하지 않음).

③ 소독액은 크레졸 비누액을 사용하며, 94 : 6의 비율로 희석액을 만들어 바리캉의 날을 소독하되, 소독 시 소독제의 자극취를 피하고 제품의 파손이 없도록 주의하시오.

④ 조발순서는 바르고 체계 있는 순서가 되도록 하고, 바리캉 사용 시 덧날과 빗은 사용하지 마시오.

⑤ 조발 시 두발 양에 따른 얼굴형과의 조화를 위하여 과정에 따라 이용용 가위(장 가위, 틴닝 가위 등)를 사용하여 작업하시오.

⑥ 면체시술 시 이용용 면도날을 사용하며 안전에 유의하여 작업하시오.

⑦ 화장품을 사용할 때 오염이 없도록 하며, 용기의 파손이 없도록 유의하시오.

⑧ 이용용 드라이기와 아이론은 220V 기기를 사용하시오(단, 110V 기기는 다운트랜스 지참한 경우 사용 가능함).

⑨ 바리캉의 경우, 덧날 및 자동조절 바리캉의 사용을 금지하므로 유의하시오.

⑩ 아이론 과제 시작 전 별도의 사전 샴푸 시간 5분을 부여합니다.

⑪ 다음과 같은 경우는 득점과 관계없이 채점대상에서 제외되므로 유의하시오.

가. 기권

- 중도포기하거나 한 과정이라도 응시하지 않은 경우

나. 실격

- 수험 중 검정장을 무단 이탈하는 경우
- 수험 중 타인의 도움을 받거나 타인의 수험에 방해를 한 경우

⑫ 다음과 같은 경우는 해당 세부과제 0점 처리 혹은 감점에 해당하므로 유의하시오.

가. 해당 세부과제 0점 처리

- 제시된 도구 및 기구 이외의 것을 사용하거나, 제한 시간 내 시술을 완성하지 못한 경우
- 문제에서 요구한 작업 순서를 지키지 않을 경우

나. 감점

- 바리캉 사용 시 덧날이나 자동조절 바리캉을 사용한 경우 : 조발술 해당 항목 0점

자격종목	이용사	과제명	장교머리형	척도	NS

3) 도면

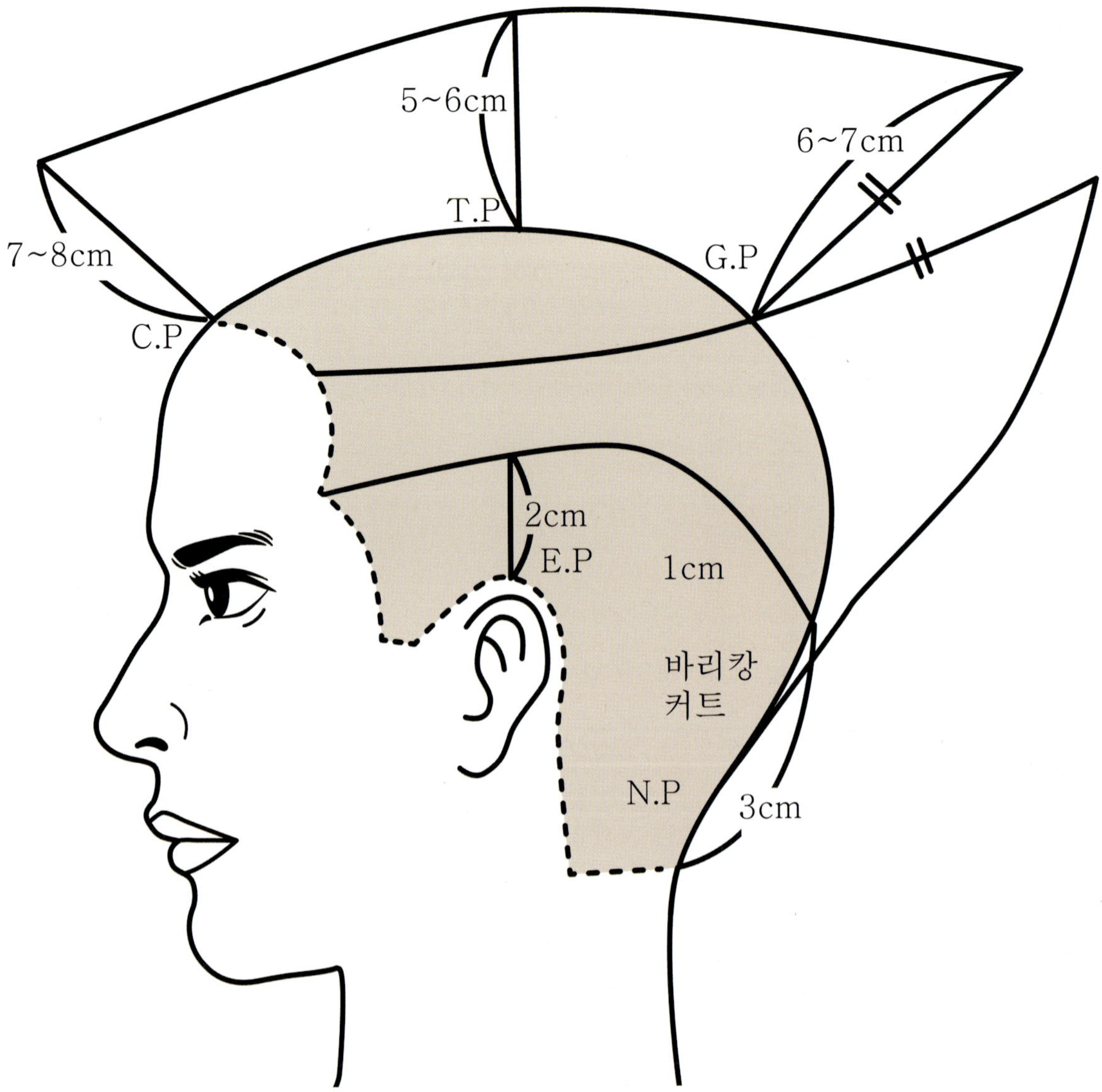

자격종목	이용사	과제명	라운드 브로스 커트 (둥근 스포츠형)

※ 시험시간 : 총 과제 시간 1시간 25분

1) 요구사항

※ 지참한 마네킹에 다음 요구사항에 적합하도록 작업을 하시오.

순위	작업명 및 제한시간	작업내용 및 순서	유의사항
1	기구정비 및 소독술 (5분)	소독약을 적정비율로 조제한 다음 전기바리캉의 몸체와 날을 분리하여 소독 후 재결합 하시오. ▶ 작업순서 소독약 제조하기 → 기구 분해하기 → 기구 소독하기 → 정리 정돈하기	소독약의 취급, 소독약 제조(비율), 소독처리 및 바리캉 재결합에 유의하시오.
2	조발술 (25분)	가위와 전기바리캉을 사용하여 도면과 같이 머리카락이 귀 부분을 덮지 않은 단정한 머리형으로 조발하시오.(바리캉을 넥라인(목 뒷부분) 4cm 이하, 사이드 라인 3cm 이하의 범위로만 사용하여 올려깎기 한 후, 바리캉 부위 접합부를 가위로 그라데이션하시오.) ▶ 작업순서 커트 앞장치기 → 머리 물 분무하기 → 거칠게 깎기 → 숱 고르기(틴닝가위) → 바리캉 조발하기 → 가위와 빗으로 커트하기 → 천가분 칠하기 → 수정커트하기 → 머리카락 및 커트보 정리하기 → 뒷면도하기 → 정리정돈하기	도면과 같이 두발은 가지런하고 현대감각의 자연스러움과 전체적인 색조와 균형이 이루어져야 함.(뒷면도 포함, 바리캉은 지정된 부위만 사용하여야 하며, 사용 시 덧날과 빗 사용은 금지됨) '거칠게 깎기'는 장가위만, '가위와 빗으로 커트하기'는 장가위와 틴닝 가위를 사용할 수 있음.
3	면체술 (15분)	마네킹의 얼굴을 면체하시오. ▶ 작업순서 마스크 착용하기 →면도 준비하기(의자위치, 수건대기) → 면도 거품 바르기 →온습포대기 →얼굴면도하기 →얼굴습포 세척하기 → 스킨로션 바르기 → 정리정돈하기	마네킹의 표면이 상하지 않도록 하여야 하며, 얼굴 부위에 적합한 면도기 사용에 유의하시오.(면체 자세, 면도기 사용 등에 중점을 두고 작업하시오.)
4	세발술 (10분)	마네킹의 두발을 좌식 세발하시오. ▶ 작업순서 세발앞장치기 → 샴푸하기 → 두정부 샴푸 마사지하기 → 모발 세척하기 → 얼굴 및 머리부위 물기 제거하기 → 타월드라이하기 → 정리정돈하기	세발술의 순서 및 원리에 입각하여 세발하시오.
5	아이론 (20분)	마네킹 천정부(인테리어 라인) 부위의 두발을 아이론 하시오. ▶ 작업순서 가발세척하기 → 재커트 하기 → 센터 중심으로 수평와인딩하기 → 양쪽 사이드 사선 와인딩하기 → 정리정돈하기	배열, 균일성에 유의하여 와인딩 하시오.(6mm 아이론을 사용하여 센터 중심으로 수평 9개 이상, 양쪽 사이드 사선으로 5개 이상 와인딩 하시오.)

2) 수험자 유의사항

① 휴게 시간에 작업에 적합한 도구 및 재료를 사전에 준비하여 시작 지시와 동시에 바로 작업을 할 수 있도록 하시오.

② 소독술 작업에서 전기바리캉 날과 몸체를 분리하여 조제한 소독액에 담궈 소독 후 재결합을 하시오(단, 윗날은 분해하지 않음).

③ 소독액은 크레졸 비누액을 사용하며, 94 : 6의 비율로 희석액을 만들어 바리캉의 날을 소독하되, 소독 시 소독제의 자극취를 피하고 제품의 파손이 없도록 주의하시오.

④ 조발순서는 바르고 체계 있는 순서가 되도록 하고, 바리캉 사용 시 덧날과 빗은 사용하지 마시오.

⑤ 조발 시 두발 양에 따른 얼굴형과의 조화를 위하여 과정에 따라 이용용 가위(장 가위, 틴닝 가위 등)를 사용하여 작업하시오.

⑥ 면체시술 시 이용용 면도날을 사용하며 안전에 유의하여 작업하시오.

⑦ 화장품을 사용할 때 오염이 없도록 하며, 용기의 파손이 없도록 유의하시오.

⑧ 이용용 드라이기와 아이론은 220V 기기를 사용하시오(단, 110V 기기는 다운트랜스 지참한 경우 사용 가능함).

⑨ 바리캉의 경우, 덧날 및 자동조절 바리캉의 사용을 금지하므로 유의하시오.

⑩ 아이론 과제 시작 전 별도의 사전 샴푸 시간 5분을 부여합니다.

⑪ 다음과 같은 경우는 득점과 관계없이 채점대상에서 제외되므로 유의하시오.

가. 기권

- 중도포기하거나 한 과정이라도 응시하지 않은 경우

나. 실격

- 수험 중 검정장을 무단 이탈하는 경우
- 수험 중 타인의 도움을 받거나 타인의 수험에 방해를 한 경우

⑫ 다음과 같은 경우는 해당 세부과제 0점 처리 혹은 감점에 해당하므로 유의하시오.

가. 해당 세부과제 0점 처리

- 제시된 도구 및 기구 이외의 것을 사용하거나, 제한 시간 내 시술을 완성하지 못한 경우
- 문제에서 요구한 작업 순서를 지키지 않을 경우

나. 감점

- 바리캉 사용 시 덧날이나 자동조절 바리캉을 사용한 경우 : 조발술 해당 항목 0점

자격종목	이용사	과제명	라운드 브로스 커트 (둥근 스포츠형)	척도	NS

3) 도면

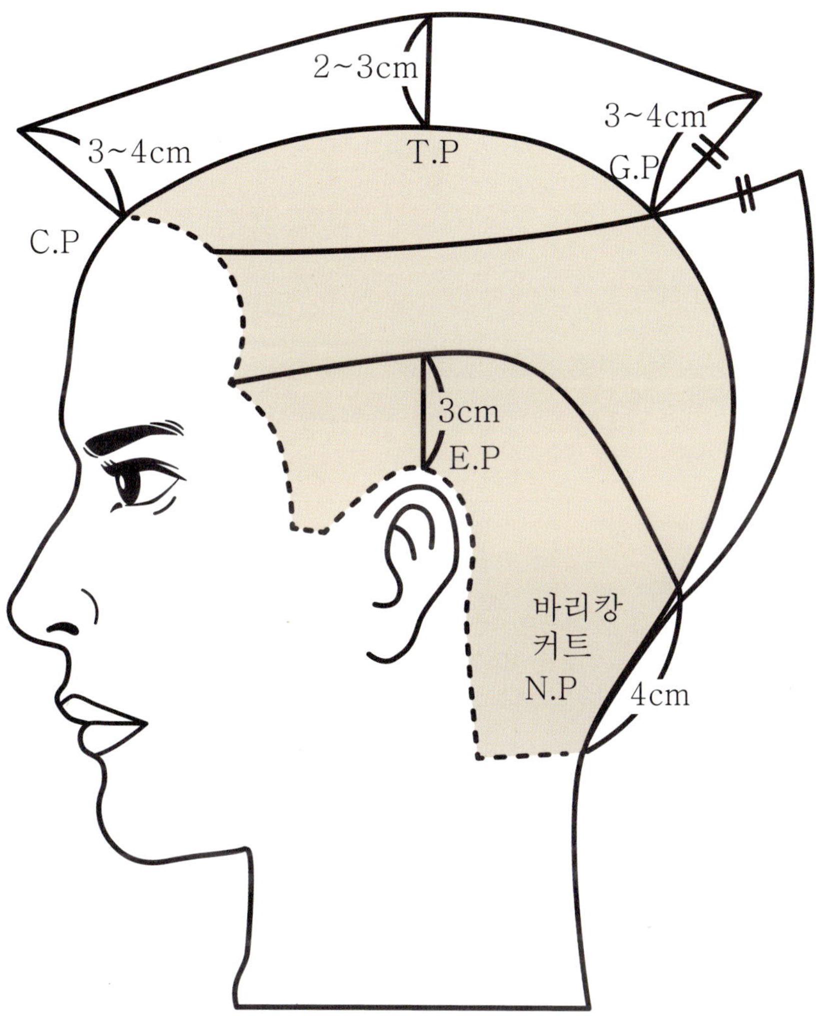

2. 이용사 자격증 실기

(1) 2017년도 이용사 종목 실기 시험 변경사항

1) 과제 변경 사항

과제 종류	변경내용	비고
보통조발	1. 각 작업별 작업순서 정의 2. 작업순서에 따른 요구사항 수정 3. 작업에 따른 사용 도구 제한 공지 4. 작업 내 유의사항 변경 등	
장교머리		
라운드 브로스		

2) 이용사 실기 과제 선정내용

	과제명	시간	과제구분	배점
1과제	기구정비 및 소독술	5분	모든과제 적용	5점
2과제	조발술	25분	보통조발, 장교 머리형	35점
		35분	라운드 브로스 커트	55점
3과제	면체술	15분	모든과제 적용	10점
4과제	세발술	10분	모든과제 적용	10점
5과제	정발술	15분	보통조발, 장교머리형	25점
6과제	아이론	20분	보통조발, 장교머리형	15점
			라운드브로스커트	20점

3) 수험자 과제 준비물

4) 지참준비물 목록

번호	재료명	규격	단위	수량	비고
1	로션	화장용	ML	1	남성용 50ml
2	위생봉지	(투명비닐)	EA	1	쓰레기처리용
3	가위	조발용	EA	1	이용용 장가위
4	틴닝가위(집게가위)	조발용	EA	1	
5	빗	조발용(대, 중, 소)	EA	3	각 1
6	빗	정발용	EA	1	
7	면도(칼)	면체용	EA	1	이용용 면도기, 면도날 포함
8	면도컵 및 브러시	면체용(비누 포함)	EA	1	각 1개
9	커트보	조발용	장	1	
10	샴푸보	세발용	장	1	
11	타월	흰색	장	6	6장 이상
12	털이개	조발용	EA	1	
13	위생복	이용사용	벌	1	
14	위생마스크	면체용	EA	1	
15	물뿌리개(분무기)	조발용	EA	1	
16	스킨(화장수)	남성용 50mL/병	병	1	사용하던 것도 무방함
17	헤어크림	남성용 50mL/병	병	1	사용하던 것도 무방함
18	포마드	남성용 50mL/병	병	1	사용하던 것도 무방함
19	샴푸 (좌식샴푸용 용기 포함)	세발용 50mL/병	병	1	사용하던 것도 무방함
20	천가분	조발용	SET	1	사용하던 것도 무방함
21	목종이(넥페이퍼)	두루말이	CM	100	사용하던 것도 무방함
22	크리넥스	화장용	장	15	사용하던 것도 무방함
23	크레졸	비누액(50%), 20mL	병	1	사용하던 것도 무방함
24	헤어드라이	정발용(110~220V)	EA	1	
25	전기바리캉	건전지용(DC 1.2V 이상)	EA	1	덧빗(덧날) 및 자동조절 (프로)바리깡 지참 불가
26	남성용 마네킹 (면체가 가능하고 재질이 부드럽고 말랑한 것)	앞머리 10cm 이상, 뒷머리(발제선) 2cm 이상의 면체시술 가능한 수염이 나 있는 마네킹, 수염의 길이는 1cm	EA	1	양미간에도 면체가 가능하고 사전에 질감처리, 약품처리, 아이론 작업을 하지 않은 것
27	아이론	6mm, 12mm	SET	1	각 1
28	아이론 오일	아이론 작업용	통	1	
29	다운트렌스	220V → 110V (110V용 기구 사용시)	기타	1	110V용 기구 사용 시에만
30	아이론 빗	아이론 작업용	EA	1	

5) 유의사항

① 휴게 시간에 작업에 적합한 도구 및 재료를 사전에 준비하여 시작 지시와 동시에 바로 작업을 할 수 있도록 하시오.

② 소독술 작업에서 전기바리캉 날과 몸체를 분리하여 조제한 소독액에 담궈 소독 후 재결합을 하시오(단, 윗날은 분해하지 않음).

③ 소독액은 크레졸 비누액을 사용하며, 94 : 6의 비율로 희석액을 만들어 바리캉의 날을 소독하되, 소독 시 소독제의 자극취를 피하고 제품의 파손이 없도록 주의하시오.

④ 조발순서는 바르고 체계 있는 순서가 되도록 하고, 바리캉 사용 시 덧날과 빗은 사용하지 마시오.

⑤ 조발 시 두발 양에 따른 얼굴형과의 조화를 위하여 과정에 따라 이용용 가위(장 가위, 틴닝 가위 등)를 사용하여 작업하시오.

⑥ 면체시술 시 이용용 면도날을 사용하며 안전에 유의하여 작업하시오.

⑦ 화장품을 사용할 때 오염이 없도록 하며, 용기의 파손이 없도록 유의하시오.

⑧ 이용용 드라이기와 아이론은 220V 기기를 사용하시오(단, 110V 기기는 다운트랜스 지참한 경우 사용 가능함).

⑨ 바리캉의 경우, 덧날 및 자동조절 바리캉의 사용을 금지하므로 유의하시오.

⑩ 아이론 과제 시작 전 별도의 사전 샴푸 시간 5분을 부여합니다.

⑪ 다음과 같은 경우는 득점과 관계없이 채점대상에서 제외되므로 유의하시오.

가. 기권
- 중도포기하거나 한 과정이라도 응시하지 않은 경우

나. 실격
- 수험 중 검정장을 무단 이탈하는 경우
- 수험 중 타인의 도움을 받거나 타인의 수험에 방해를 한 경우

⑫ 다음과 같은 경우는 해당 세부과제 0점 처리 혹은 감점에 해당하므로 유의하시오.

가. 해당 세부과제 0점 처리
- 제시된 도구 및 기구 이외의 것을 사용하거나, 제한 시간 내 시술을 완성하지 못한 경우
- 문제에서 요구한 작업 순서를 지키지 않을 경우

나. 감점
- 바리캉 사용 시 덧날이나 자동조절 바리캉을 사용한 경우 : 조발술 해당 항목 0점

⑬ 아이론 과제 시작 전 별도의 사전 샴푸 시간 5분을 부여합니다(성인 남자의 보통조발과 장교머리형에만 해당함).

⑭ 제시된 도구 및 기구 이외의 것을 사용 시, 해당과제 채점대상에서 제외됩니다.

※ 부정의 소지가 있는 특별한 표식이 있는 재료나 공구를 준비해 온 경우, 마네킹에 필요 이상의 사전 작업을 해온 경우(사전 질감처리, 약품처리, 아이론 작업처리 등) 채점대상에서 제외될 수 있습니다.

※ 부정의 소지가 있는 특별한 표식이 있는 재료나 공구를 준비해 온 경우, 마네킹에 필요 이상의 사전 작업을 해온 경우(사전 질감처리, 약품처리, 아이론 작업처리 등) 채점대상에서 제외될 수 있습니다.

※ Q-net의 자료실에서 실기시험 공개문제를 반드시 확인하시고, 변경되는 사항을 사전에 준비하여 시험에 임하십시오.

출처 : 한국산업인력공단 큐넷(http://www.q-net.or.kr)

6) 수험자 복장

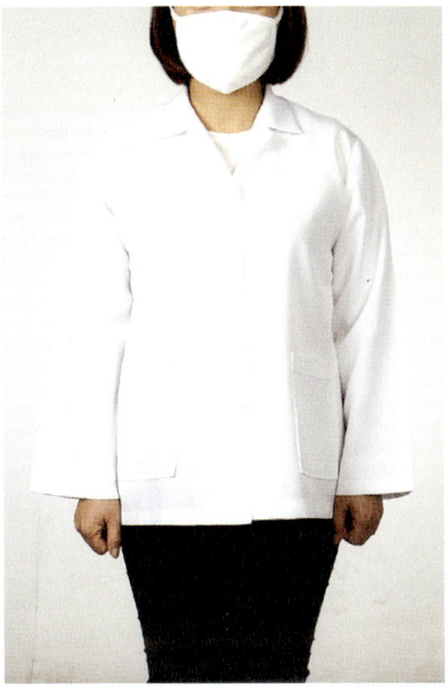

– 이용사 전용 위생복 착용

– 기구 정비 및 소독술, 면체술 과제 시 마스크 착용

(2) 이용사 실기시험 사전 마네킹 준비사항

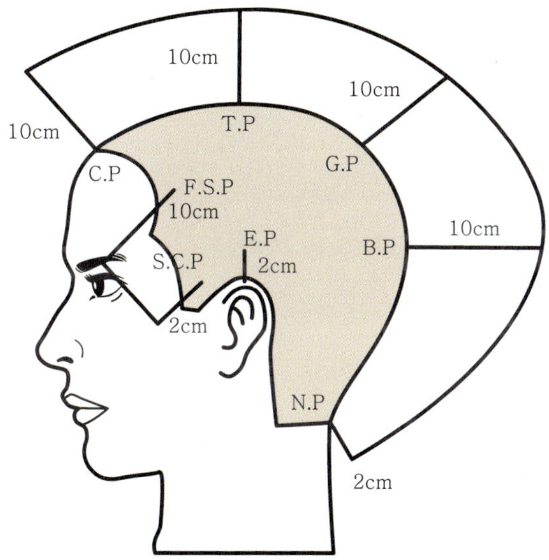

• 이용사 실기시험의 남성용 마네킹은 면체가 가능하고 재질이 부드럽고 말랑한 것으로 준비한다.

• 인테리어의 길이는 10cm 이상이 되어야 하며 뒷머리(발제선 부위)와 귀윗머리 부분은 2cm 이상 되어야 한다.

• 수염의 길이는 1cm 이상 되어야 한다.

(3) 시험 전 사전 커트 & 수염 정리

1) 사전 커트

1. 센터를 중심으로 가이드 10cm 맞추어 일반시술각 90° 온베이스 커트

2~3. 사이드 가이드 10cm 맞추어 일반시술각 90° 온베이스 커트

4. 크라운 부분 10cm 맞추어 일반시술각 90° 온베이스 커트

5~6. 백부분 10cm 맞추어 일반시술각 90° 온베이스 커트

7~9. 네이프 부분 10cm 맞추어 일반시술각 90° 온베이스 커트

10. Ear Line 2cm 가이드로 자른 뒤 자연스럽게 싱글링으로 연결

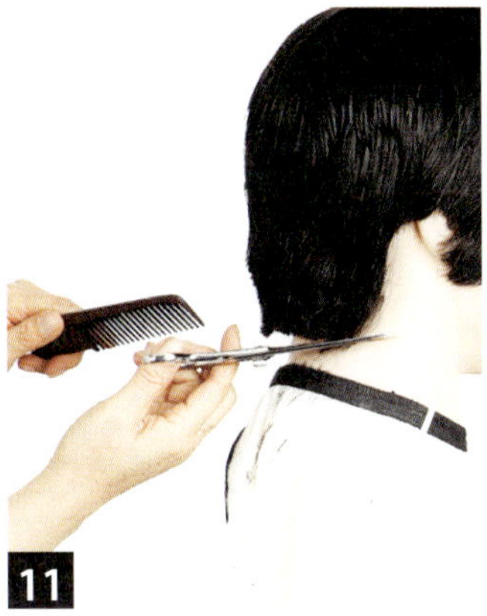

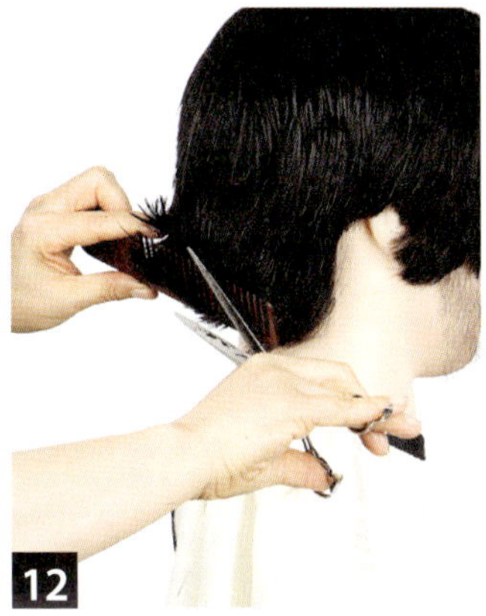

11~12. 네이프 부분도 2cm 가이드 설정한 뒤 자연스럽게 싱글링으로 오른쪽 Ear Line과 연결

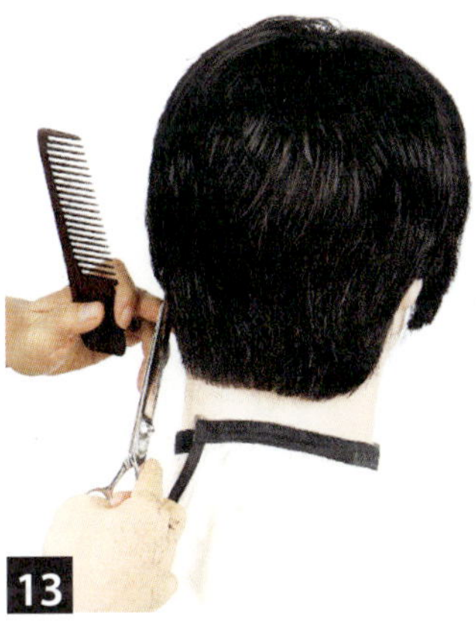

13~15. 왼쪽 네이브 부분 2cm 가이드 설정한 뒤 자연스럽게 싱글링으로 왼쪽 Ear Line과 연결

16. 완성된 앞모습

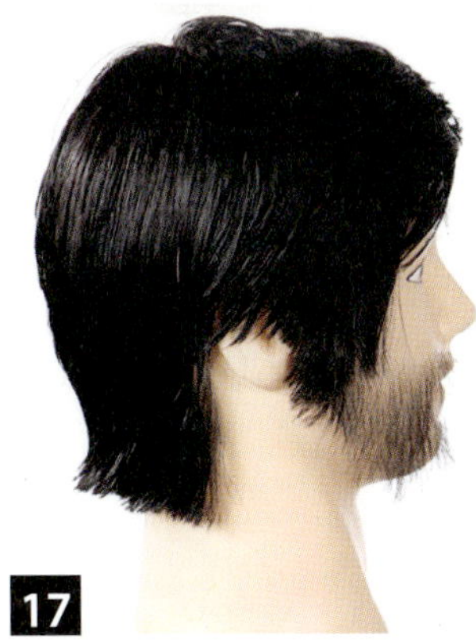

17. 완성된 오른쪽 모습

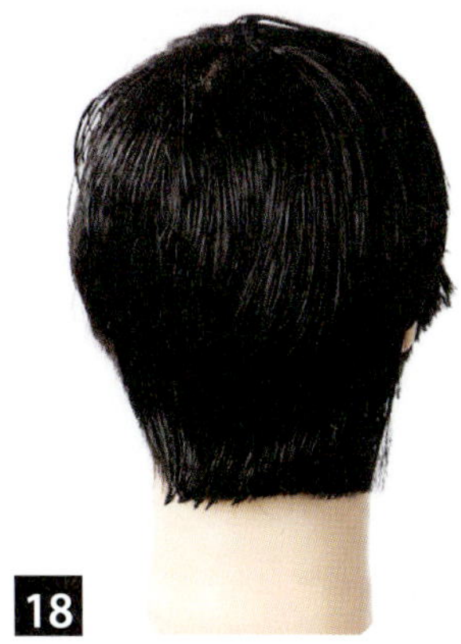

18. 완성된 뒷모습

2) 사전 수염 정리

1. 10~15mm 클리퍼 잭을 끼우고 모근 반대방향으로 정리한다.

2~3. 턱의 굴곡을 따라 모근 반대방향으로 정리한다.

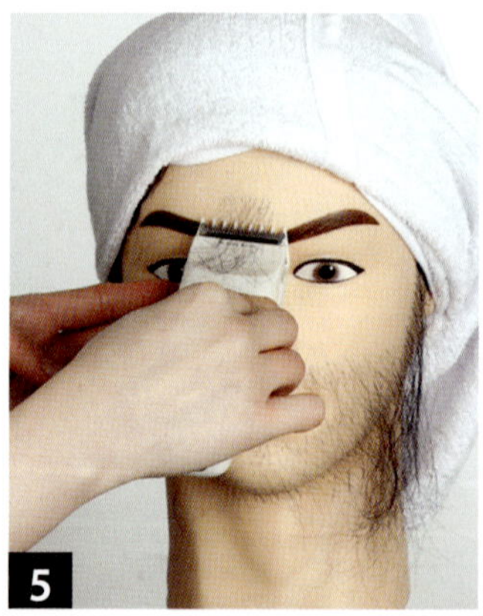

4. 인중 부위도 클리퍼를 대고 손가락으로 모발을 살짝 눌러 커트한다.

5. 미간 부위의 수염도 아래서 윗 방향으로 밀어준다.

6. 왼쪽 수염도 같은 방법으로 정리한다.

7. 완성된 앞모습

(4) 기구 정비 및 소독술 (작업시간 : 5분)

1) 기구 정비 소독술 개요

소독약을 적정 비율로 조제한 다음 전기 바리캉의 몸체와 날을 분리하여 소독 후 재결합한다.

2) 작업순서

소독약 제조하기 → 기구분해하기 → 기구소독하기 → 정리정돈하기

3) 유의사항

① 소독약은 그늘진 곳에 보관한다.

② 적정 비율로 소독약을 제조(비율)한다.

③ 소독 처리 후 물기가 있지 남아있지 않도록 주의한다.

④ 바리캉 분리 및 재결합 시 능숙하게 진행할 수 있도록 한다.

4) 소독약 혼합 비율 (94 : 6)

① 100ml = 물94ml + 크레졸 비누액(50%) 6ml

② 200ml = 물188ml + 크레졸 비누액(50%) 12ml

③ 300ml = 물282ml + 크레졸 비누액(50%) 18ml

5) 사전준비사항

크레졸 비누액(50%), 비이커, 메스실린더, 교반기, 클리퍼, 스파튤라, 핀셋, 티슈, 마스크

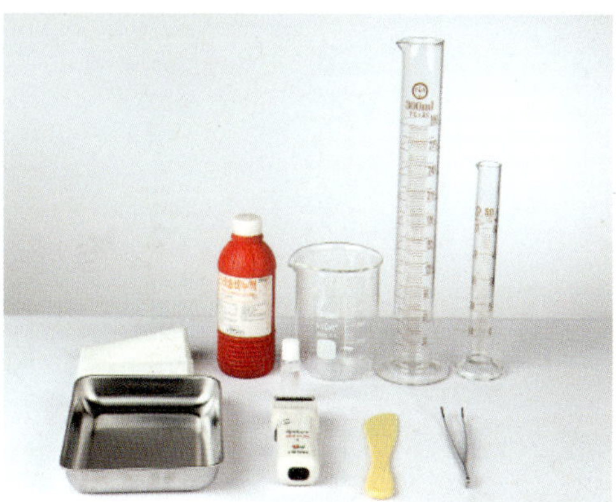

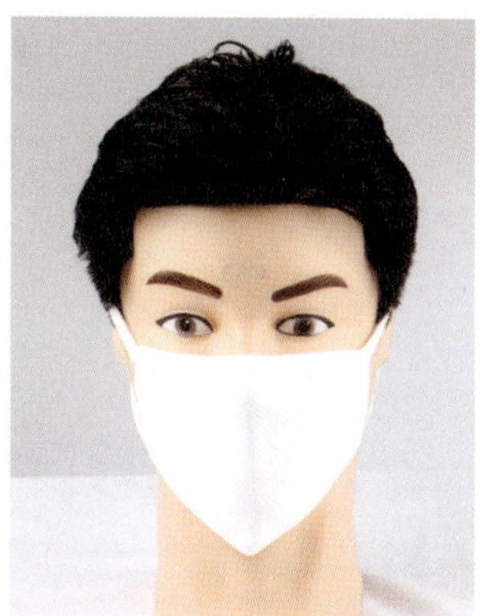

시술전 마스크 착용

6) 시술절차

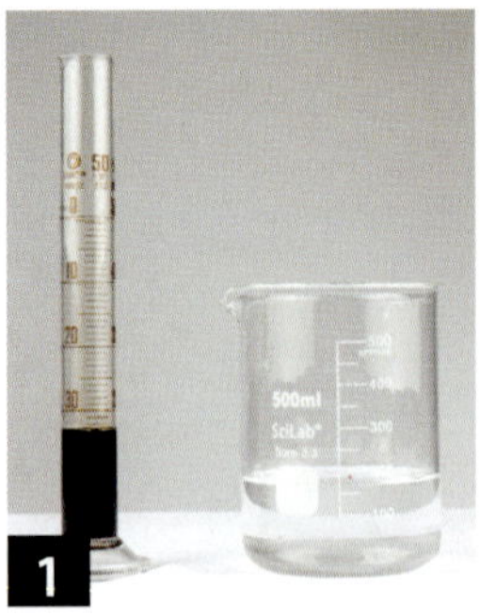

1. 200ml의 소독액을 만들기 위해 물 188ml + 크레졸 비누액(50%) 12ml을 준비한다.

2. 물에 크래졸 비누액을 넣어준다.

3. 스파튤라를 이용해 섞는다.

4. 교반기에 섞은 소독액을 부어준다.

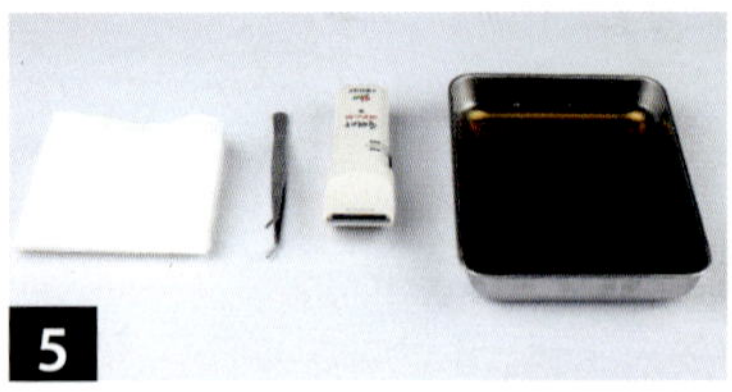

5. 클리퍼와 핀셋, 티슈를 준비한다.

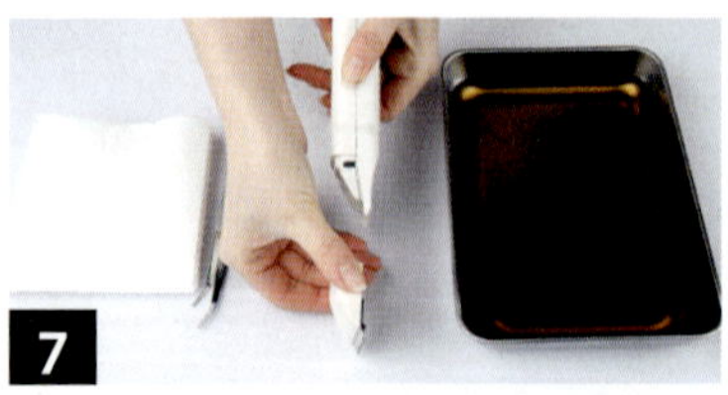

6~7. 왼손으로 클리퍼 손잡이를 잡고 오른손으로 클리퍼 앞부분을 당겨 분리한다.

8. 날 부분을 핀셋으로 잡고 교반기에 넣어 소독한다.

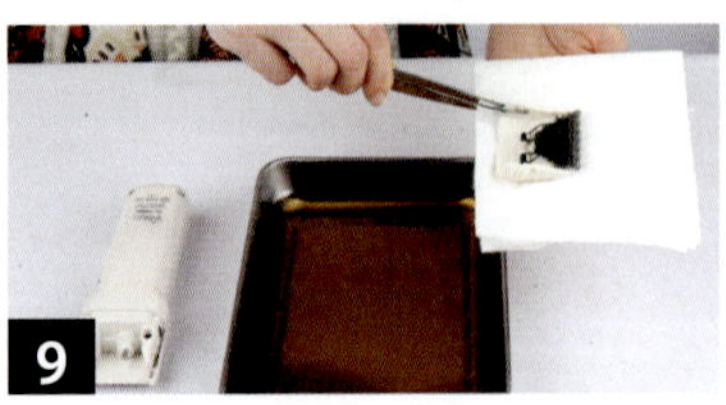

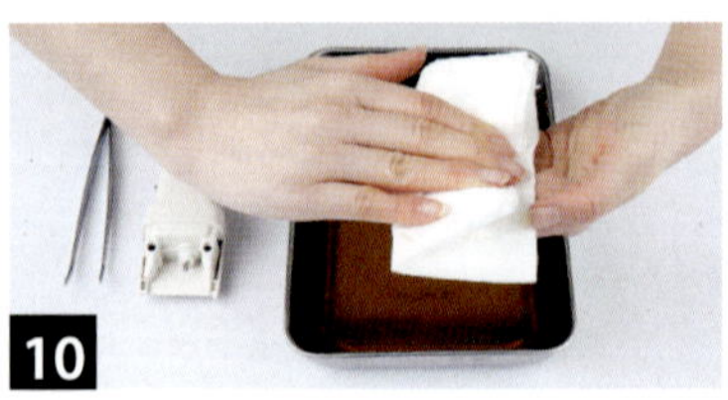

9~10. 티슈에 클리퍼 날을 올려 놓고 손으로 눌러 물기를 제거한다.

11. 날 부분을 엄지로 눌러 벌리고 날 사이에 티슈를 물어 물기를 제거한다.

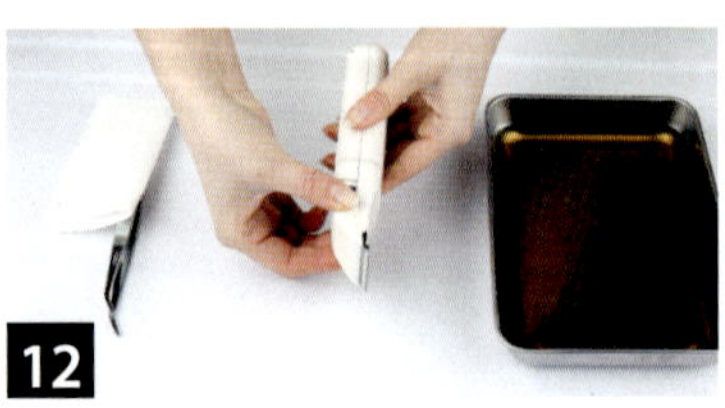

12. 클리퍼 날을 재결합한다.

13. 클리퍼 오일을 날 위에 살짝 도포한다.

14. 손을 들어 심사위원을 부른 뒤 클리퍼를 작동시킨다.

(5) 조발술 (작업시간 25~35분)

1) 기구 정비 소독술 개요

조발술(調髮術)이란 '머리털을 깎아 다듬다'라는 뜻으로 가위와 틴닝, 전기 바리캉을 사용하여 단정한 형태로 자르는 것을 말한다.

2) 작업순서

커트 앞장 치기 → 머리 물 분무하기 → 기르마 타기(빗질하기) → 지간깎기 → 숱 고르기 → 바리캉 조발하기 → 가위와 빗으로 싱글링 커트하기 → 천가분 칠하기 → 수정커트, 옆선 및 뒷선정리하기 → 머리카락 털기 및 커트보 정리하기 → 뒷면도하기 → 정리정돈하기

3) 유의사항

① 도면과 같이 전체적인 색조와 균형이 이루어져야 한다.
② 바리캉은 지정 부위만 사용하며 덧날과 빗은 사용하지 않는다.
③ '숱고르기' 는 틴닝만 사용한다.
④ '가위와 빗 사용하기', '수정커트, 옆선 및 뒷선 정리하기'는 장가위만 사용한다.

4) 사전준비사항

크레졸 비누액(50%), 비이커, 메스실린더, 교반기, 클리퍼, 스파튤라, 핀셋, 티슈, 마스크

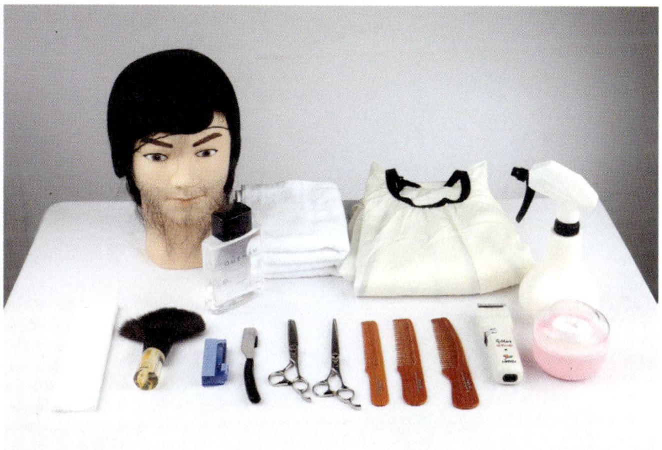

5) 시술절차

보통 조발형 (25분)

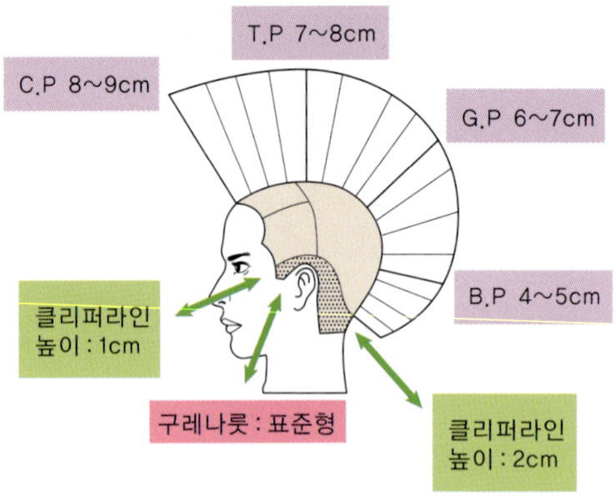

1~2. 넥페이퍼를 두른다.

3. 커트보를 착용한다.

4. C.P를 가이드로 8~9cm 두상각 90˚ 온베이스로 커트한다.

5~6. 센터를 2cm 간격으로 섹션을 잡아 T.P 6~7 가이드에 맞추어 지간깎기 한다.

7~9. G.P 7~8cm가 되도록 연결하여 커트한다.

10~12. 센터로 가르마를 나누어 센터를 가이드 라인으로 두상각 90° 온베이스로 지간깎기 한다.

13~15. 오른쪽 두정부도 두상각 90° 온베이스로 지간깎기 한다.

16~18. 크라운 부분도 두상각 90° 온베이스로 지간깎기 한다.

19~21. 오른쪽사이드에서 왼쪽사이드로 돌려깎기 한다.

22~24. 네이프 부분도 연결하여 커트한다.

25~27. 틴닝을 이용해 커트와 동일한 순서와 방법으로 모발 1/3 지점을 테이퍼링 한다.

28~30. 빗과 틴닝을 사용하여 네이프와 사이드 부분을 테이퍼링 한다.

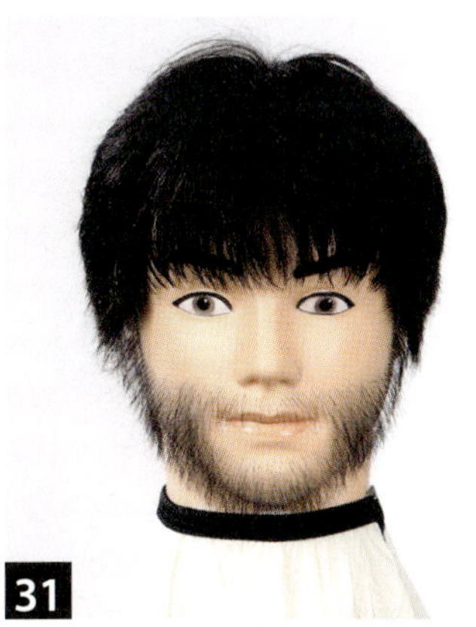

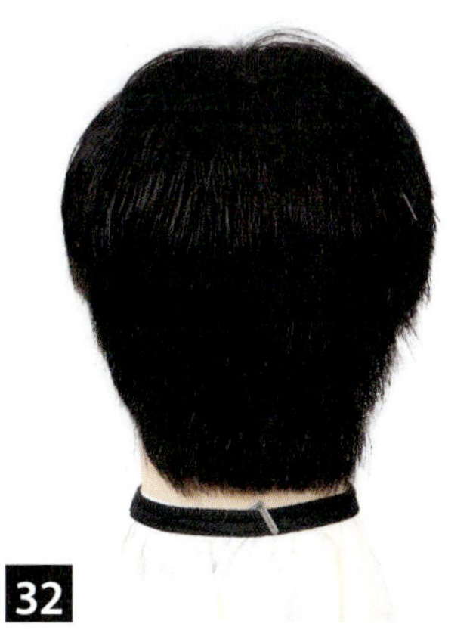

31~32. 가위 커트 완성사진

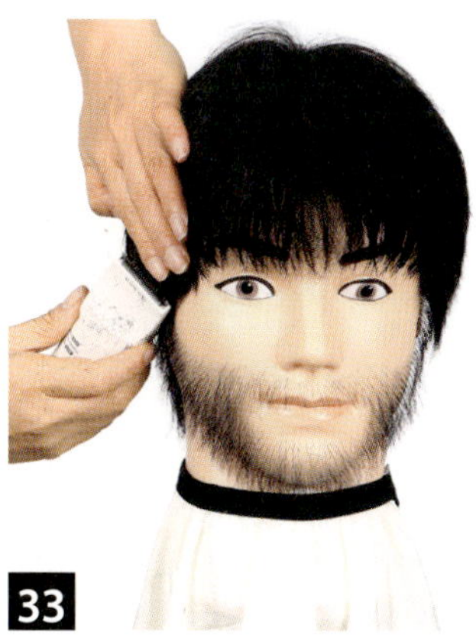

33. 귀 위 1cm 부분에 손가락을 대고 클리퍼를 밀어 올린다.

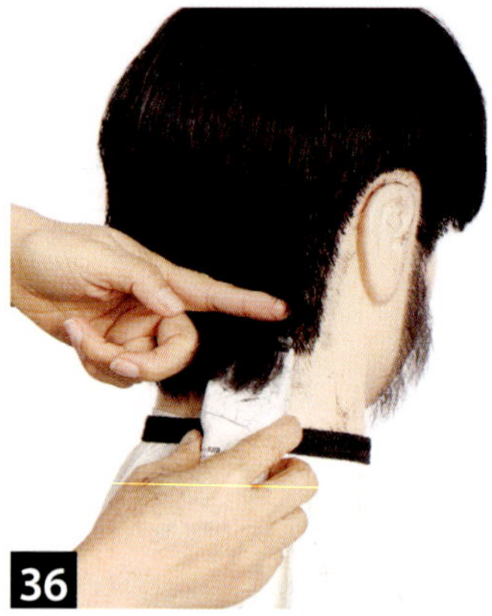

34~35. 귀 라인 부분도 1cm가 넘지 않도록 클리퍼로 귓바퀴 부분을 회전하여 밀어준다.

36. 네이프 발제선에서 2cm 높이에 손가락을 대고 클리퍼를 밀어 올린다.

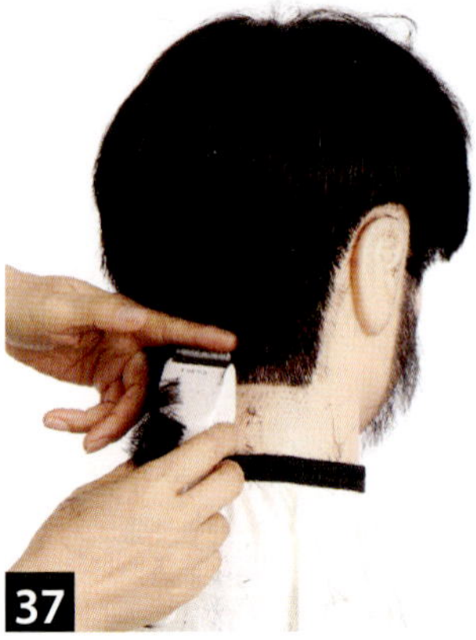

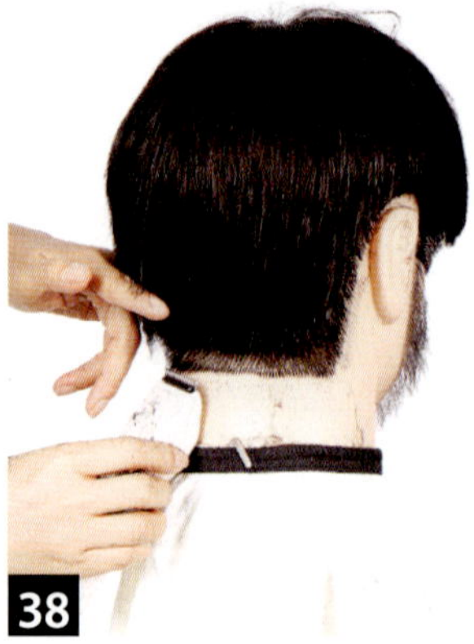

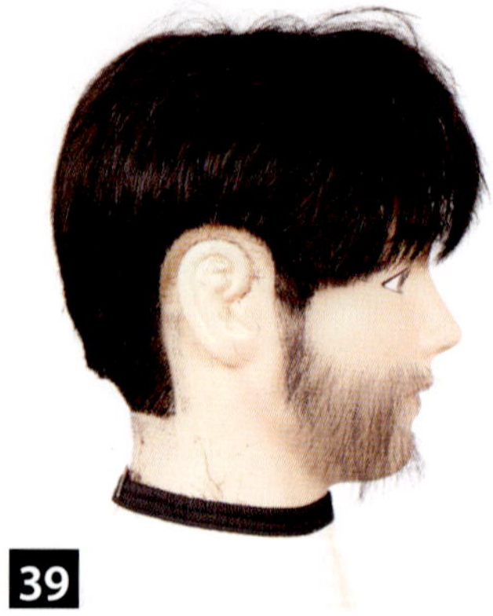

37~39. 동일한 방법으로 네이프 부분을 진행한다.

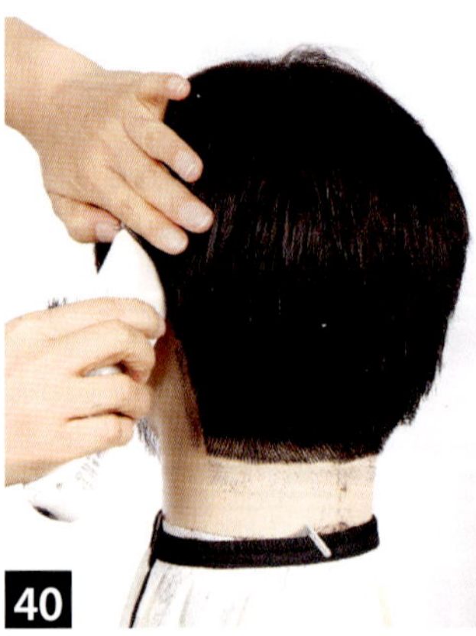

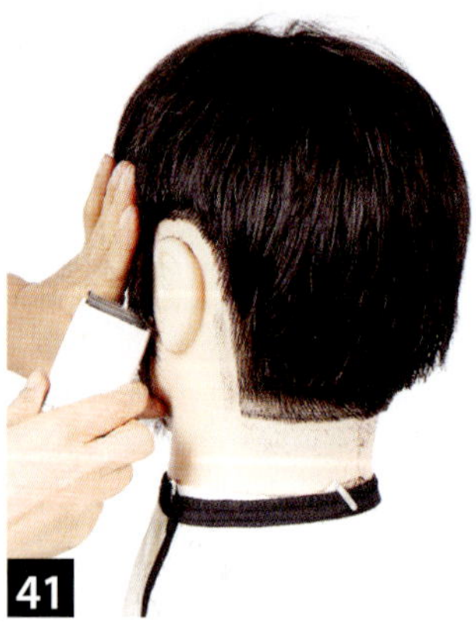

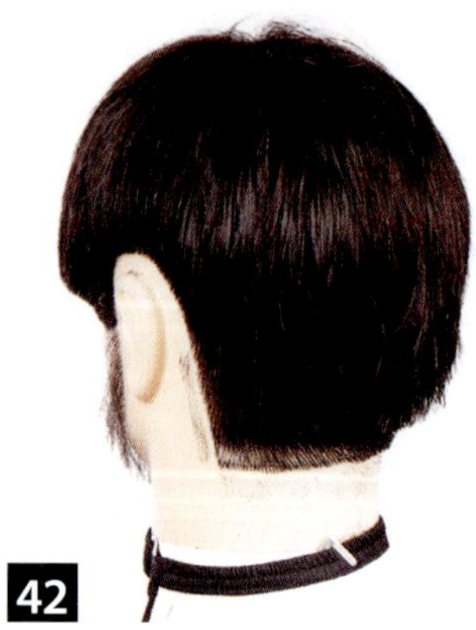

40~42. 왼쪽 사이드도 동일한 방법으로 클리퍼로 커트한다.

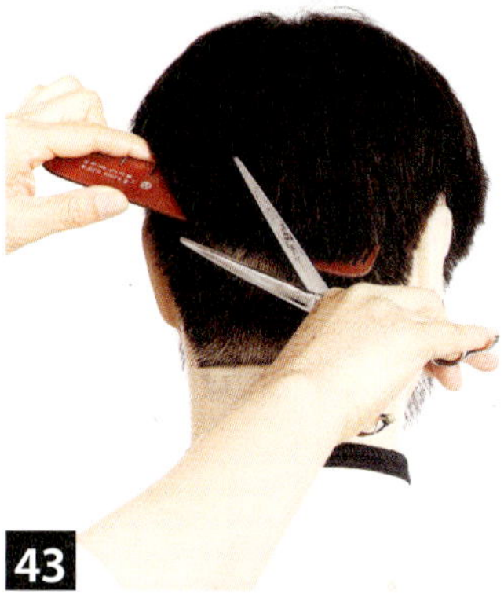

43~45. 빗과 가위를 사용해 싱글링 커트하여 자연스럽게 연결한다.

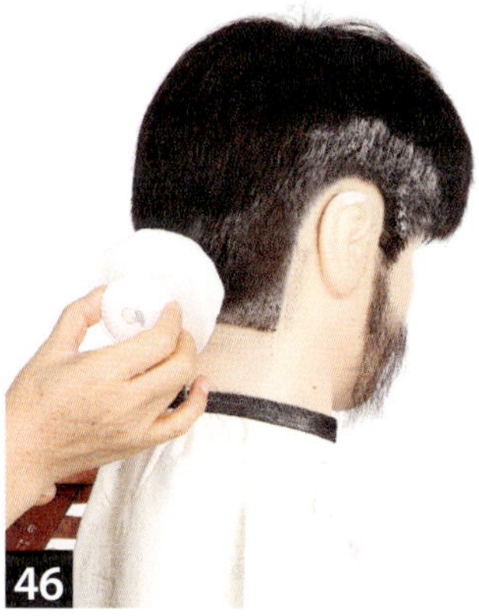

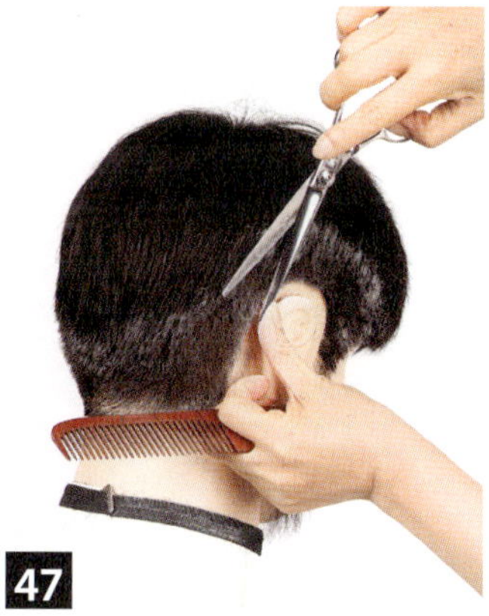

46~48. 이어 라인과 네이프에 천가분을 칠하고 수정커트 한다.

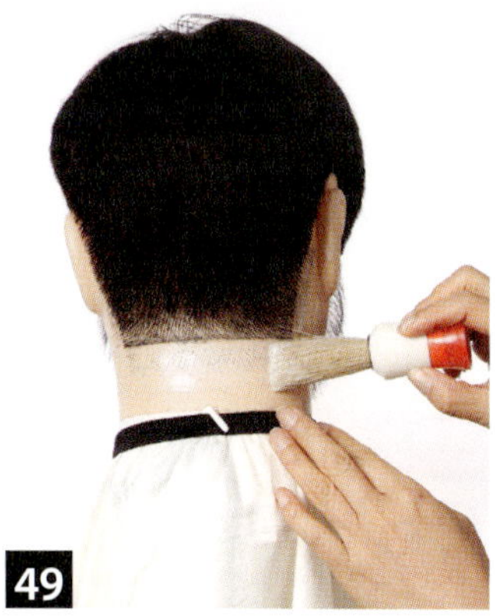

49. 뒷 면체를 위해 면도크림을 도포한다.

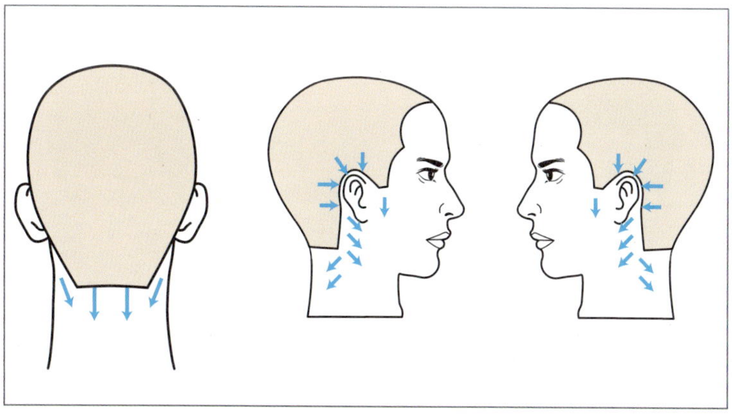

뒷면체 시술 방향

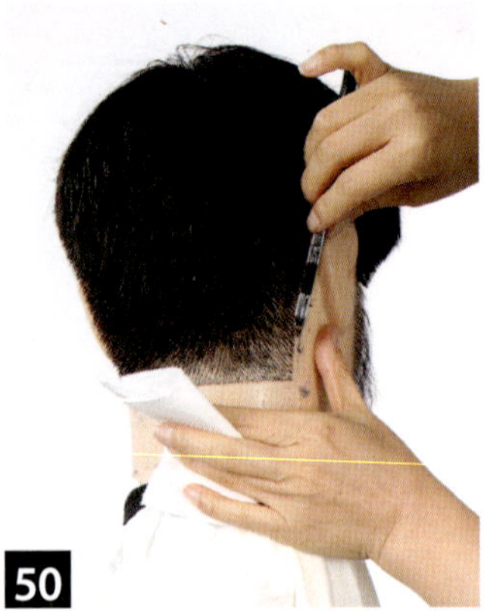

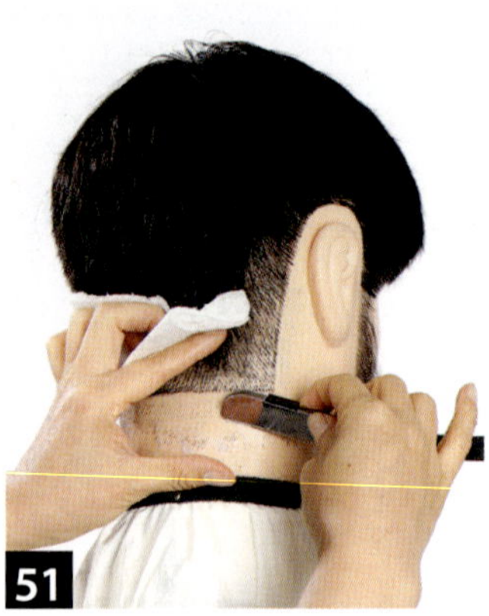

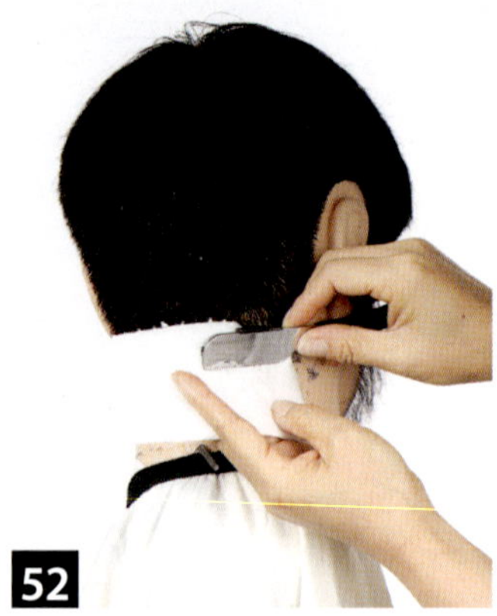

50~52. 프리핸드 기법으로 오른쪽 이어 라인과 네이프 부분의 피부를 당기며 면도한다.

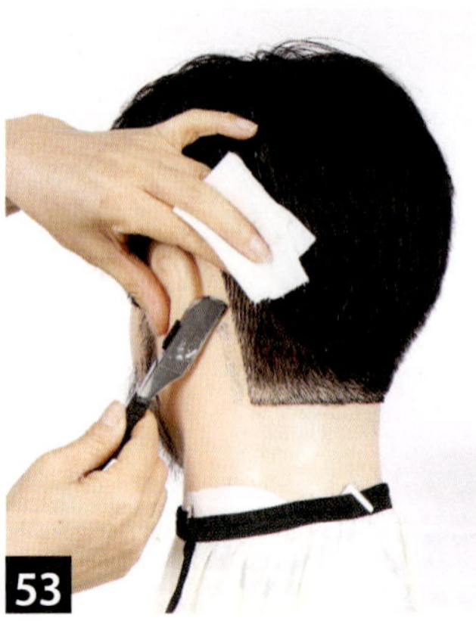

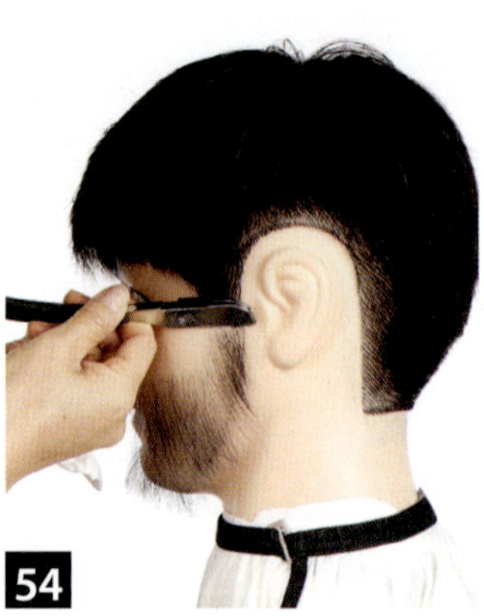

53~55. 백핸드 기법으로 왼쪽 이어 라인과 구렛나루 부분을 면도한다.

56. 털이솔로 모발을 털어준다.

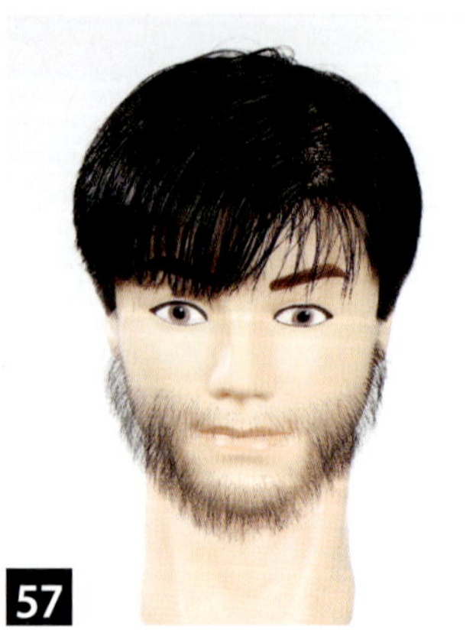

57. 완성된 앞모습

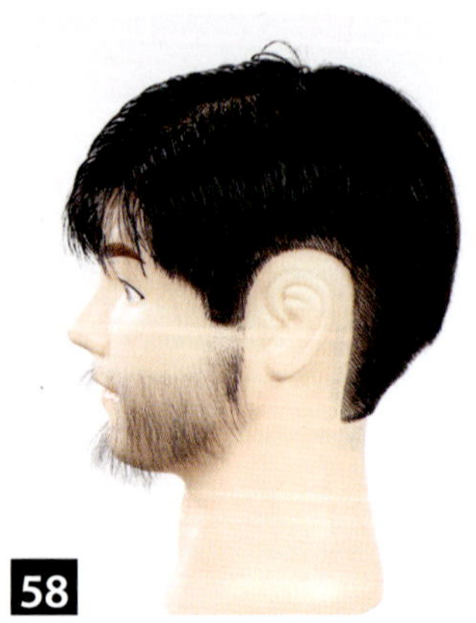

58. 완성된 왼쪽 모습

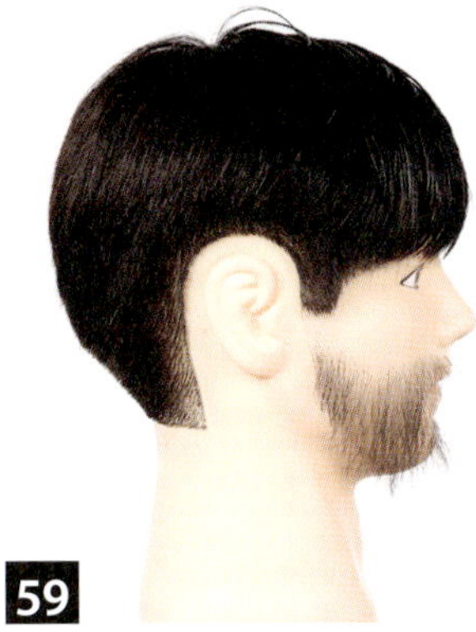
59. 완성된 오른쪽 모습

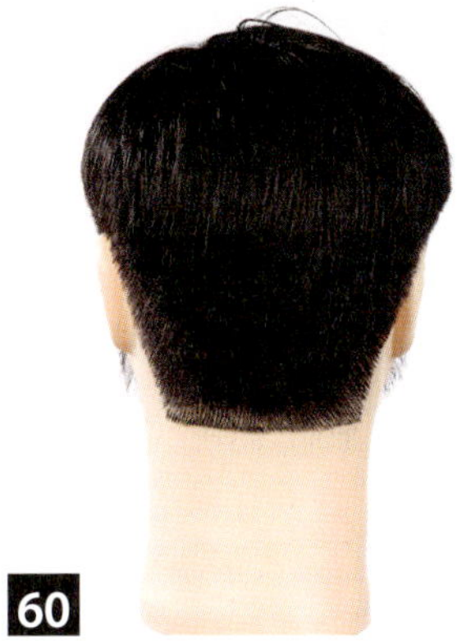
60. 완성된 뒷모습

장교머리형 (25분)

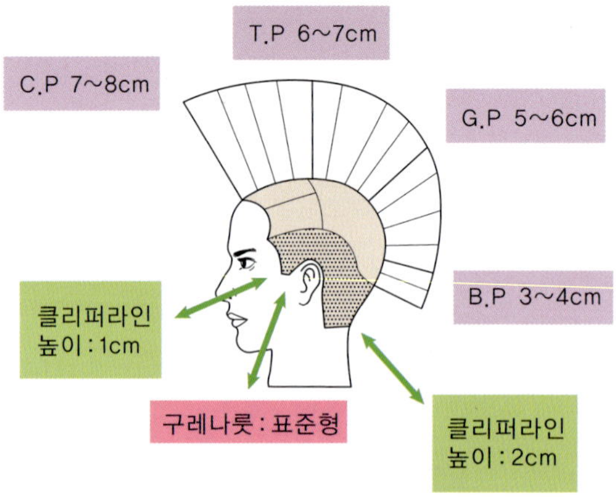

1

2

1~2. C.P 수평섹션, 두상각 90˚, 온베이스, 가이드 라인 7~8cm로 커트한다.

3

4

5

3~4. C.P를 중심으로 수직 섹션, T.P 5~6cm 가이드 설정 후 C.P와 T.P를 연결한다.

5. G.P 가이드 6~7cm 설정 후 T.P와 연결한다.

6. 오른쪽부터 센터 가이드에 맞추어 두상각 90°, 온베이스, 지간깎기 한다.

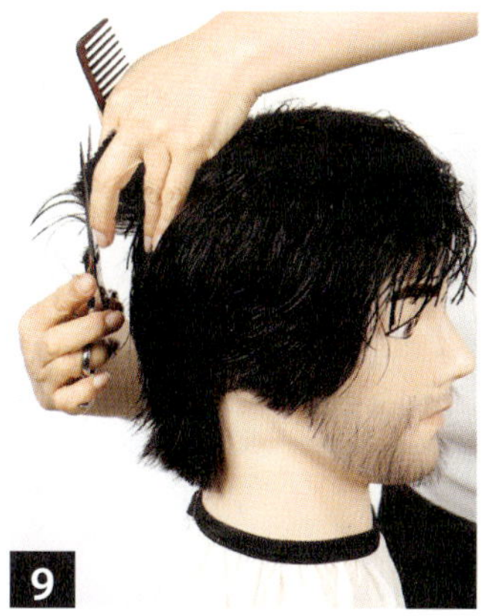

7~9. 왼쪽 방향으로 돌아가며 지간깎기 한다.

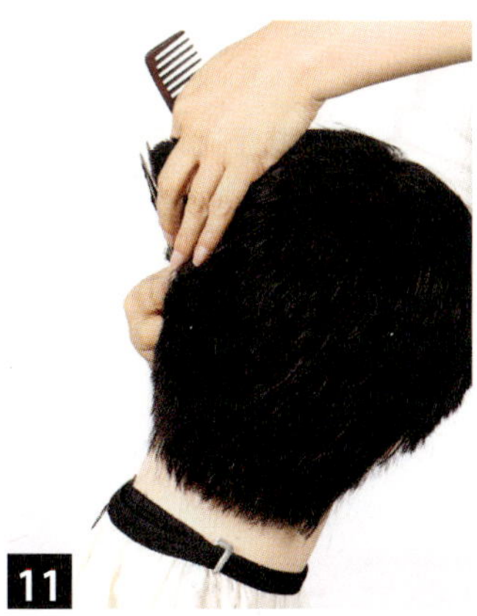

10~11. 미들존, 네이프 부분도 그래쥬에이션으로 지간깎기 한다.

12. 커트와 동일한 방법으로 모발의 1/3을 틴닝을 이용해 테이퍼링 한다.

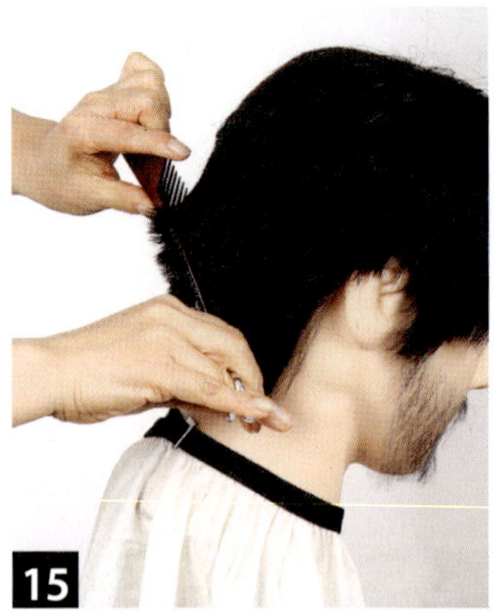

13~15. 네이프와 이어 라인 부분도 빗과 틴닝을 이용해 테이퍼링한다.

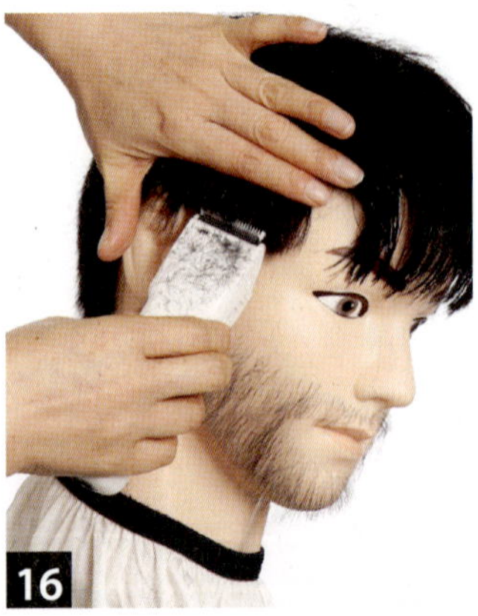

16. 사이드 부분 E.P 2cm 윗 부분에 손가락을 올려놓고 클리퍼로 올려친다.

17~18. 이어 라인 부분은 귓바퀴를 따라 회전하며 모발을 제거한다.

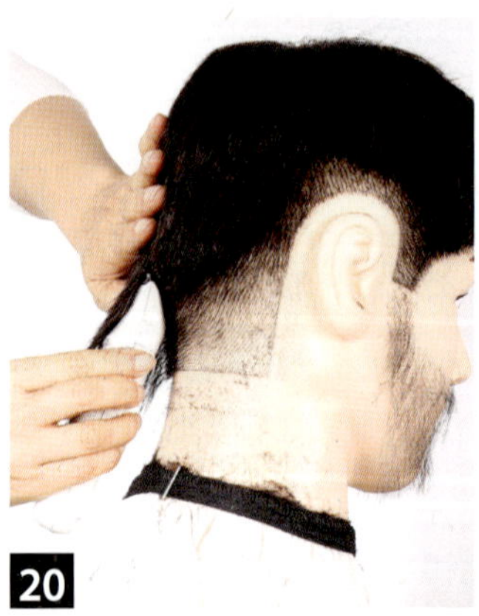

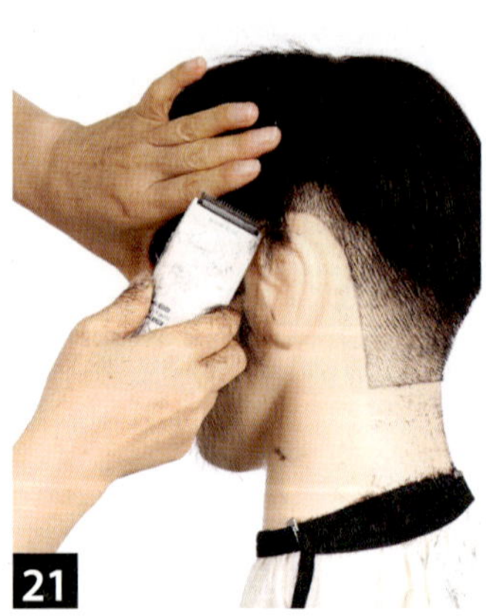

19~20. 네이프 부분도 발제선에서 3cm 위에 손가락을 대고 클리퍼를 올려친다.

21. 왼쪽 사이드도 동일하게 연결한다.

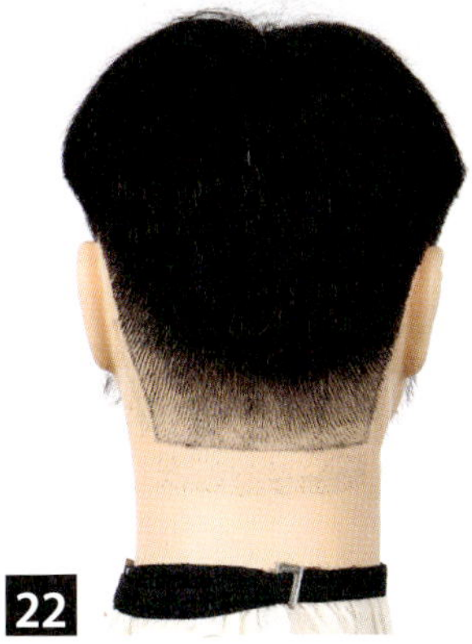

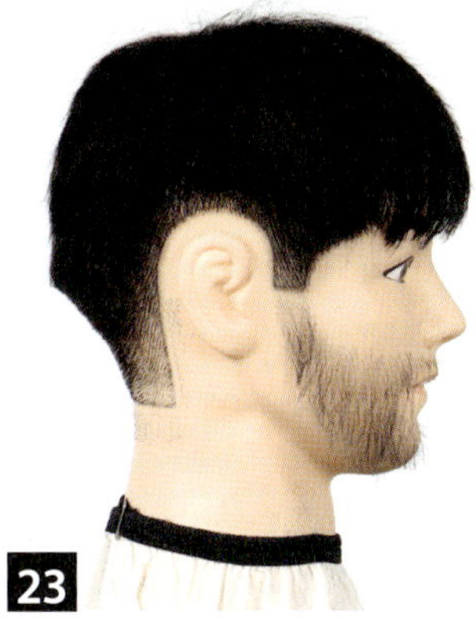

22~23. 클리퍼 완성

24. 장가위를 사용해 빗으로 코너 부위를 제거한다.

25~26. 싱글링 기법으로 사용해 자연스럽게 그라데이션 될 수 있도록 커트한다.

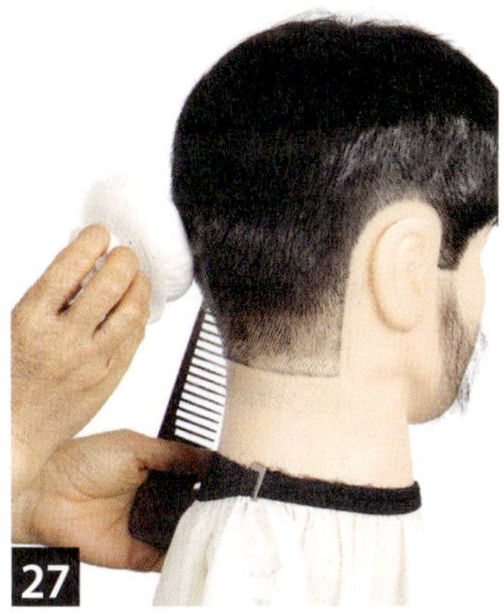

27. 천가분을 칠한다.

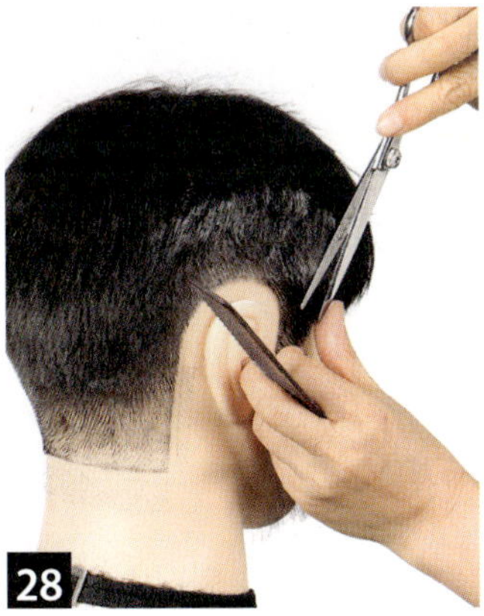

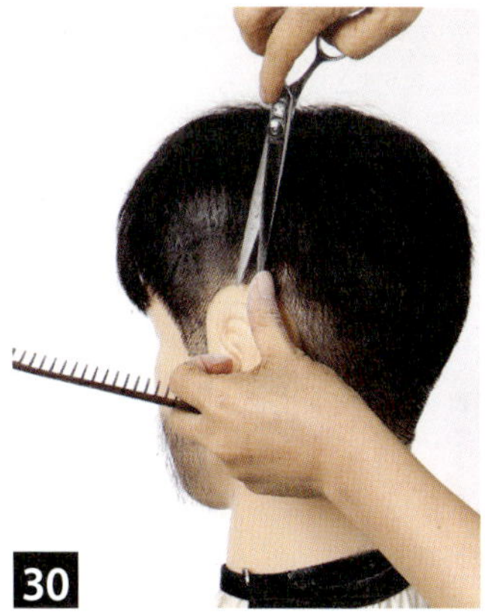

28~30. 수정커트 한다.

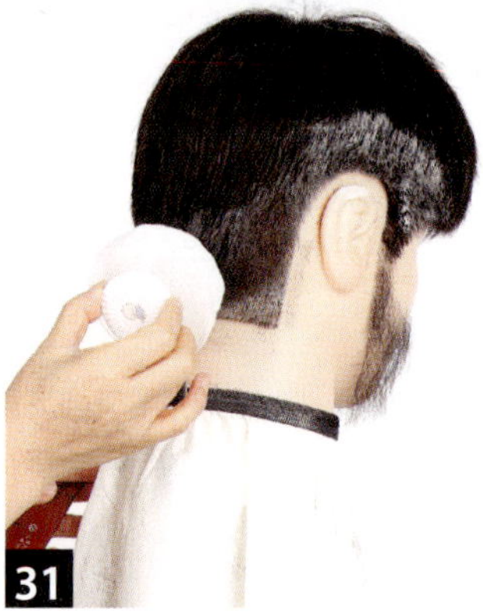

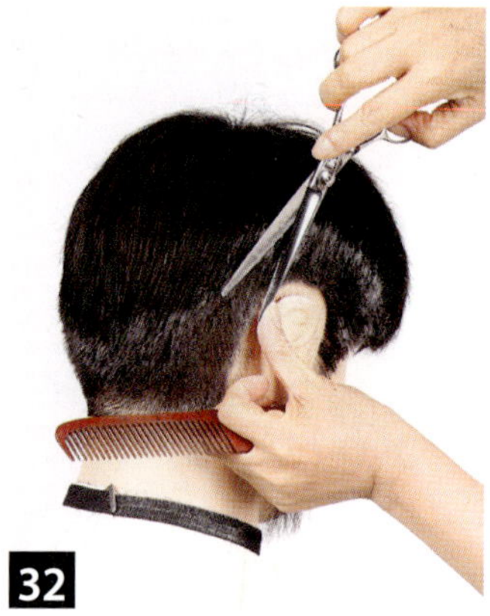

31~33. 이어 라인과 네이프에 천가분을 칠하고 수정커트 한다.

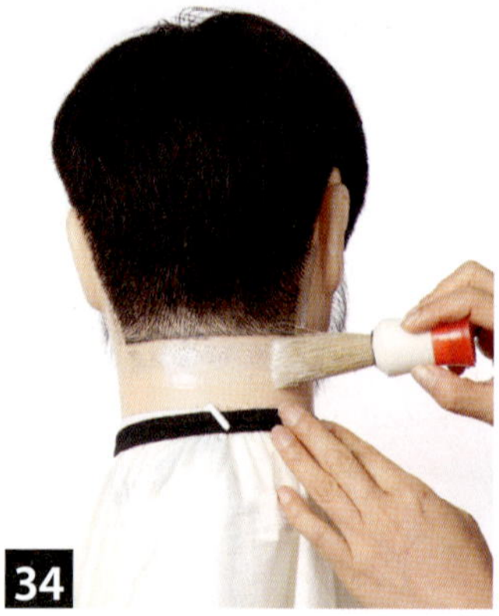

34. 뒷 면체를 위해 면도크림을 도포한다.

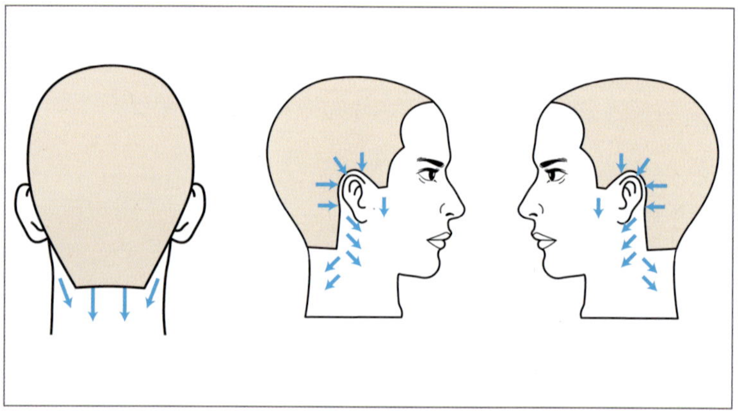

뒷면체 시술 방향

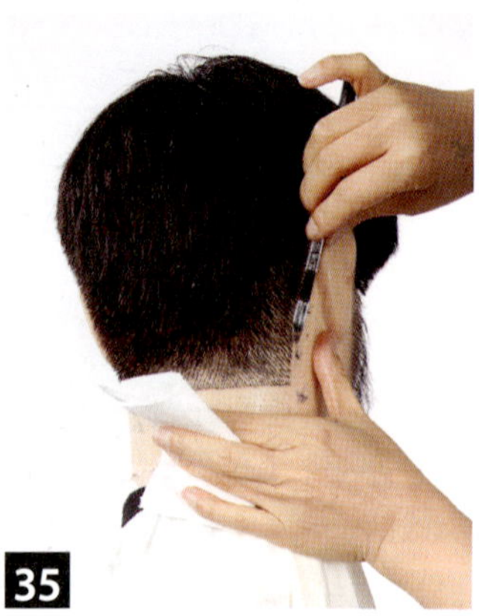

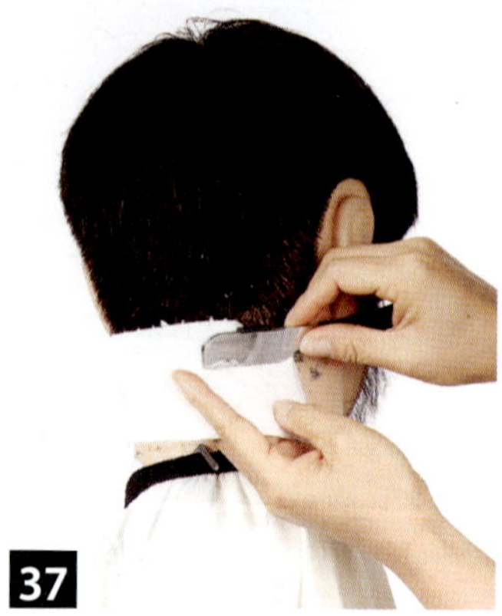

35~37. 프리핸드 기법으로 오른쪽 이어 라인과 네이프 부분의 피부를 당기며 면도한다.

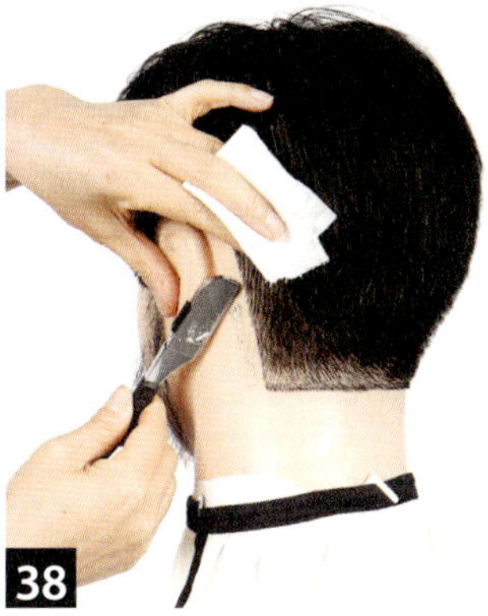

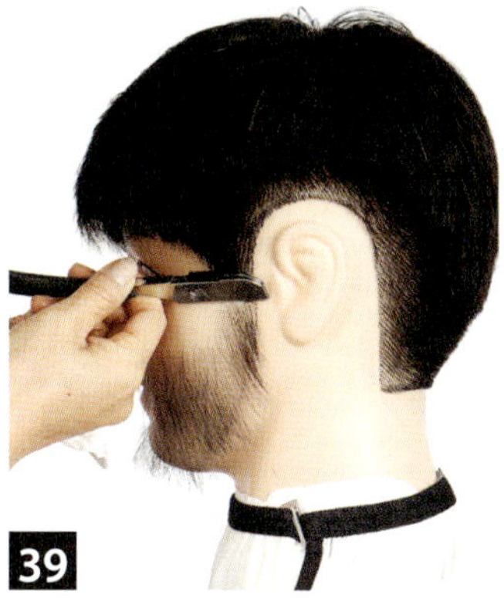

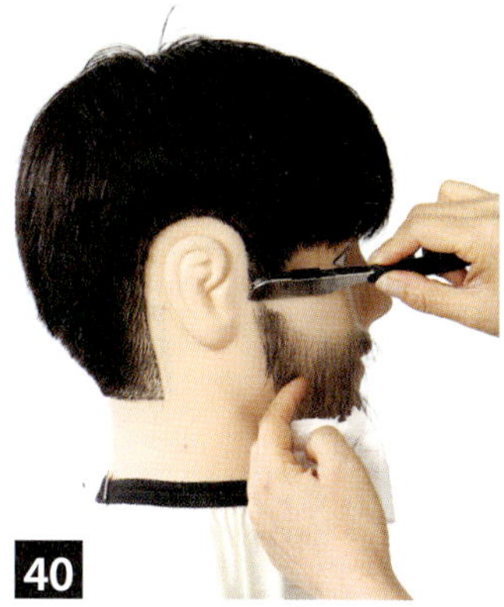

38~40. 백핸드 기법으로 왼쪽 이어 라인과 구렛나루 부분을 면도한다.

41. 정리정돈

42. 완성된 앞모습

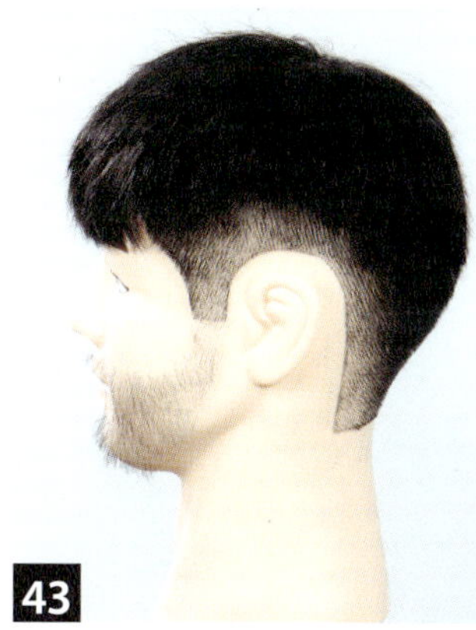

43. 완성된 왼쪽 모습

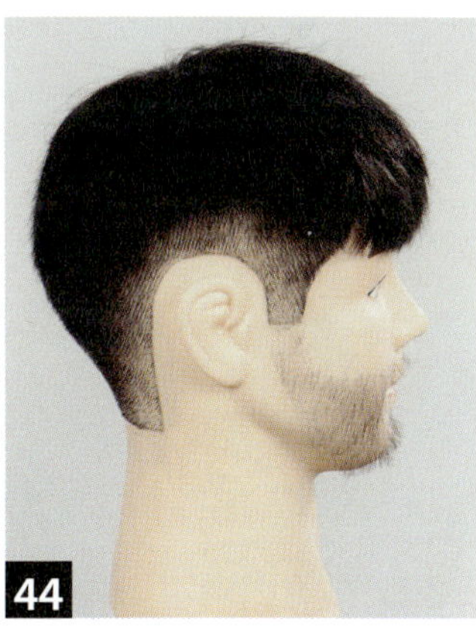

44. 완성된 오른쪽 모습

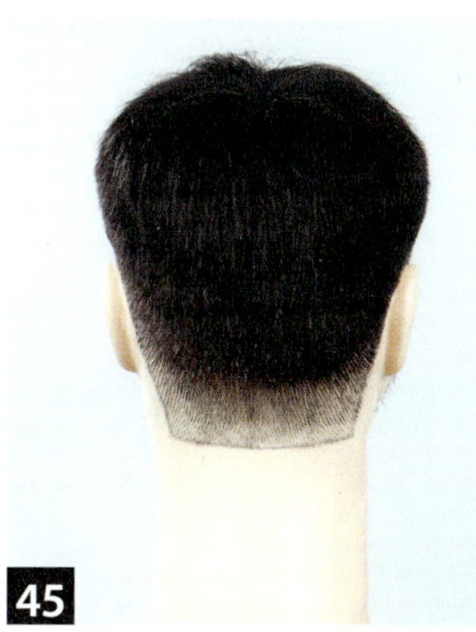

45. 완성된 뒷모습

라운드 브로스 둥근 스포츠형 (35분)

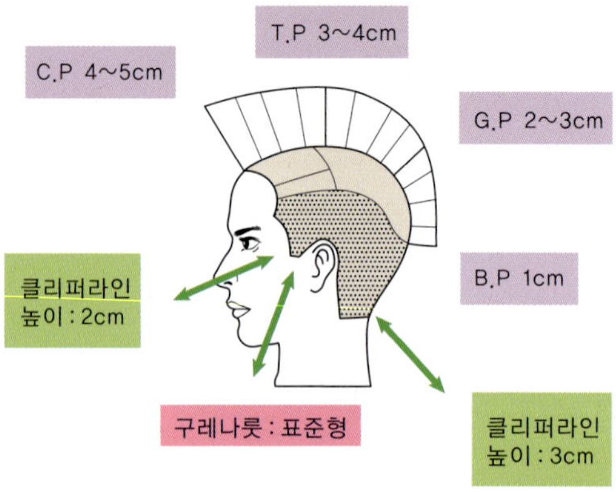

1. C.P 3~4cm T.P 2~3cm로 빗으로 모발을 떠내어 거칠게깎기한다.

2. G.P 3~4cm로 T.P와 연결하여 커트한다.

3. 센터를 가이드로 빗으로 떠내어 90˚로 커트한다.

4. 템플까지 위로 들어올려 커트한다.

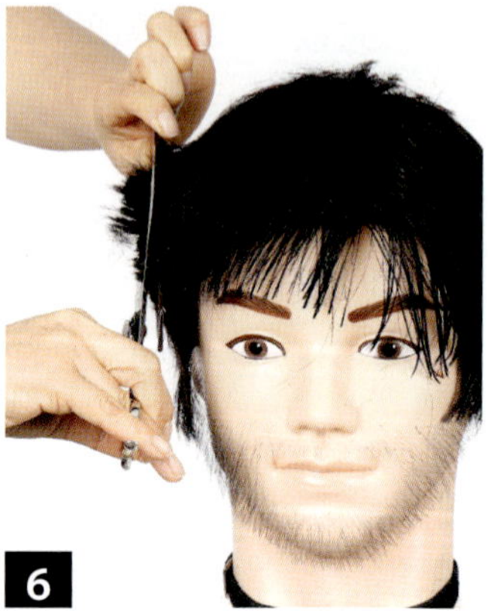

5~6. 사이드 부분은 빗을 90˚로 들어 올려 템플 가이드에 맞추어 커트한다.

7

8

7~8. 백 사이드 부분도 사이드와 연결하며 G.P와 연결하여 커트한다.

9

9. 크라운 부분의 모발은 위로 들어올려 G.P 가이드에 맞추어 커트한다.

10

11

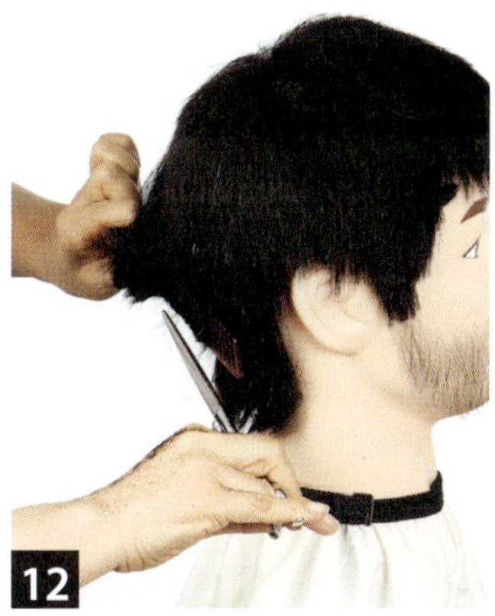
12

10~12. 크라운 부분에 가이드에 맞추어 자연시술각 70°가 되도록 연결하여 커트한다.

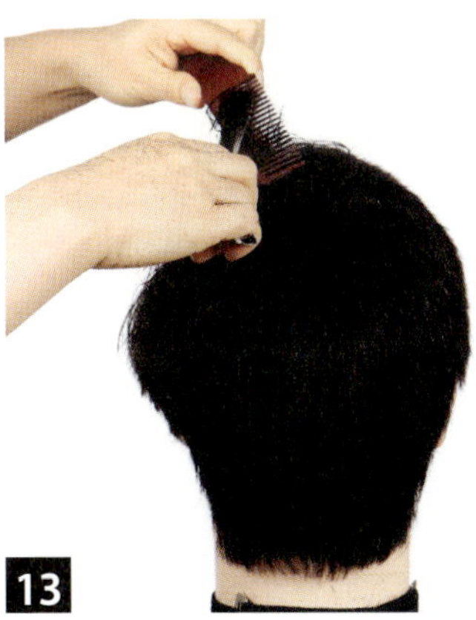
13

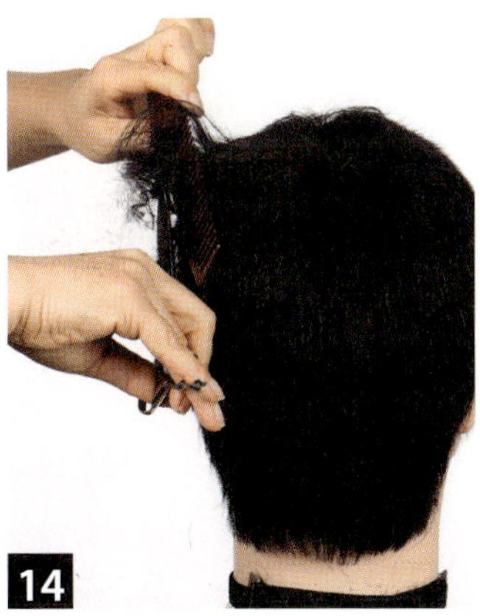
14

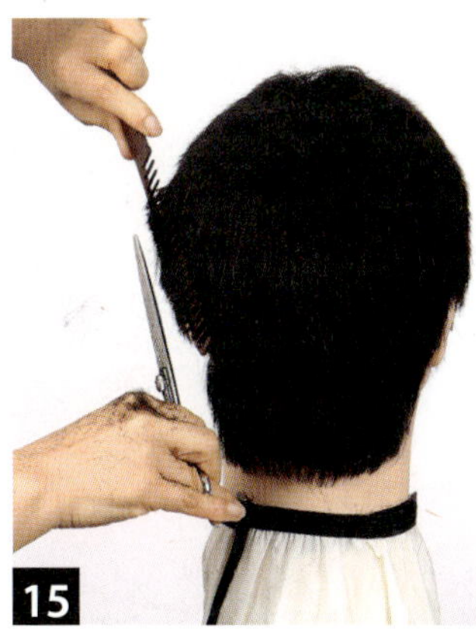
15

13~15. 반대쪽 백사이드도 동일하게 진행한다.

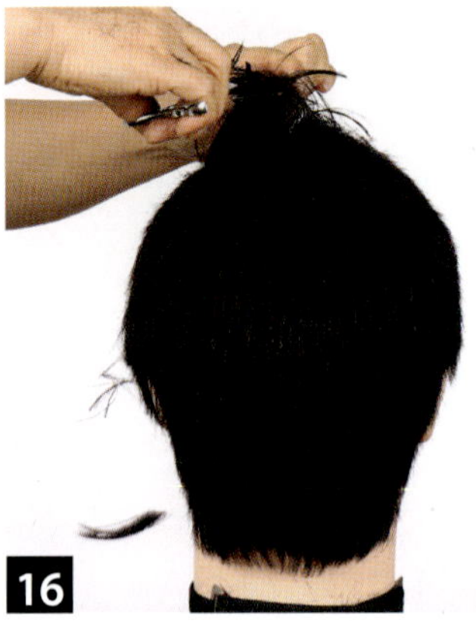

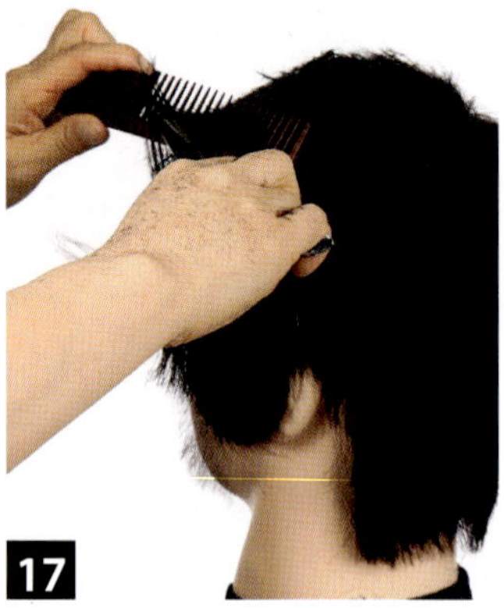

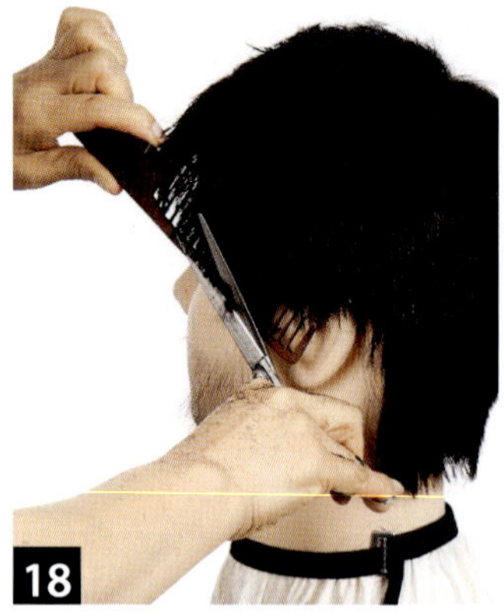

16. 왼쪽 사이드 템플 부분도 위로 똑바로 들어올려 가이드에 맞추어 커트한다.

17~18. 사이드 부분은 빗을 90°로 들어 올려 템플 가이드에 맞추어 커트한다.

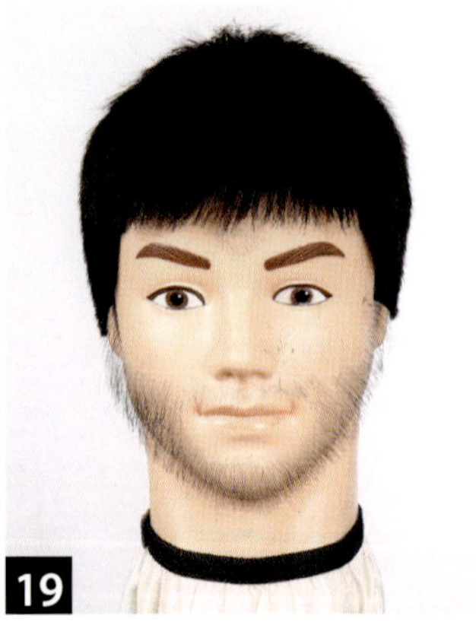

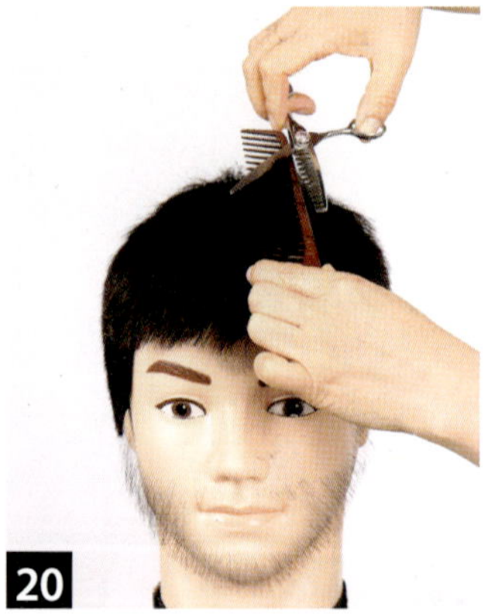

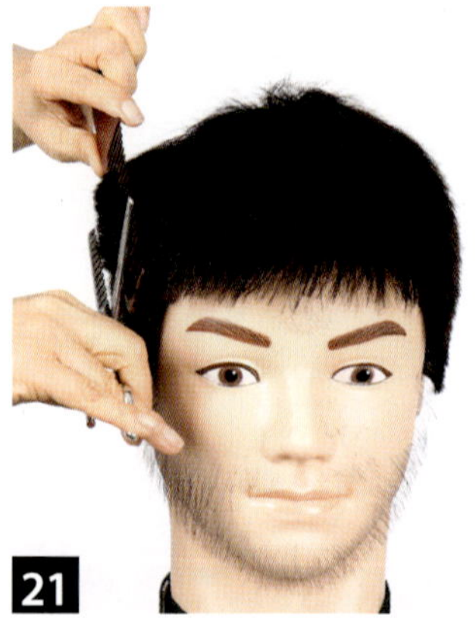

19. 가위커트 완성사진

20~21. 커트와 동일한 순서로 틴닝가위로 테이퍼링 한다.

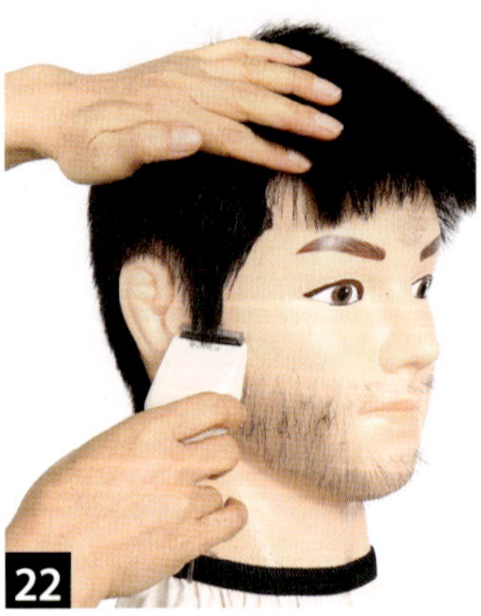

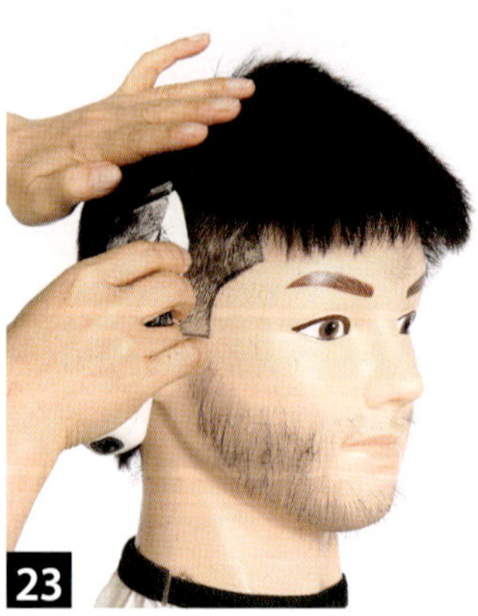

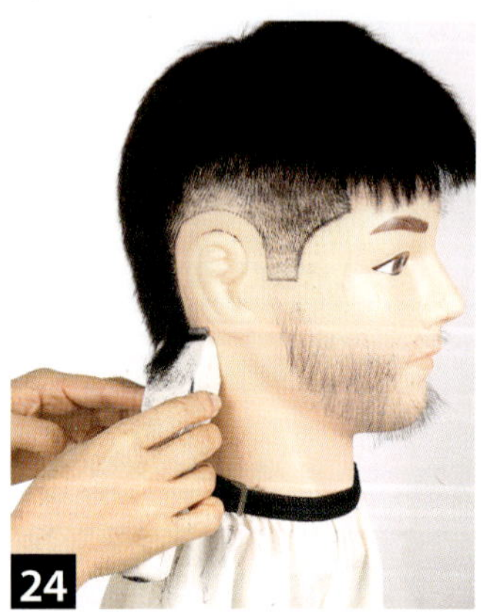

22~23. 귀 위 3cm 부분에 손을 대고 클리퍼로 올려친다.

24. 이어 라인 부분도 자연스럽게 연결한다.

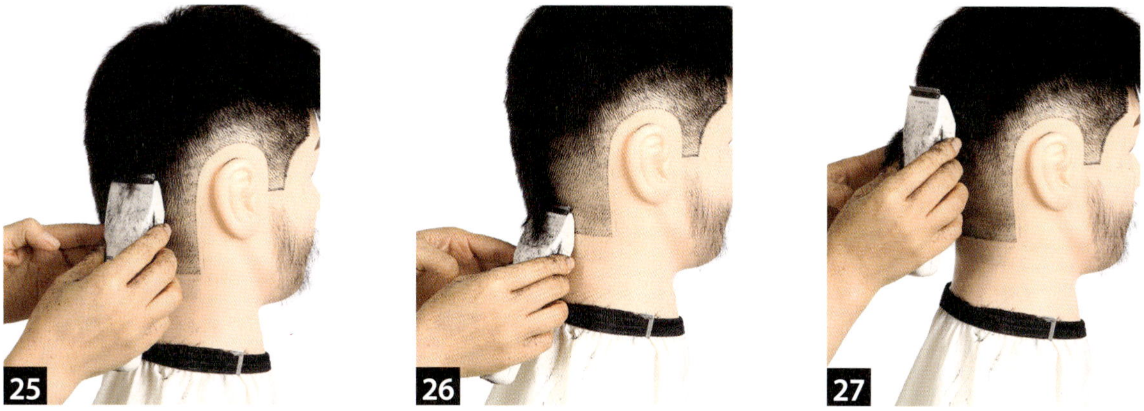

25~27. 네이프 부분은 발제선에서 4cm까지 올려친다.

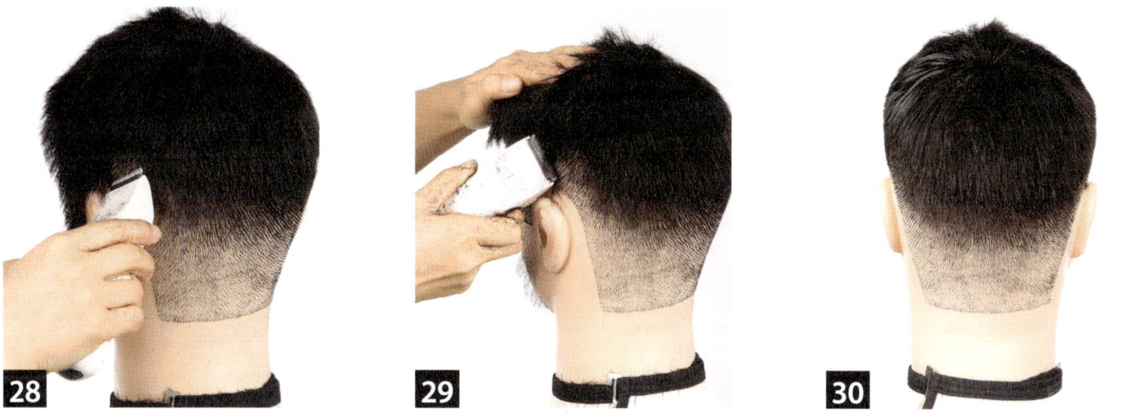

28~30. 왼쪽 사이드도 오른쪽 사이드와 동일한 방법으로 진행한다.

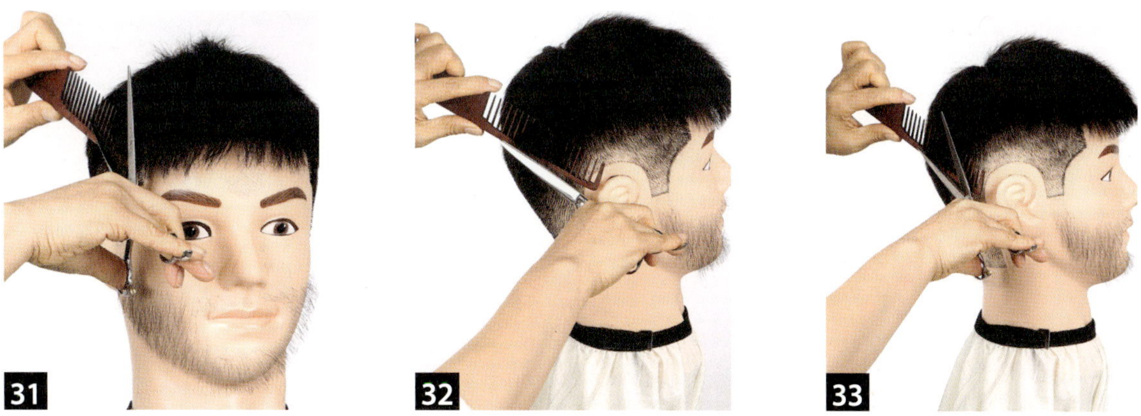

31~33. 장가위와 빗을 사용해 싱글링 커트하여 자연스럽게 연결한다.

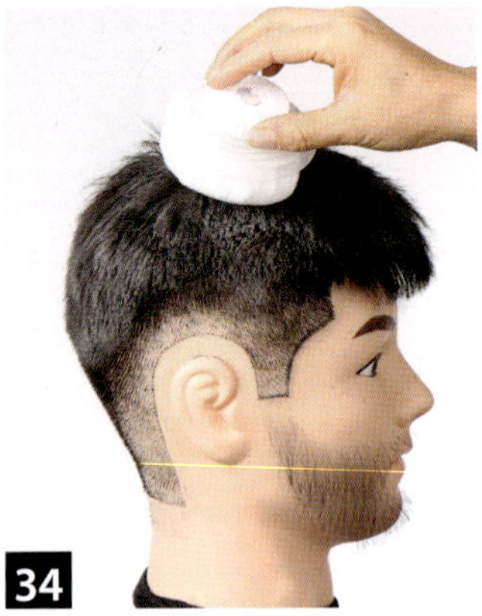

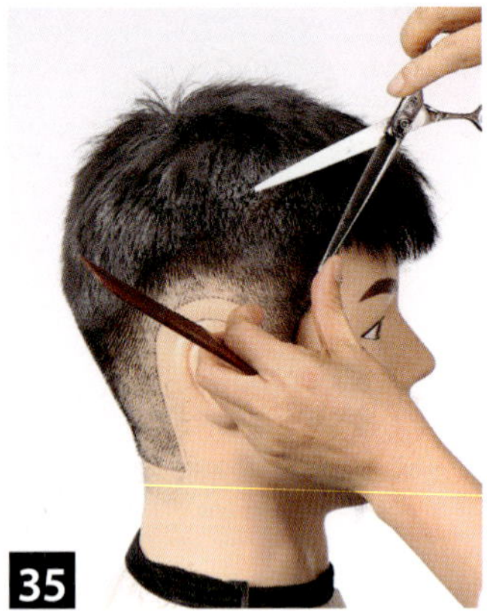

34~36. 천가분을 칠하고 수정커트 한다.

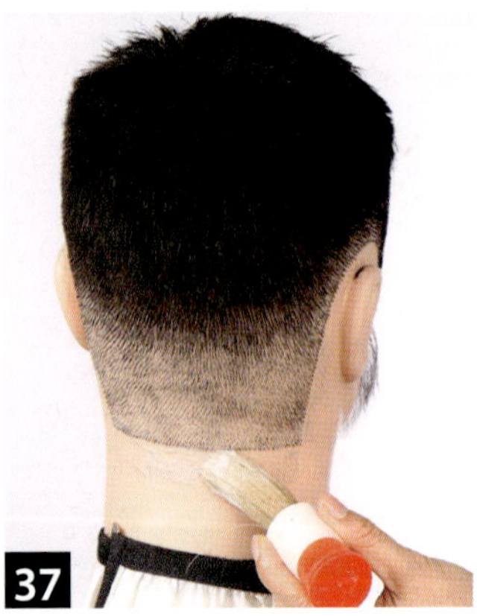

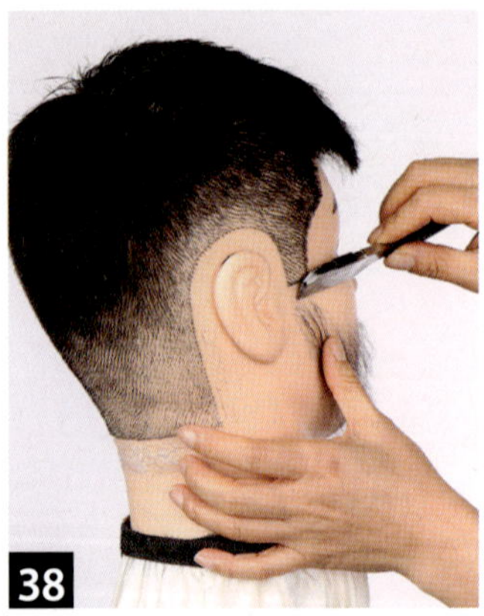

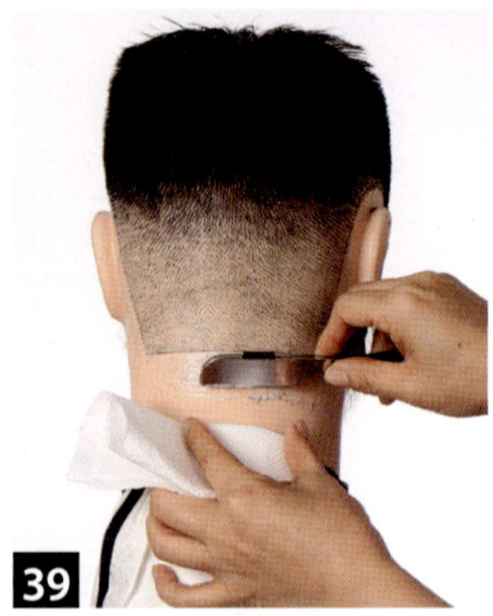

37~39. 뒷면체를 한다.

40. 잔 머리카락을 털어준다.

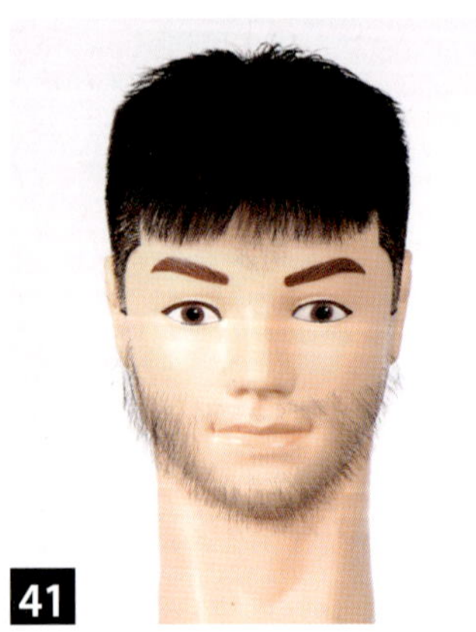

41. 완성된 앞모습

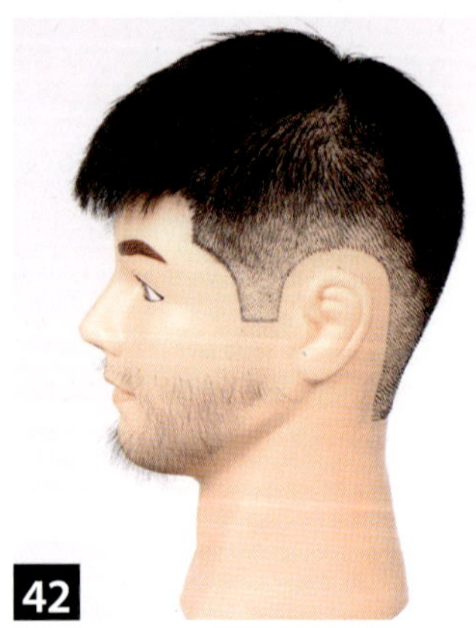

42. 완성된 왼쪽 모습

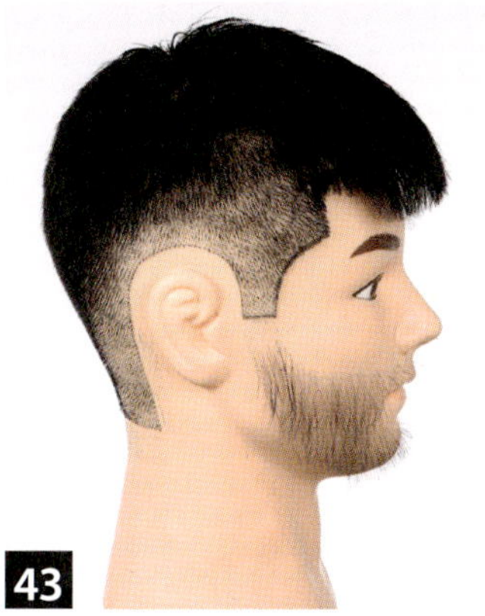

43. 완성된 오른쪽 모습

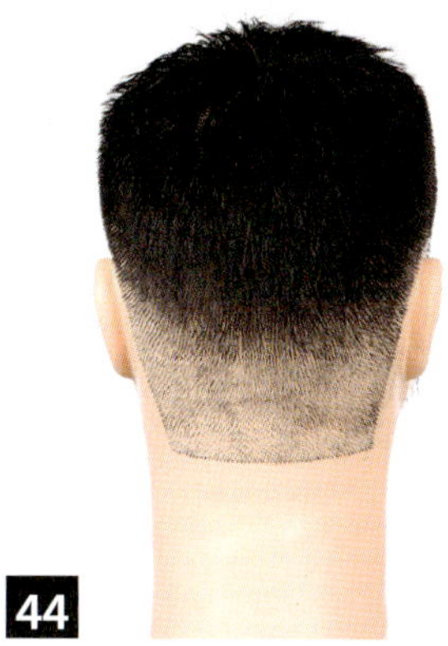

44. 완성된 뒷모습

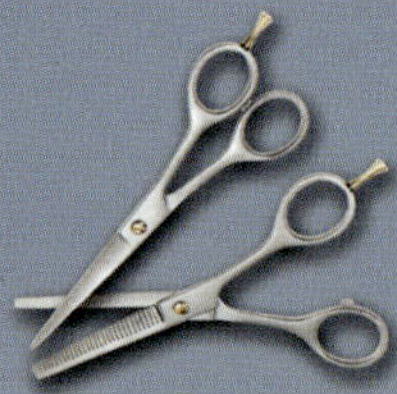

(6) 면체술 (작업시간 15분)

1) 면체술 개요

면체술(面體術)이란 국어사전의 의미로 얼굴이나 몸에 난 털을 깎는 것을 말한다. 남성의 턱과 입 주변, 미간 사이 자라난 털을 면도 날을 이용해 깨끗하게 제거하는 행위를 말하며 면도(面刀), 제모(除毛)라는 뜻으로 쓰이기도 한다.

2) 작업순서

마스크 착용하기 → 면도 준비하기(의자 위치, 수건 대기) → 면도 거품 바르기 → 온습포 대기 → 얼굴 면도하기 → 얼굴 습포 세척하기 → 스킨 로션 바르기 → 정리정돈하기

3) 유의사항

① 1인 1날을 사용하도록 한다.

② 마네킹 얼굴 표면이 상하지 않도록 한다.

③ 작업 자세가 불편하지 않도록 한다.

④ 면도날에 손이 다치치 않도록 주의하며 사용한다.

4) 면도날 교체 방법

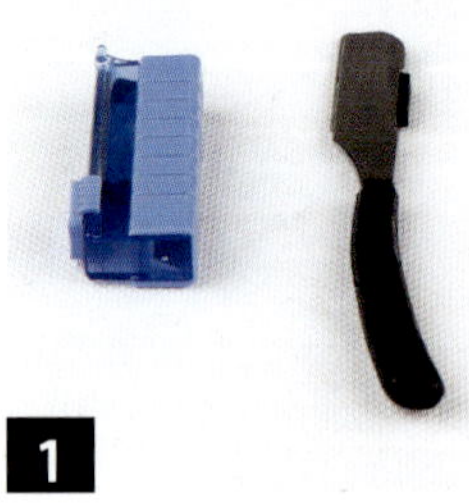

1. 면도기와 면도날을 준비한다.

2. 면도기 날등에 잠금장치를 아래 방향으로 내려준다.

3. 기존 날을 제거한다.

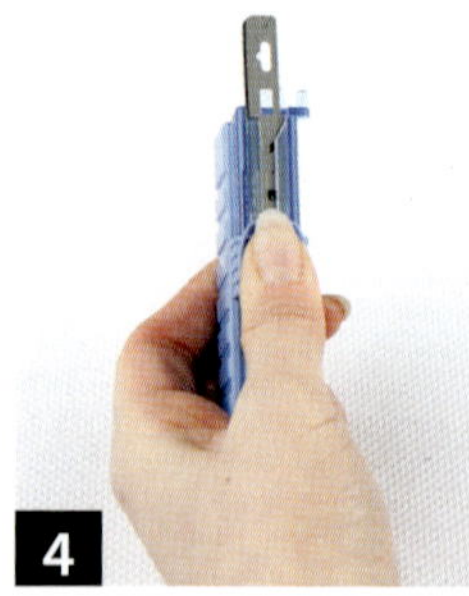

4. 면도날을 밀어 올린다.

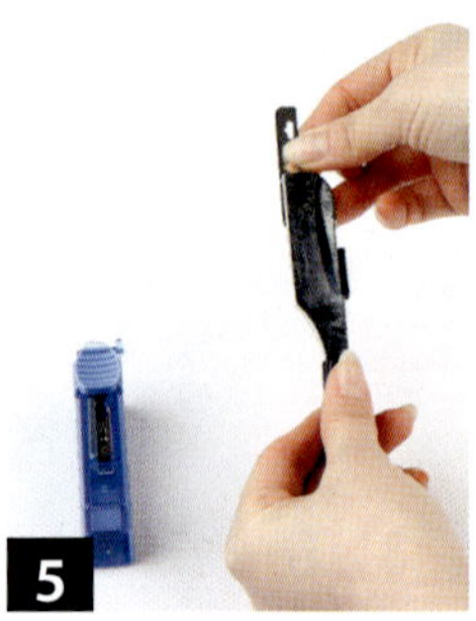

5. 면도기에 새로운 면도날을 끼워준다.

6. 잠금장치를 위로 올려 날을 고정한다.

5) 사전준비사항

수건 2장, 티슈 10장, 스킨, 로션, 면도기, 면도날, 넥페이퍼, 면도컵 브러쉬, 비누, 마스크

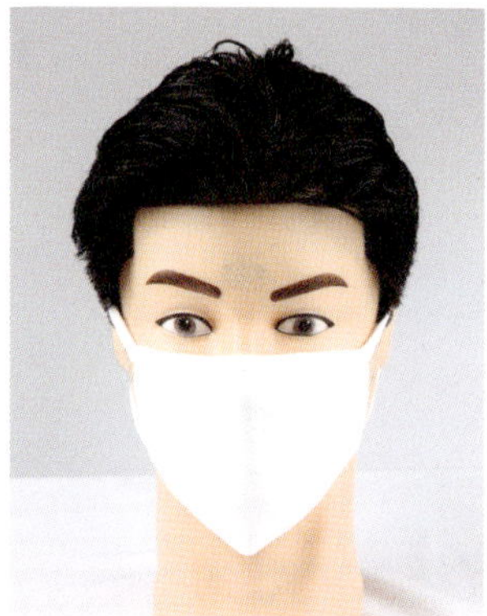

시술전 마스크 착용

6) 면체 시술 방향

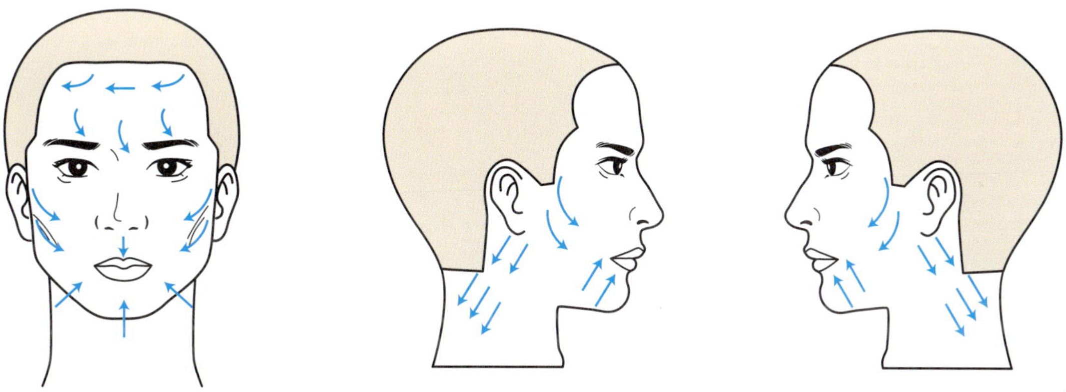

7) 시술절차

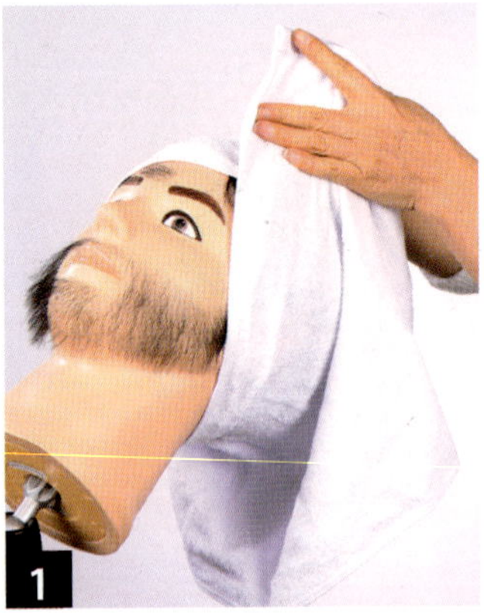

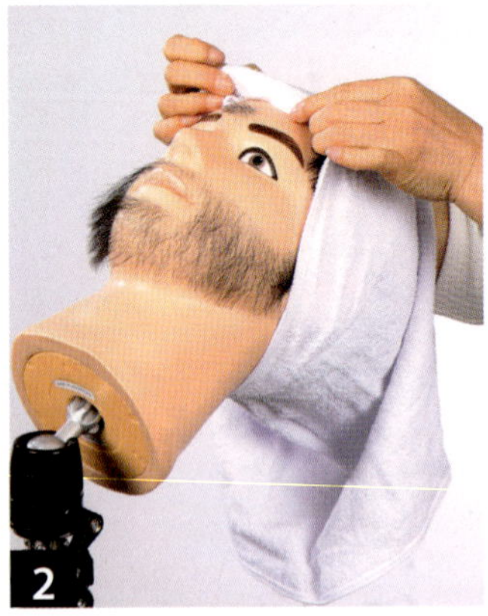

1~2. 수건을 이용해 모발을 감싸 빠져나오지 않도록 한다.

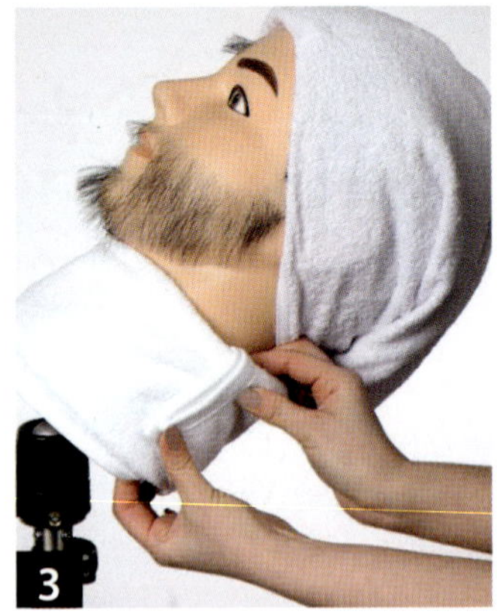

3. 수건으로 목 부분을 빠지지 않도록 잘 고정한다.

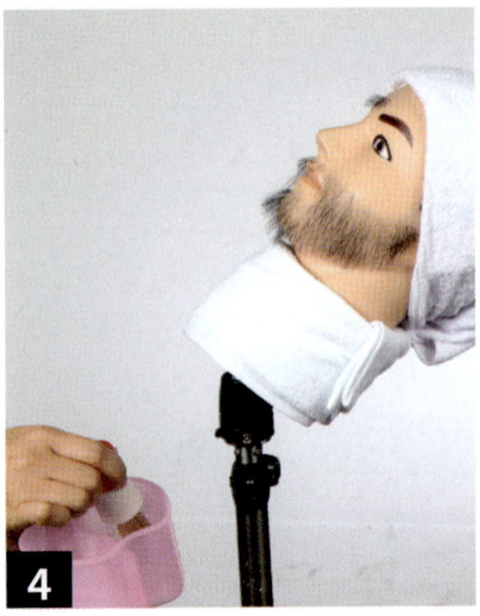

4. 면도 컵에 비누를 넣고 거품을 충분히 낸다.

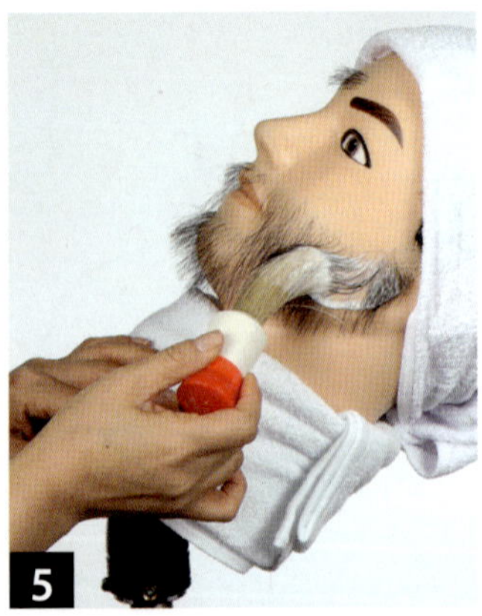

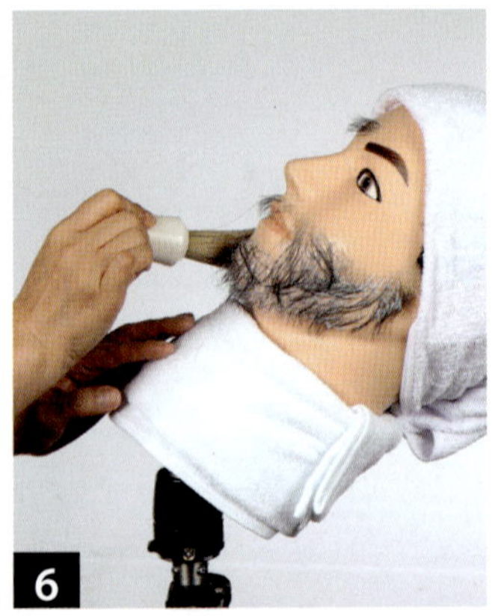

5~6. 왼쪽 턱부터 오른쪽 방향으로 둥글게 원을 그리며 비누거품을 도포한다.

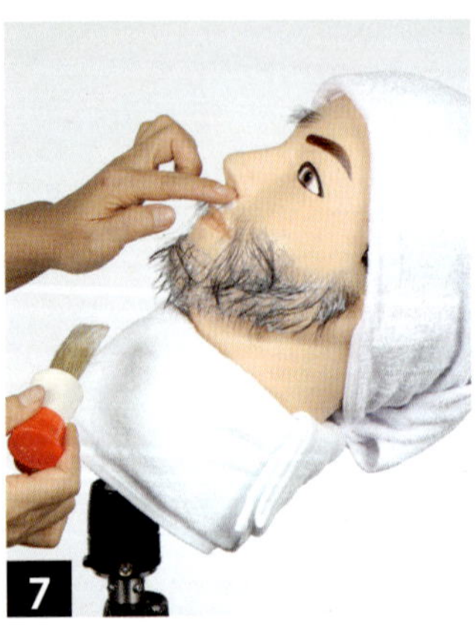

7. 인중 부분은 손으로 거품을 덜어 도포한다.

8. 미간 부분에도 거품을 도포한다.

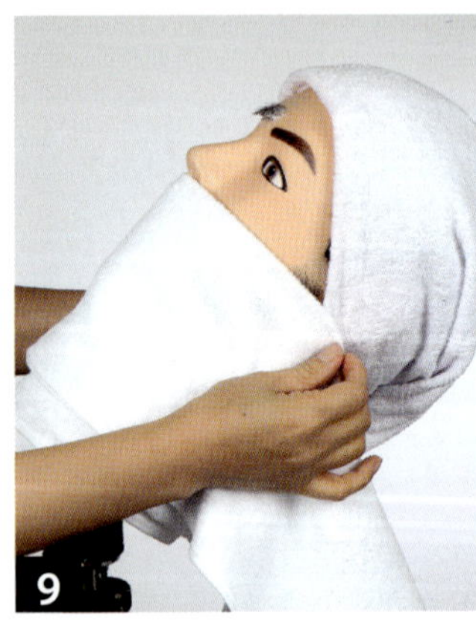

9. 턱 부분에 온습포를 덮는다.

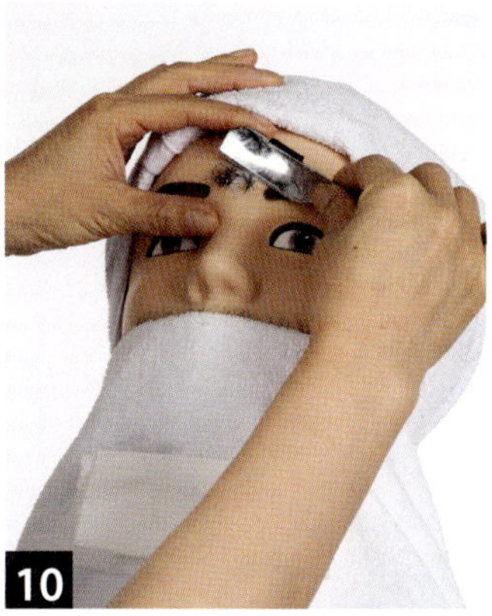

10. 미간 부위는 왼손 엄지 검지로 피부를 당기며 프리핸즈로 면도한다.

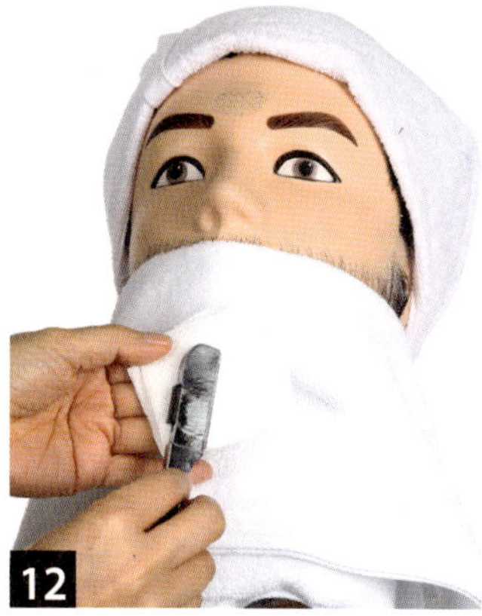

11~12. 제거된 부위를 티슈로 닦고 면도날도 티슈로 깨끗하게 닦아준다.

13. 온습포를 제거한다.

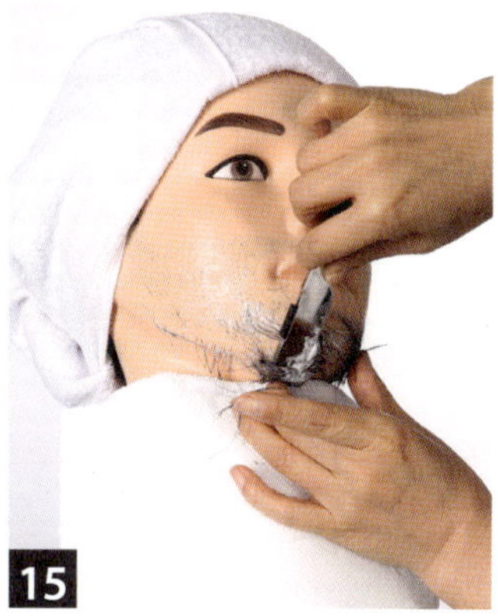

14~15. 오른쪽 볼 부분부터 피부를 당기며 아랫방향으로 프리핸드 잡아 면도한다.

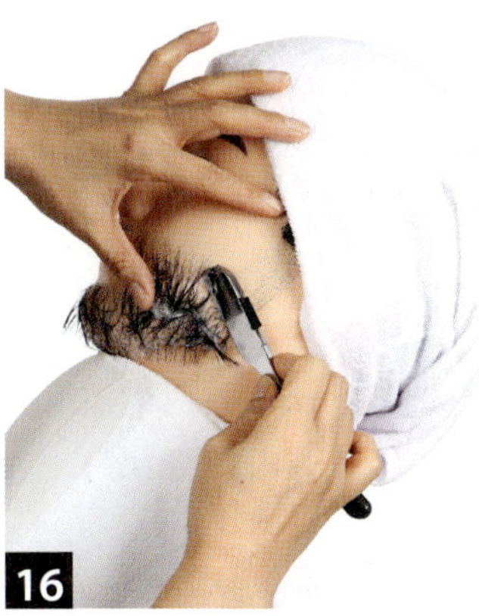

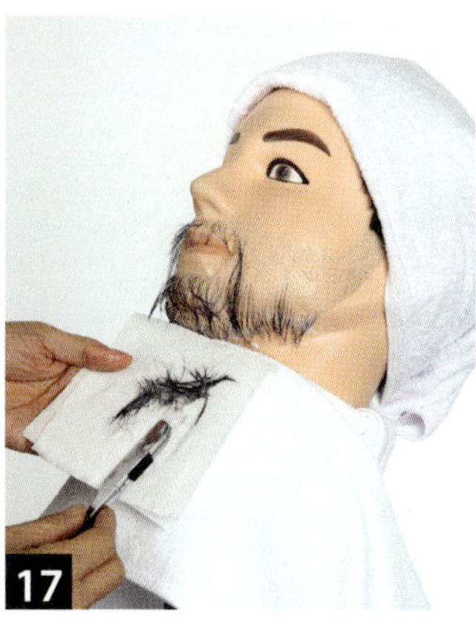

16~17. 왼쪽으로 고개를 살짝 돌려 볼부터 피부를 당기며 턱 부분까지 프리핸드 잡아 면도한다.

18. 인중 부위도 프리핸드와 백핸드 기법으로 좌우를 면도한다.

19

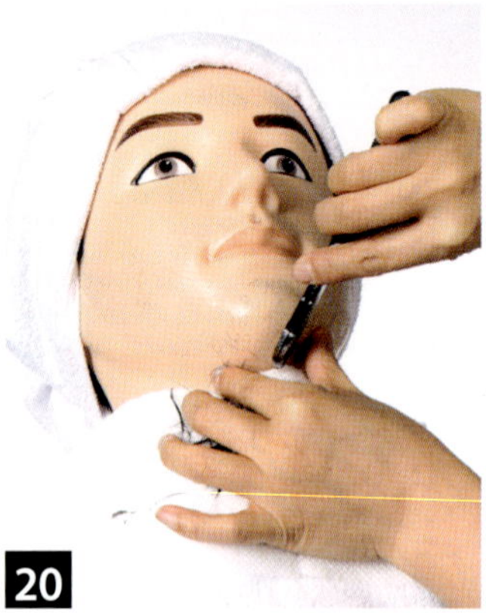
20

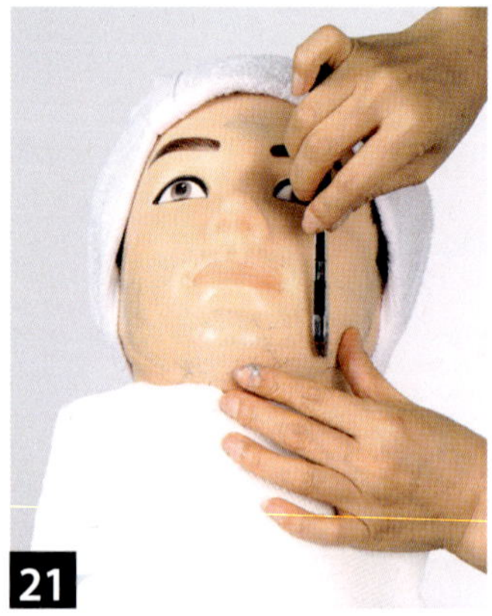
21

19~21. 수염난 반대방향으로 면도하여 피부 표면이 까칠하지 않도록 한다.

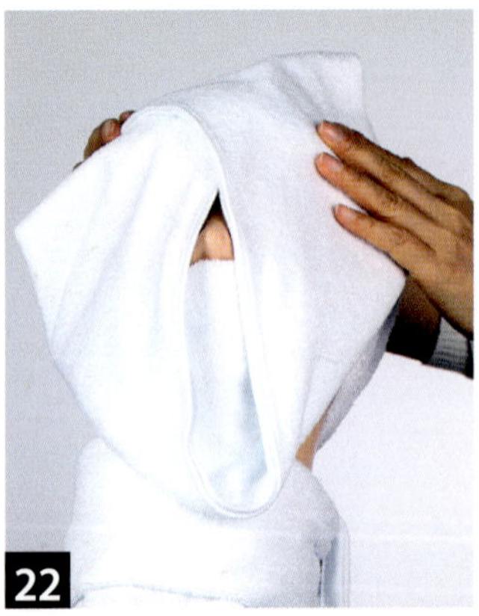
22

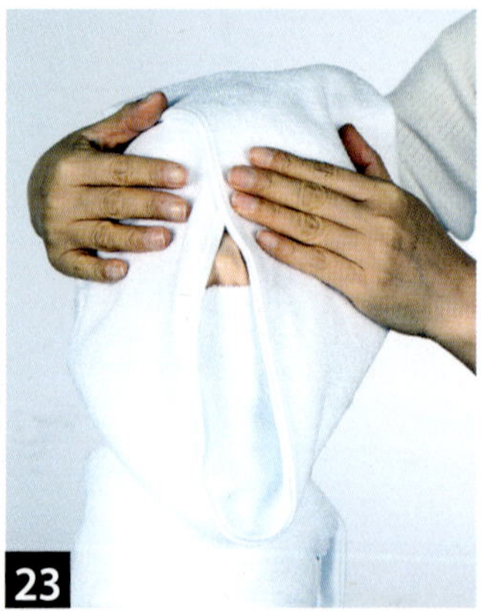
23

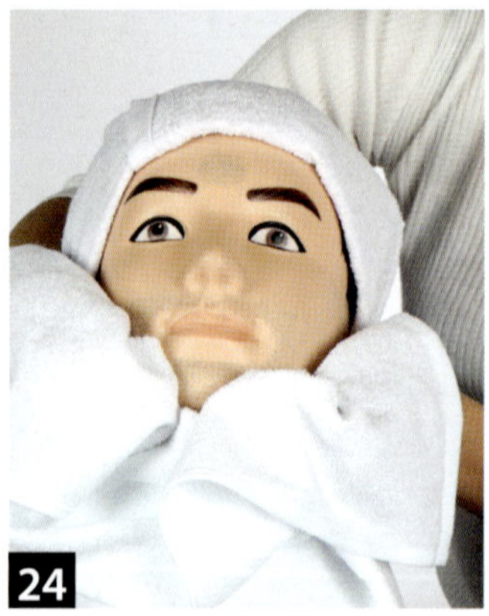
24

22~24. 온습포을 덮어주고 지그시 지압한 뒤 얼굴에 남아있는 잔여물을 깨끗이 닦아준다.

25

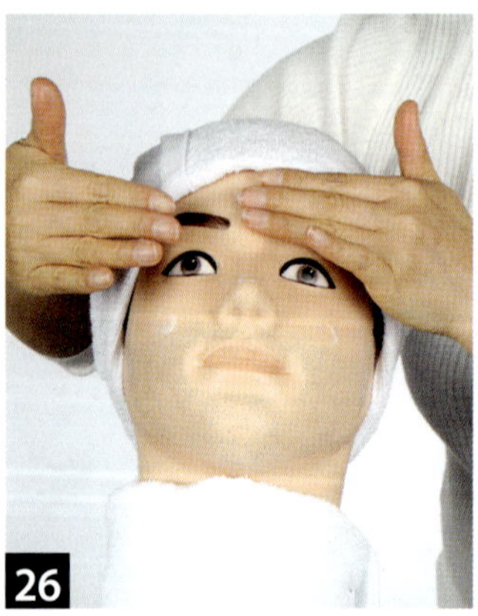
26

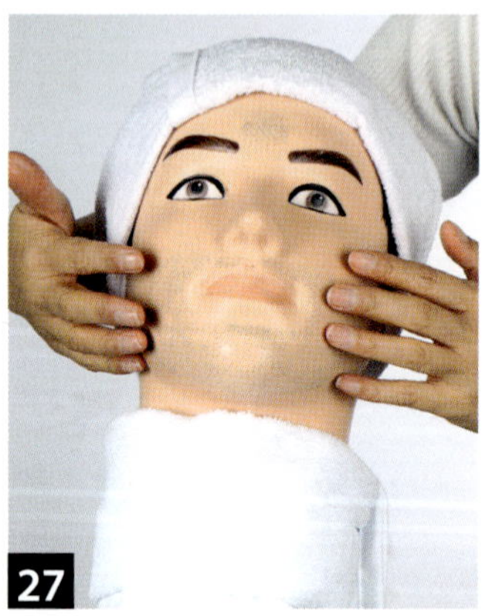
27

25~27. 스킨을 손에 덜어 얼굴 전체에 도포한 뒤 핑거 태핑으로 흡수시켜 마무리 한다.

(7) 세발술 (작업시간 10분)

1) 세발술 개요

세발술(洗髮術)이란 국어사전의 의미로 '더러워진 모발을 깨끗하게 감는다.' 라는 의미로 샴푸제를 도포하여 모발의 때를 유화 시키고 마사지를 통해 두피로부터 오염물질을 분리 시켜 제거하는 것을 말한다.

2) 작업순서

세발 앞장치기 → 샴푸하기 → 두정부 샴푸 마사지 하기 → 모발 세척하기 → 얼굴 및 머리부위 물기 제거하기 → 타월 드라이하기 → 정리정돈

3) 유의사항

① 세발 순서에 맞게 진행한다.

② 비누액이 얼굴이나 목에 흐르지 않도록 샴푸 거품 농도를 조절한다.

③ 물로 세정 후 모발을 잘 감싸 바닥에 물이 떨어지지 않도록 주의한다.

4) 세발 테크닉

양손 교차하기

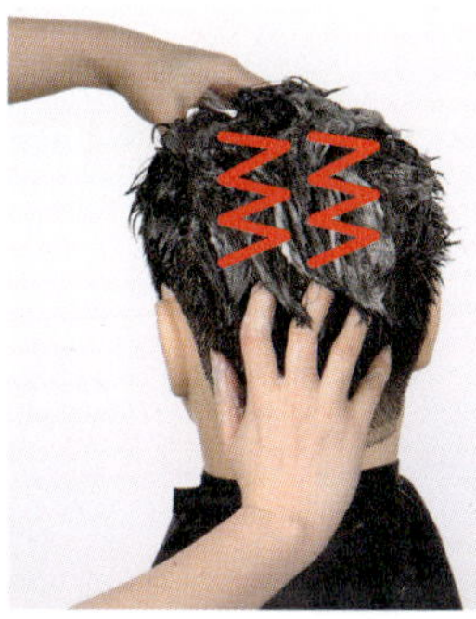

지그재그 테크닉

튕겨주기

양손 굴려주기

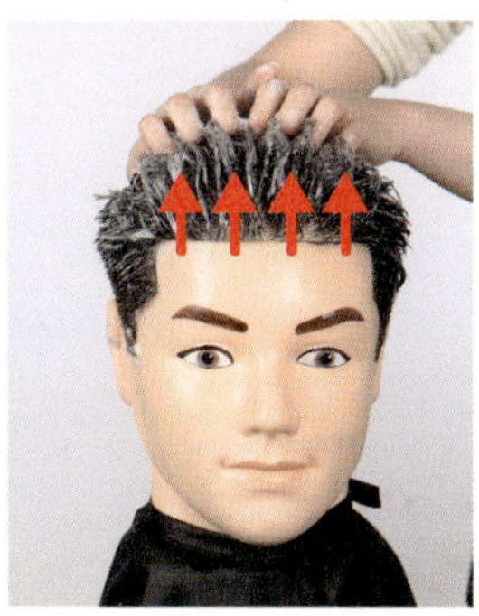

쓸어주기

5) 사전준비사항

수건 2장, 분무기, 샴푸, 샴푸보(앞장)

6) 시술절차

1. 목 타월을 두루고 앞장을 둘러 준다.

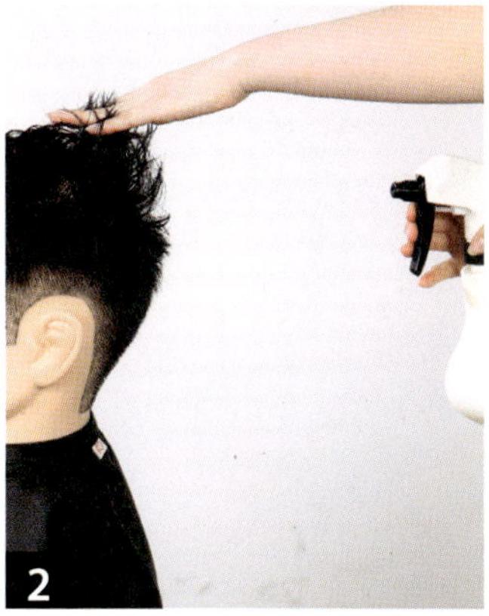

2. 후두부의 모발을 들어 올리며 골고루 분무한다.

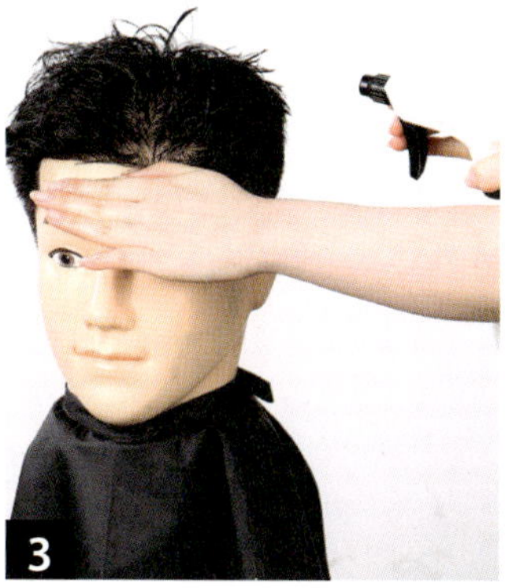

3. 얼굴 앞쪽을 손으로 가려 물이 닿지 않도록 분무한다.

4. 샴푸를 크라운 부위에 도포한다.

5~6. 왼손으로 둥글게 회전하며 모발 전체에 도포한다.

7. 지그지그 기법을 활용해 마사지 한다.

8. 양 사이드 부분도 지그재그 기법을 활용해 마사지 한다.

9. 두정부 부분을 손을 교차하여 마사지 한다.

10. 후두부는 오른손으로 지그재그 기법을 활용해 마사지 한다.

11. 두상 전체를 튕겨준다.

12. 손을 말아 둥글게 마사지한다.

13. 모발 전체를 쓸어준다.

14. 얼굴을 앞쪽으로 숙여 모발을 세정한다.

15. 수건으로 모발을 감싸 준다.

16. 물기를 털어준다.

17. 왼손으로 수건을 잡는다.

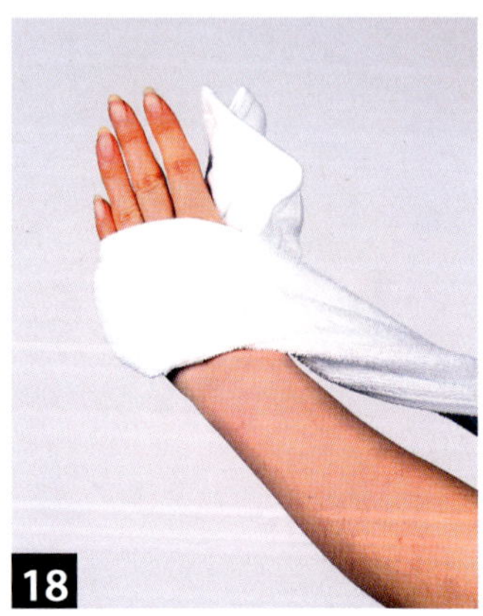

18. 왼손 바깥쪽으로 말아잡는다.

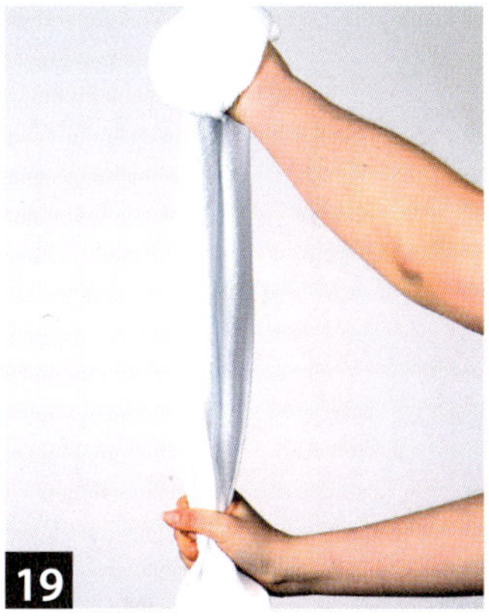

19. 수건 잡은 모습

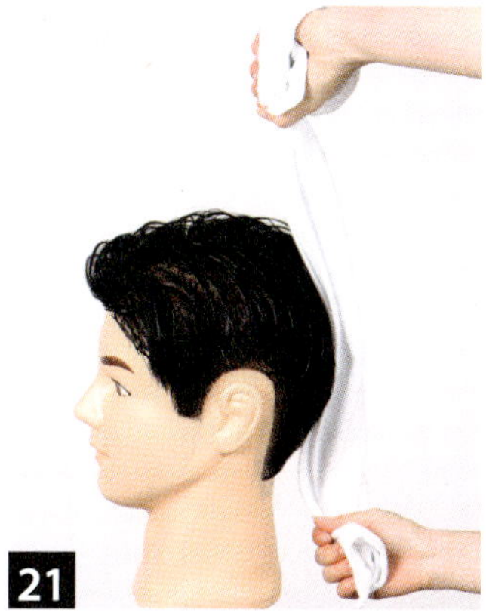

20~21. 왼손을 올려잡고 오른손을 회전하여 모발의 물기를 털어준다.

22. 가볍게 손으로 빗질하여 마무리 한다.

(8) 정발술 (작업시간 15분)

1) 정발술 정의

정발술(整髮術)이란 '머리를 잘 매만지다' 라는 뜻으로 이용 드라이어와 일자 빗을 사용하여 조발한 두발의 앞머리를 세우고 각을 잡아 정리하는 것을 말한다.

2) 작업순서

수건대기 → 핸드드라이하기 → 정발제 도포하기 → 머리 정발하기 → 정리정돈하기

3) 유의사항

① 적당한 정발 용품을 선정하여 적정량을 도포한다.

② 작품의 크기, 흐름 등 전체적 조화미가 흐르도록 정발한다.

③ 정발 시 모발에 자국이 남지 않도록 열 조절을 한다.

4) 드라이 방향

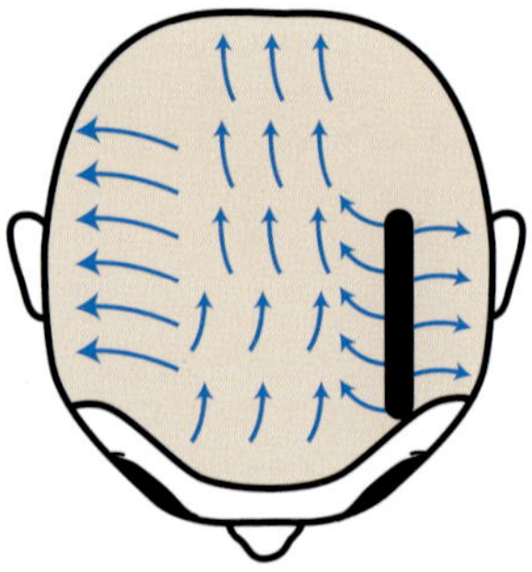

5) 사전준비사항

수건 2장, 분무기, 헤어로션, 포마드, 이용용 드라이기, 드라이보, 일자빗

6) 시술절차

보통 조발형

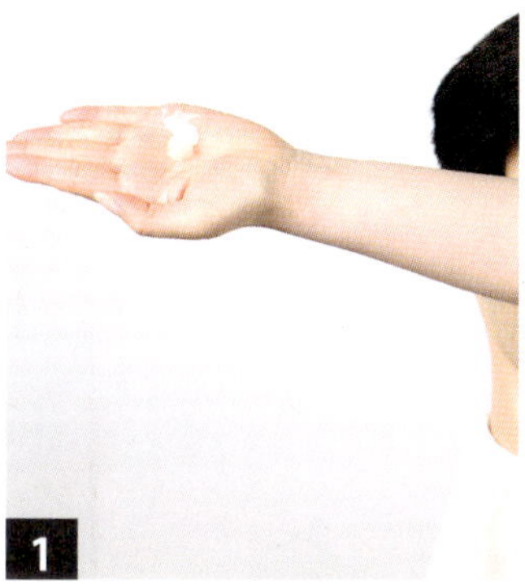

1. 포마드와 헤어로션을 1:1 비율로 섞는다.

2~3. 모발의 역방향으로 후두부부터 두정부까지 골고루 도포한다.

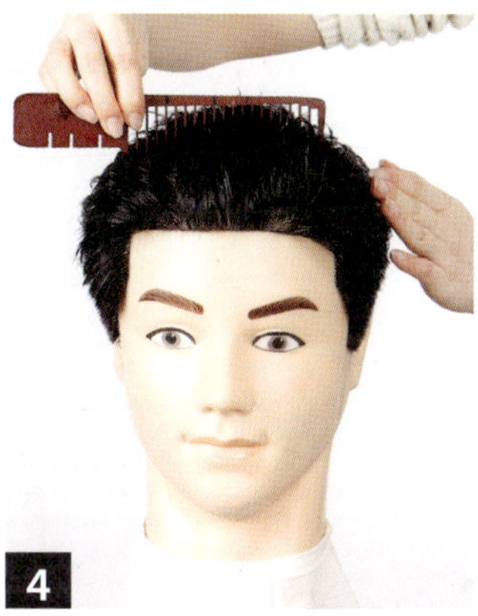

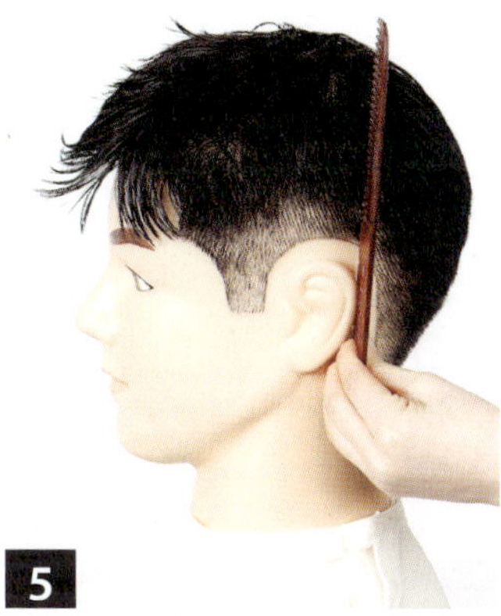

4. 올백으로 빗질한다.

5~6. 왼쪽 눈동자 중심부분에서 올라와 7:3으로 가르마를 가른다.

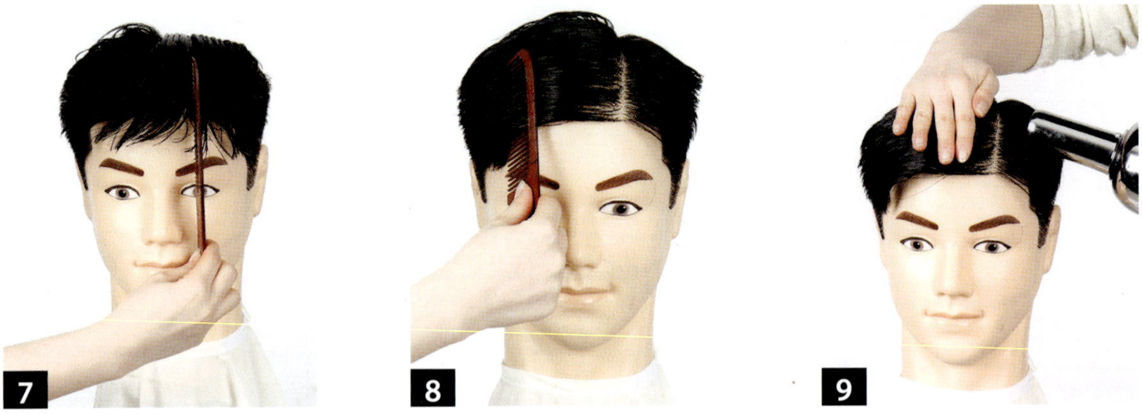

7~9. 가르마 부분에 열을 주어 가르마를 고정한다.

10~12. 오른쪽 사이드 부분부터 빗을 두상각 120°로 모발을 끌어와 모근 부위에 열을 주어 볼륨을 만든다.

13~15. 센터 부위로 이동하면서 동일한 방법으로 볼륨을 주어 드라이한 뒤 평평하게 빗질하여 연결한다.

16

17

18

16~17. 가르마 부위도 동일하게 빗으로 모발을 120° 당겨 볼륨을 주며 드라이한다.

18. 페이스 라인의 모발도 빗을 모근에 넣어 열을 주어 세워준다.

19

20

21

19~21. 빗을 둥글게 회전하여 모발에 볼륨을 준다.

22

23

24

22~24. 오른쪽 사이드 부분은 얼굴 앞쪽으로 볼륨을 준 뒤 빗 각도 45°로 눌러 고정한다.

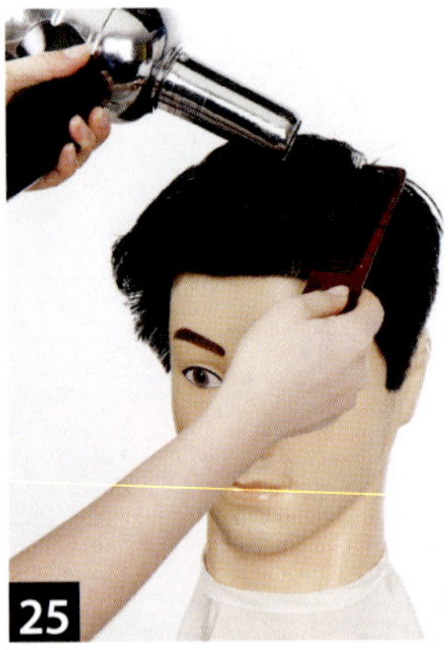

25~27. 왼쪽 사이드 부분도 가르마를 중심으로 볼륨을 주어 드라이한다.

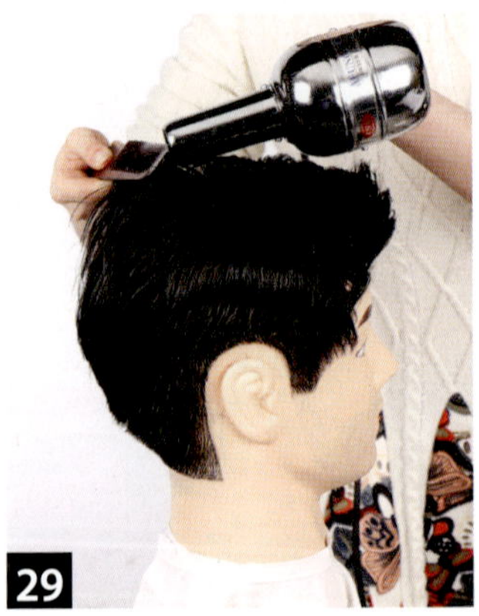

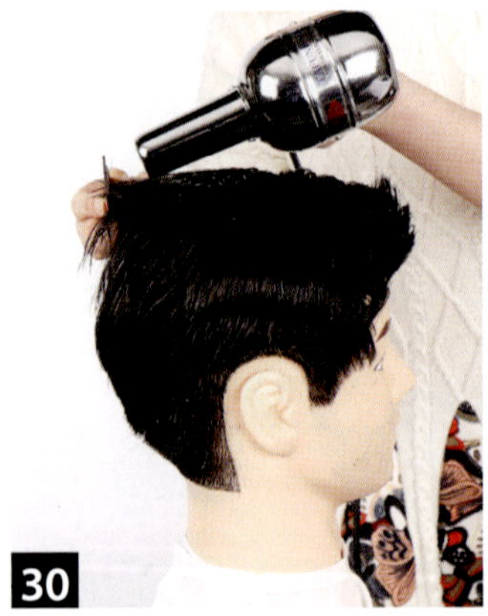

28~30. G.P 부분도 빗을 크게 회전하여 볼륨을 살려 드라이한다.

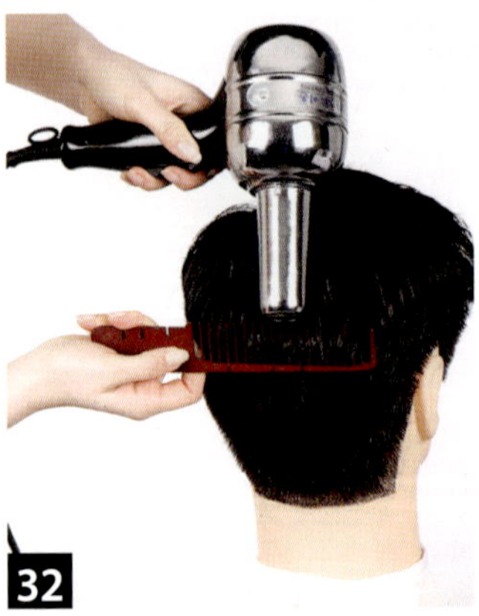

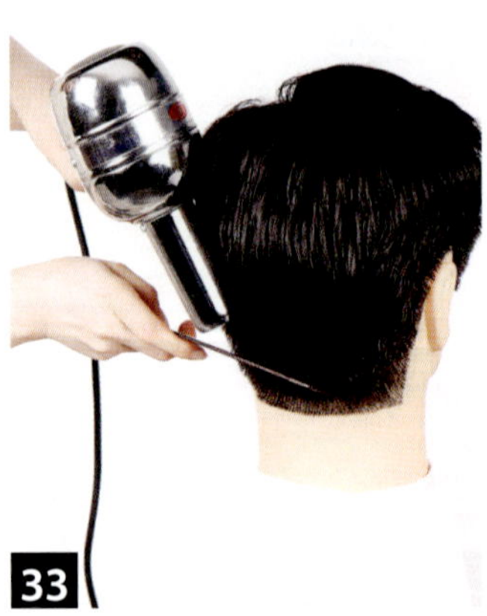

31~33. 백 부분으로 내려가면서 자연스럽게 볼륨을 살려 드라이한 뒤 네이프 부분은 두상에 밀착한다.

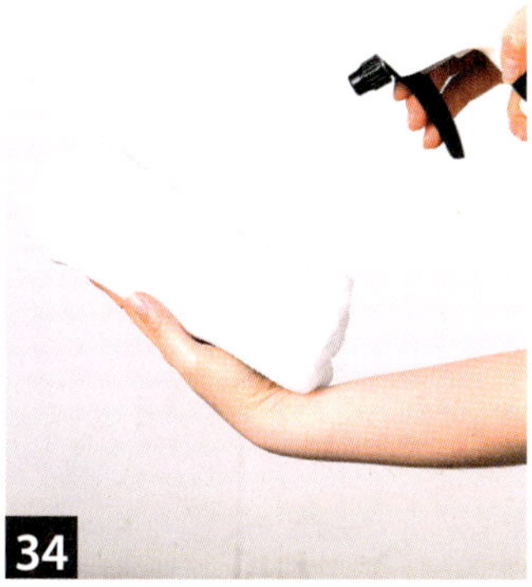

34. 수건에 물을 가볍게 분무한다.

35~36. 왼쪽 사이드 부분부터 수건을 귀 윗부분에 대고 열을 주어 45° 각도로 눌러 준다.

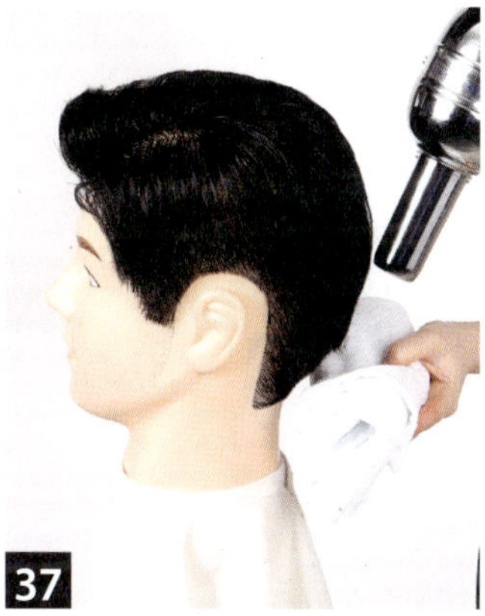

37~39. 동일한 방법으로 네이프와 반대쪽 사이드도 진행한다.

40. 완성된 앞모습

41. 완성된 오른쪽 모습

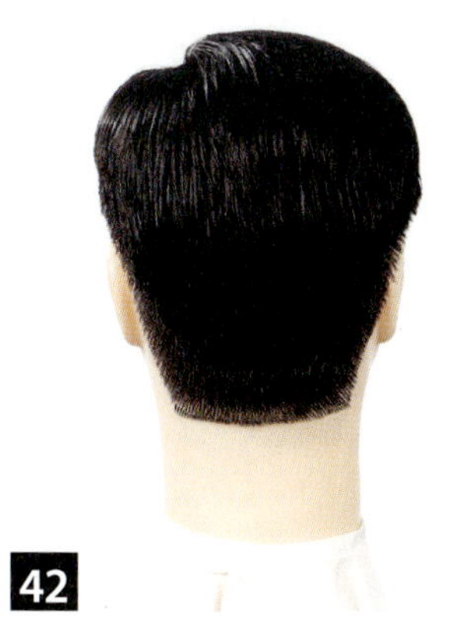

42. 완성된 뒷모습

장교머리형

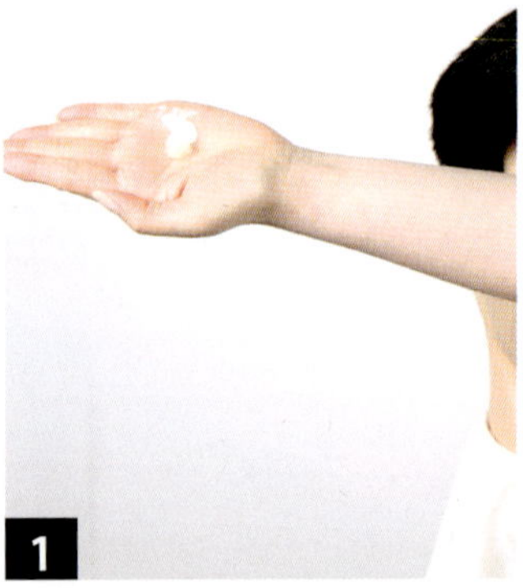

1. 포마드와 헤어로션을 1:1 비율로 섞는다.

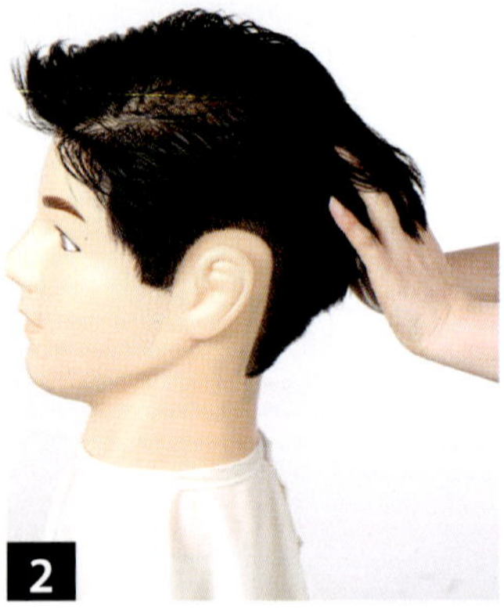

2. 모발의 역방향으로 후두부부터 두정부까지 골고루 도포한다.

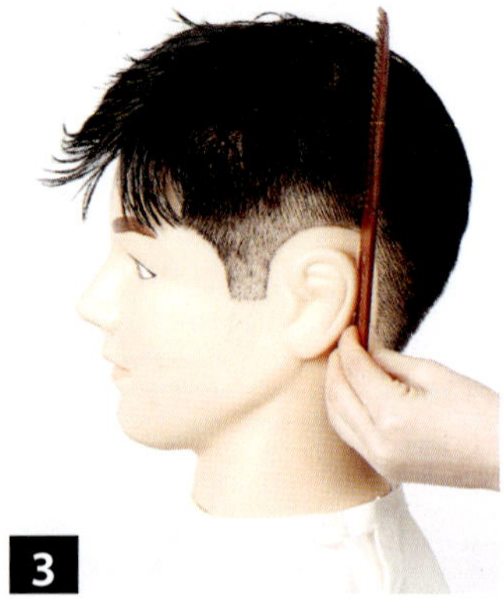

3. 귀 뒷부분까지만 가르마를 가른다.

4. 왼쪽 눈동자 중심부분에서 올라와 7:3으로 가르마를 가른다.

5. 가르마 부분에 열을 주어 가르마를 고정한다.

6. 가르마 부분부터 빗을 모근에 넣어 120° 당겨 볼륨을 주며 드라이한다.

7~9. 빗을 회전하며 모발 끝까지 드라이 한다.

10~11. 오른쪽으로 이동하며 모근에 열을 주어 볼륨을 만든다.

12. 페이스 라인 부분에 빗을 넣어 앞쪽으로 당겨 볼륨을 주며 드라이 한다.

13~14. 동일한 방법으로 진행한다.

15. 사이드 부분은 얼굴 앞쪽으로 빗을 당겨 드라이 한다.

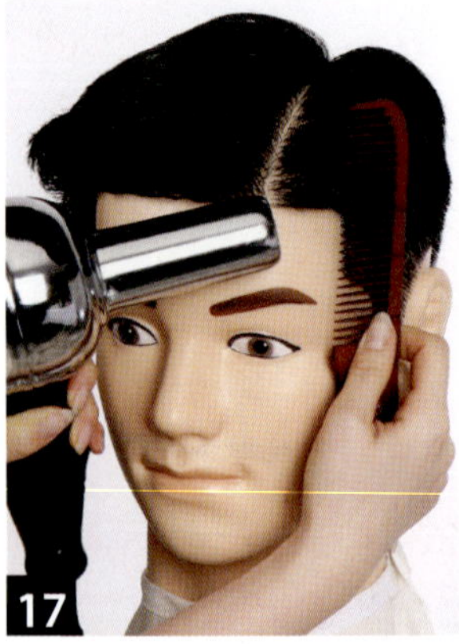

16. 왼쪽 사이드도 가르마쪽으로 당기며 볼륨을 주어 드라이 한다.

17~18. 페이스 라인 부분은 얼굴쪽으로 당겨 드라이한 후 빗 각도 60°로 눌러 드라이 한다.

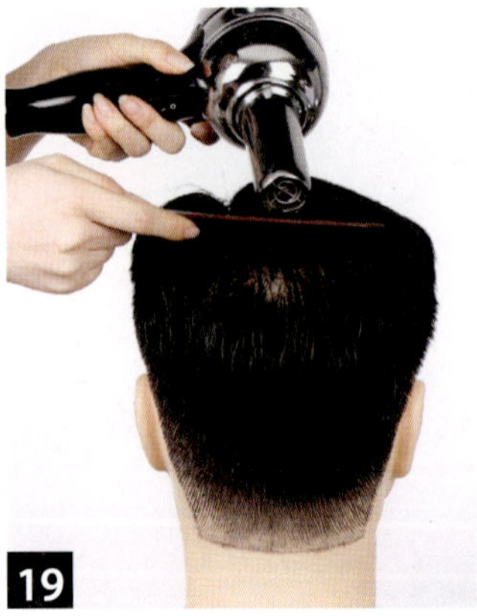

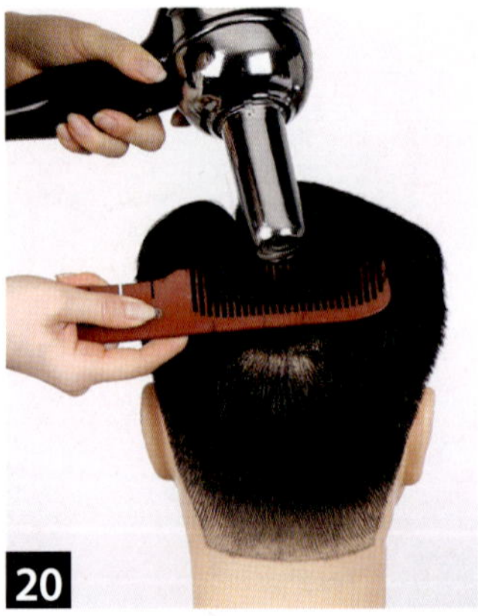

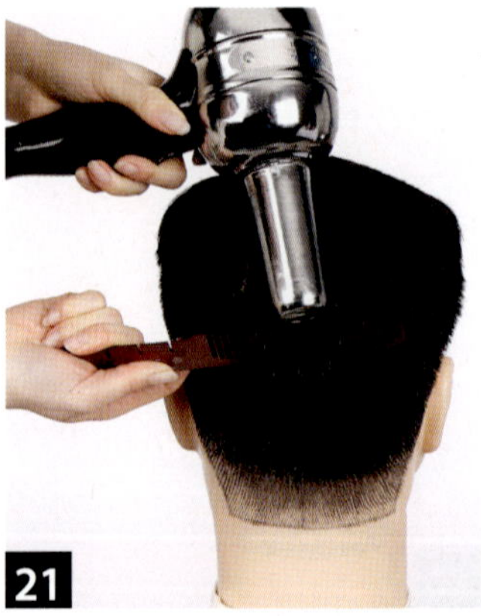

19~21. G.P 부분부터 볼륨을 주며 B.P로 갈수록 자연스러운 볼륨이 생기도록 드라이한다.

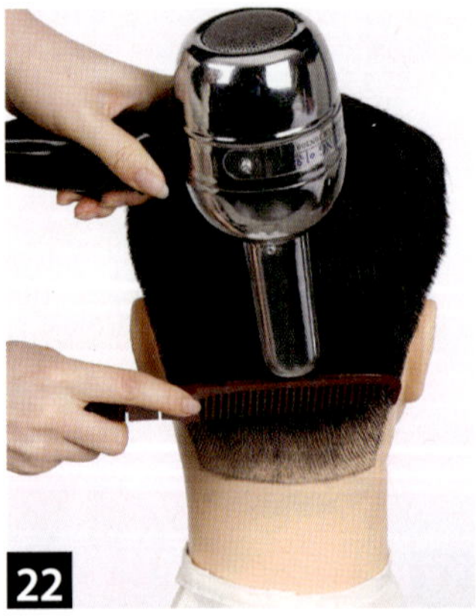

22. 네이프 부분을 빗질하여 두상에 밀착시킨다.

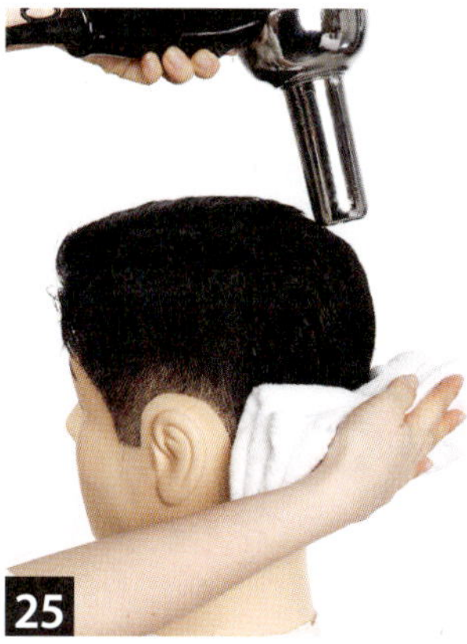

23~25. 사이드와 네이프 라인에 수건을 대고 열을 주어 60° 각도로 눌러 준다.

26. 완성된 앞모습

27. 완성된 왼쪽 모습

28. 완성된 오른쪽 모습

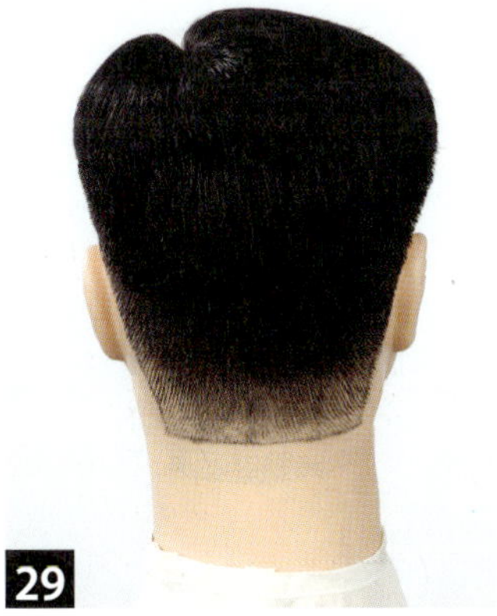

29. 완성된 뒷모습

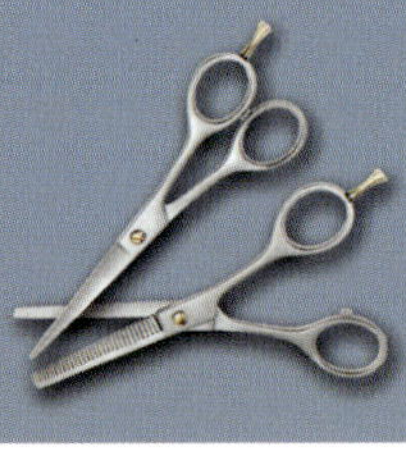

(9) 아이론 (작업시간 20분)

1) 아이론 정의

모발에 열을 가해 웨이브나 컬을 만드는 기구로 모발을 감는 프롱과 감싸는 그루브로 이루어져 있다.

2) 작업순서

가발 세척하기 → 재커트하기 → 센터 중심으로 수평와인딩하기 → 양쪽 사이드 사선 와인딩하기 → 정리 정돈

3) 유의사항

① 배열, 균일성에 유의하며 와인딩한다.

② 120~140°의 적정 온도를 유지하도록 한다.

4) 아이론 방향

5) 사전준비사항

수건 2장, 분무기, 샴푸, 샴푸보(앞장)

6) 시술절차

보통 조발형

12mm 아이론을 사용하여 센터 중심으로 수평 9개, 양사이드 사선 5개 이상 와인딩

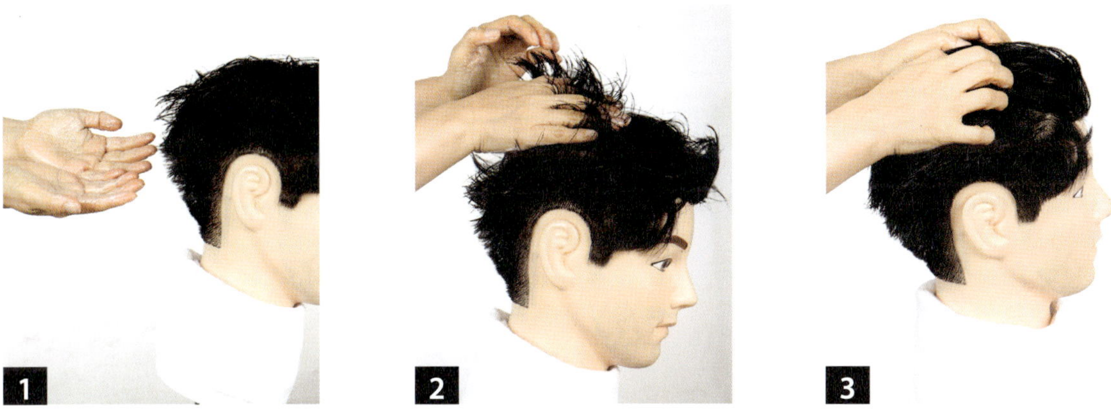

1~3. 목수건을 두르고 아이론 오일을 모발에 고루 도포한 후 올백으로 빗질한다.

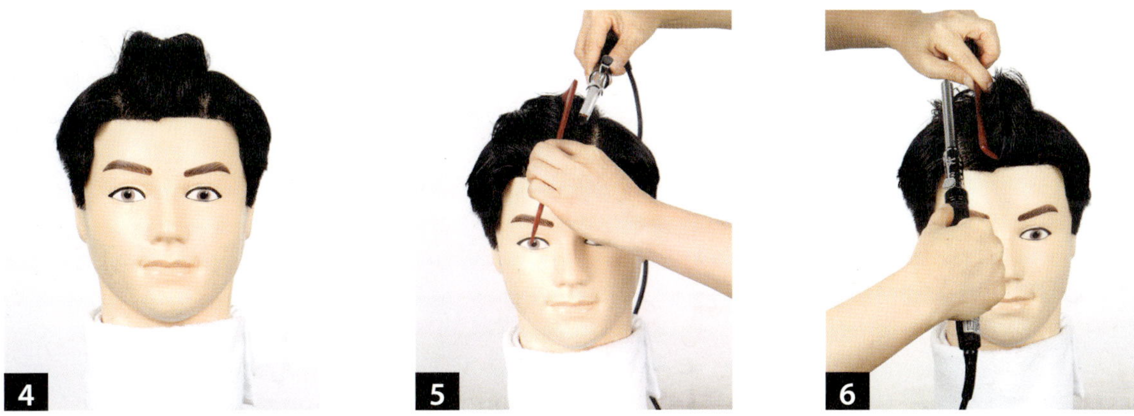

4~6. 양 눈동자를 중심으로 센터를 잡아 아이론으로 가르마 부위에 열을 주어 모근을 고정한다.

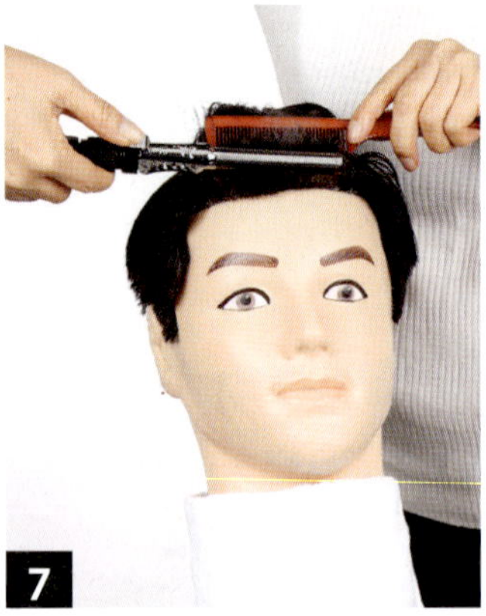

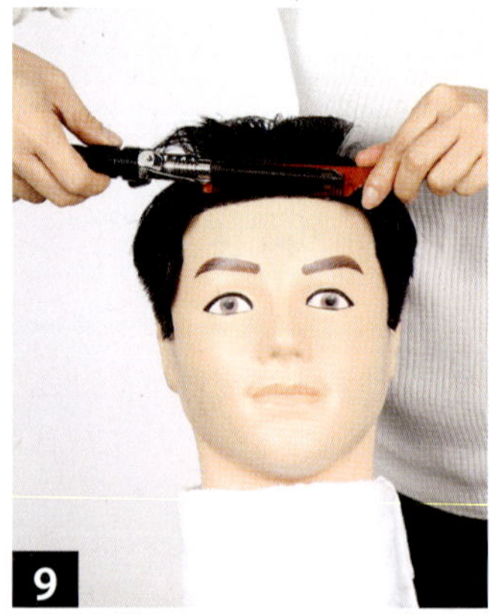

7~9. 아이론 빗으로 뒤로 빗질하고 아이론 지름 만큼 섹션을 떠내어 와인딩한다.

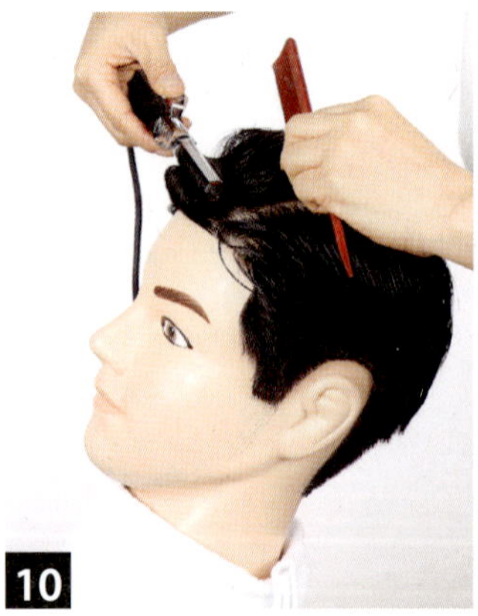

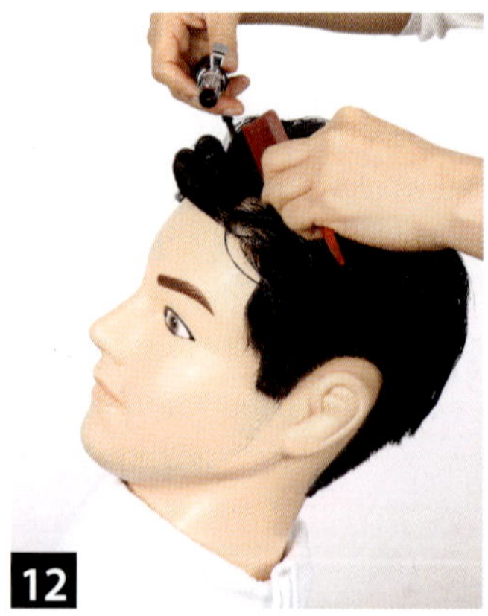

10~12. 와인딩 시 꼬리빗을 모근에 밀어 넣어 아이론이 두피에 닿지 않도록 하여 회전한다.

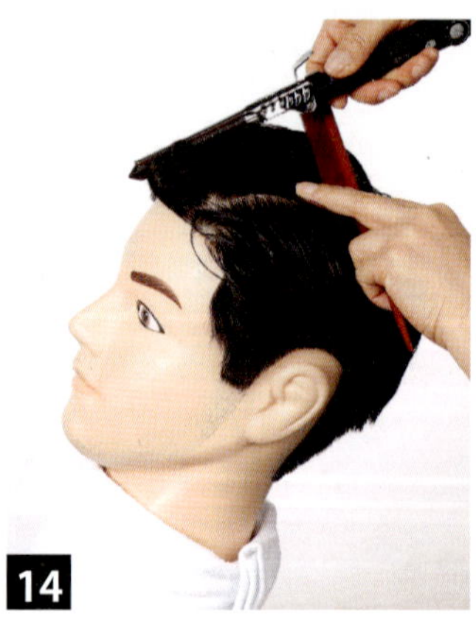

13~14. 양쪽 끝이 벌어지지 않도록 아이론으로 고정한다.

15. 온베이스로 잡아 와인딩한다.

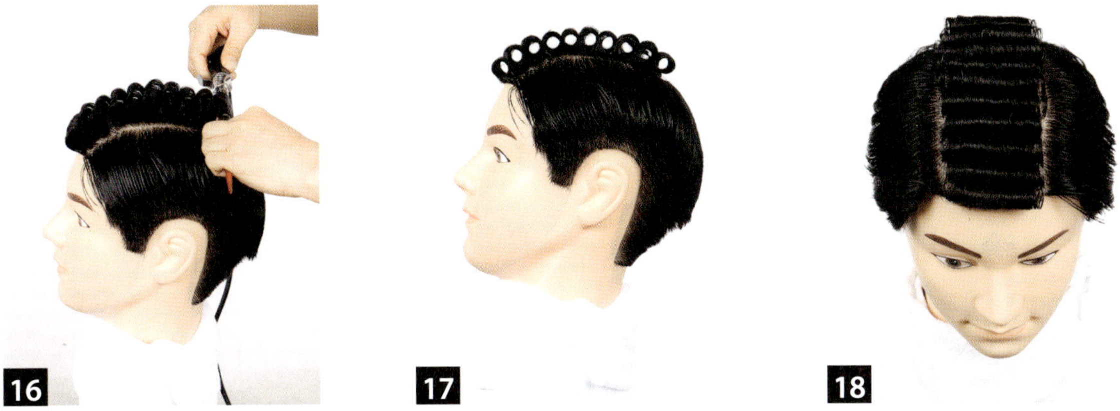

16~18. 동일한 방법으로 G.P까지 9개 이상으로 와인딩 한다.

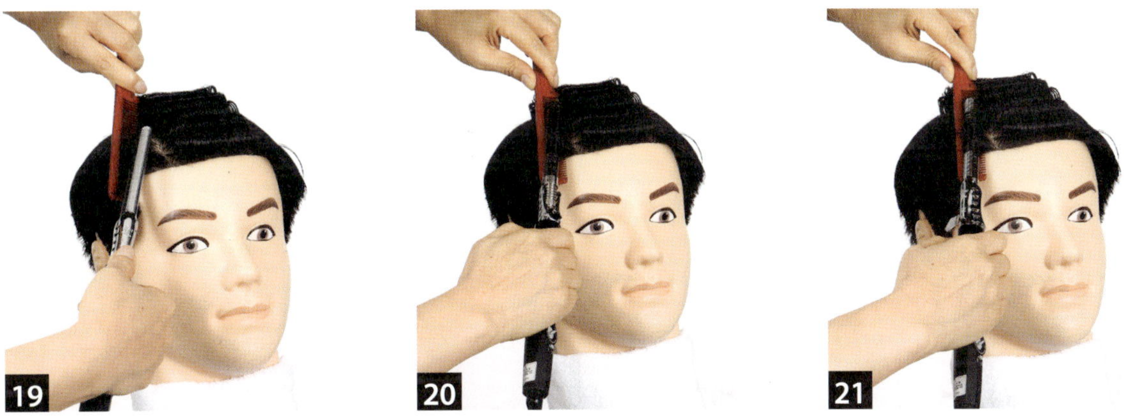

19~21. 사이드 부분은 사선 섹션을 나누어 온베이스로 들어올려 와인딩한다.

22~24. 동일한 방법으로 와인딩하여 진행한다.

25~26. 사선섹션으로 5개 이상의 롤이 와인딩 될 수 있도록 진행한다.

27. 반대쪽 사이드도 동일한 방법으로 진행한다.

28. 완성된 앞모습

29. 완성된 왼쪽 모습

30. 완성된 오른쪽 모습

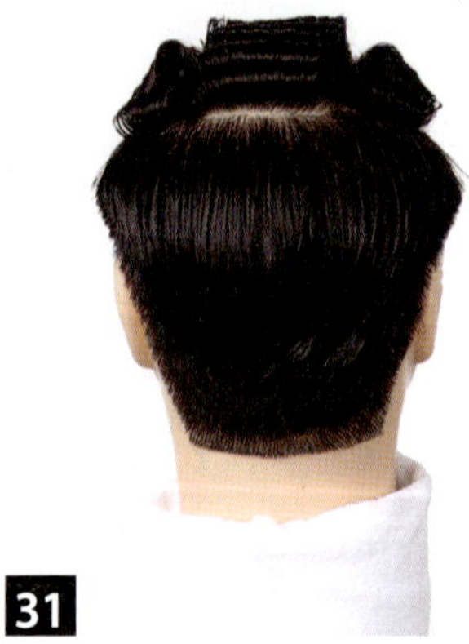

31. 완성된 뒷모습

32. 완성된 윗모습

장교머리형

- 보통 조발형 아이론과 동일한 방법으로 진행한다.
- 12mm 아이론을 사용하여 센터 중심으로 수평 9개, 양사이드 사선 5개 이상 와인딩

1. 완성된 앞모습

2. 완성된 왼쪽 모습

3. 완성된 오른쪽 모습

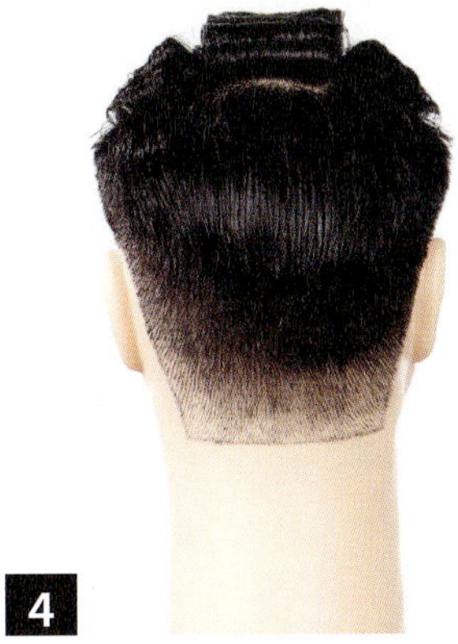

4. 완성된 뒷모습

5. 완성된 윗모습

라운드 브로스 둥근 스포츠형

6mm 아이론을 사용하여 센터 중심으로 수평 9개, 양사이드 사선 5개 이상 와인딩

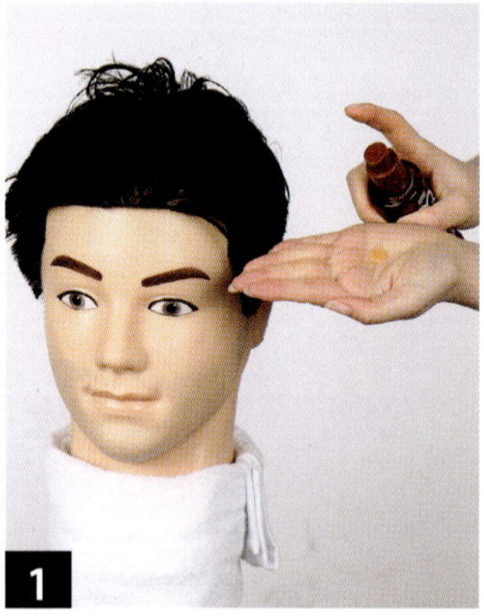

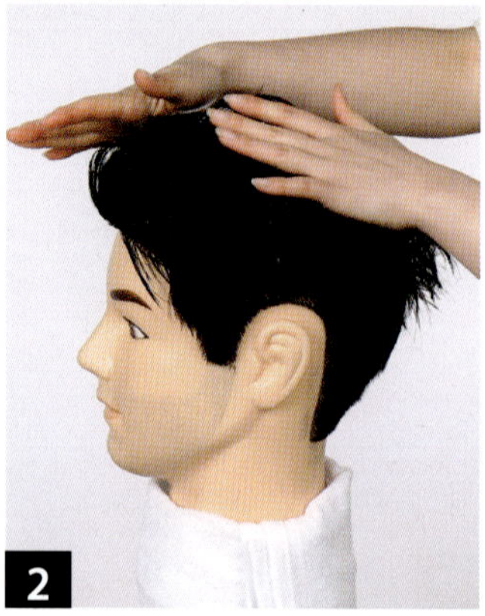

1~2. 목 수건을 두르고 아이론 오일을 모발 전체에 도포한다.

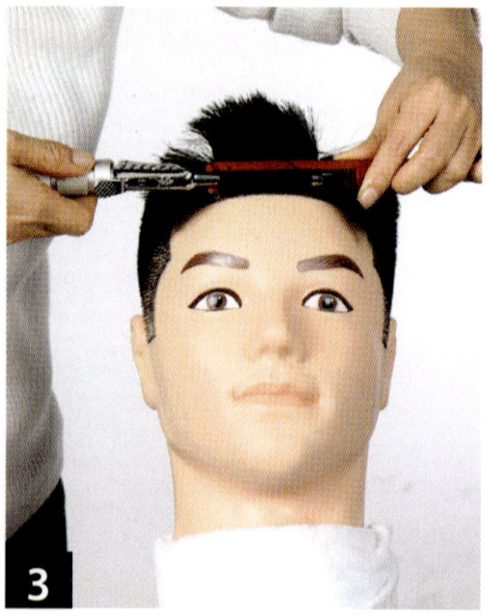

3. 센터 부분의 가르마를 나눈 뒤 아이론 롯드 직경만큼 섹션을 떠 와인딩한다.

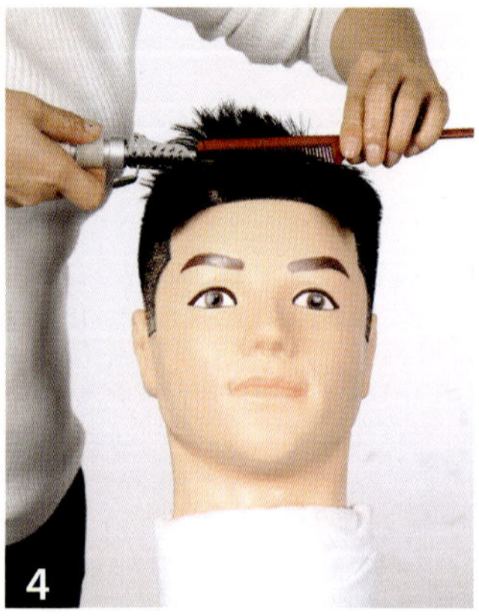

4~5. 동일한 방법으로 온베이스로 들어올려 와인딩하며 9개 이상 수평 롤을 만든다.

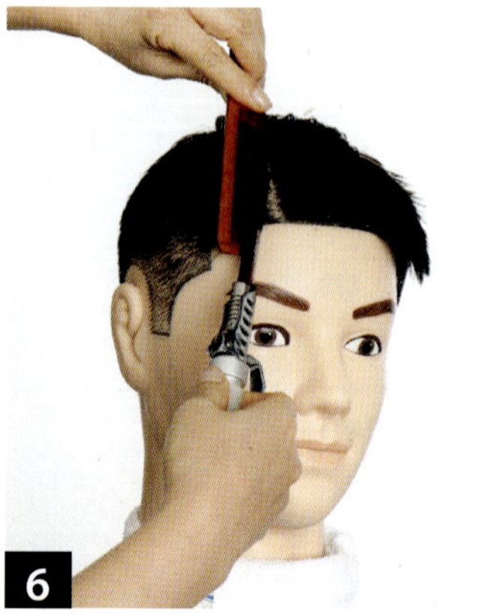

6. 왼쪽 사이드는 사선 섹션을 나눈다.

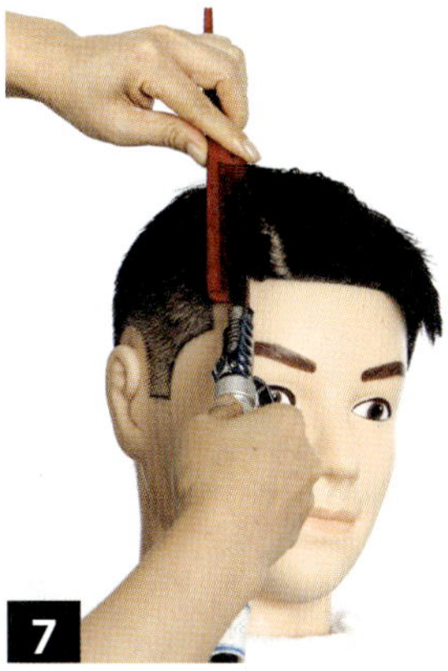

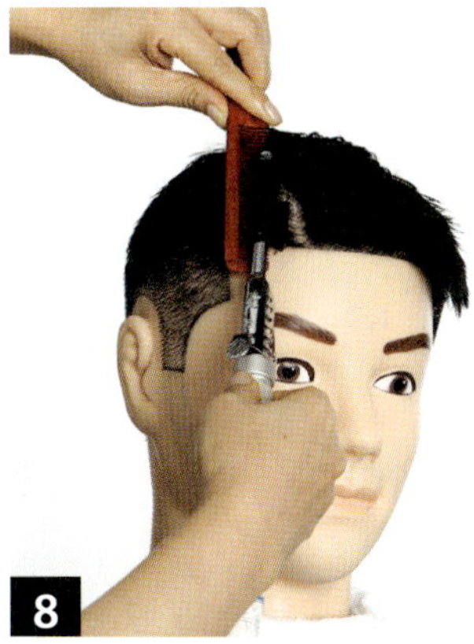

7~9. 섹션과 동일하게 아이론을 온베이스로 잡아 5개 이상 와인딩 한다.

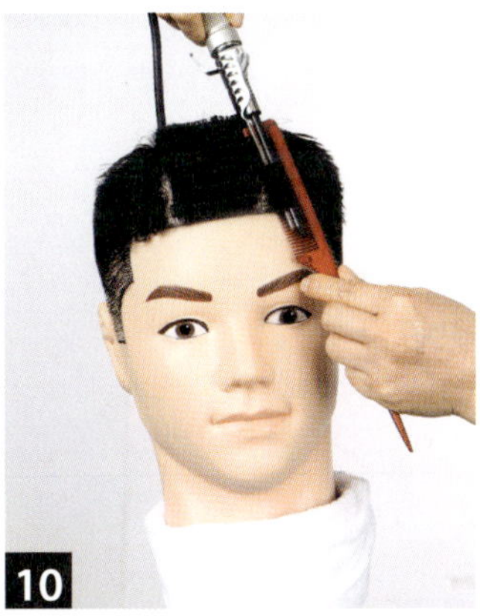

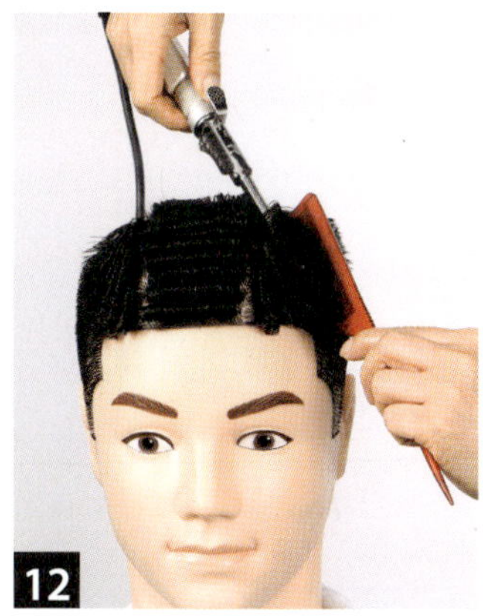

10~12. 오른쪽 사이드도 동일하게 진행한다.

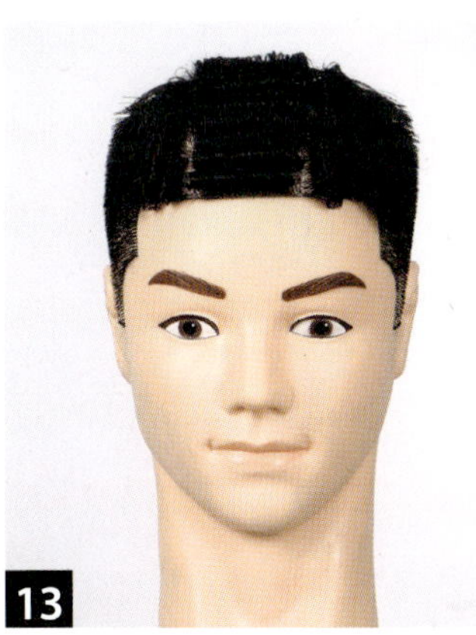

13. 완성된 앞모습

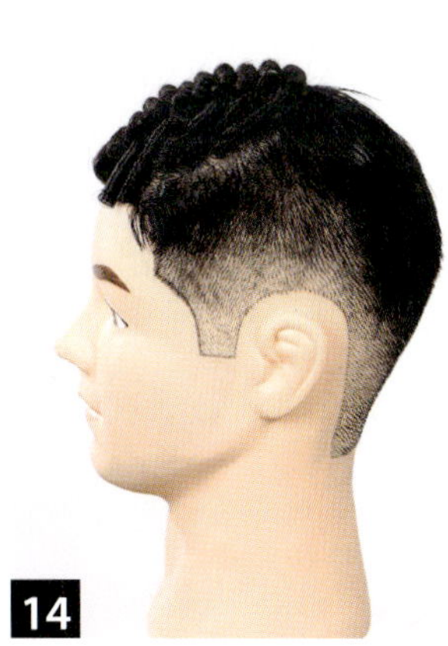

14. 완성된 왼쪽 모습

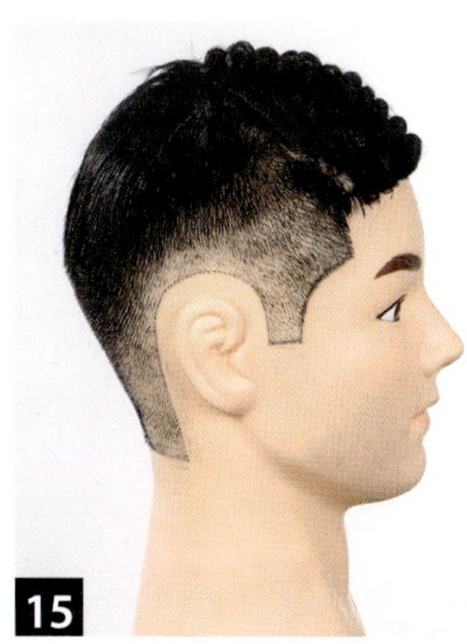

15. 완성된 오른쪽 모습

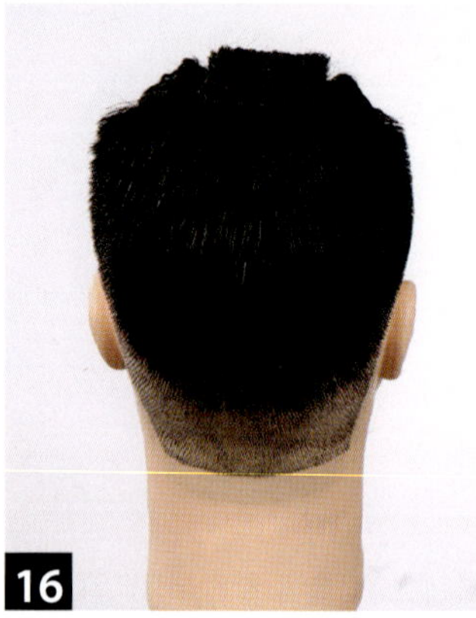

16. 완성된 뒷모습

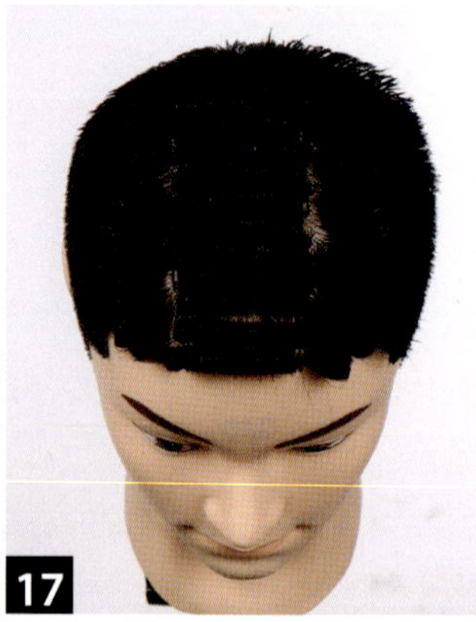

17. 완성된 윗모습

■ 커트 용어

ㄱ

가는 빗살(Fine teeth comb)
빗살의 간격이 좁아 빗질 시 강한 텐션에 의해 세밀하게 빗질된다.

가로 섹션(Horizontal section) 30p
평면에 대하여 수평인 섹션. 좌우 밸런스를 맞추기 쉬우며 적은 단차의 무거운 커트선을 만들기 쉽다.

가위(Scissors) 17p
일반적으로 블런트 커트(Blunt cut) 시 많이 사용되는 도구로, 패널을 단번에 커트하여 정돈된 선을 만든다.

가이드 라인(Guide Line) 91p
스타일을 만드는 데 기준이 되는 모발의 길이

각도(Angle) 20p
두상곡면에서 들어올려지는 층의 정도로서 상 하의 층과 모양을 결정한다. 일반각도와 자연각도로 나뉜다.

거친 빗(Coarse comb, Large comb)
긴 두발을 빨리 자르거나 거칠게 자를 때 이용되는 거친 빗살의 빗은 엄지와 인지로서 선회축의 빗등을 쥐고 떠내려 깎기 기법에 사용된다.

거친 빗살(Coarse teeth comb)
굵은 빗살은 빗살의 간격이 넓어 빗질 시 약한 텐션에 의해 부드럽게 마무리되는 라인이 생긴다.

거칠게 깎기(Prependicular distribution cut) 223p
전 처치 커트(Pre cut)에 해당하는 1차 커트 방법

건열(Mudcrack) 214p
섭씨 100℃ 이상의 건조한 열에 20분 이상 쪼이는 소독방법으로 태양광선, 화염 멸균법, 건열 멸균법, 소각 소독법이 건열에 해당된다.

고개 위치(Head position)
커트 시 고객 목의 위치. 모발의 분배, 즉 빗질 방향에 영향을 주며 똑바로, 옆으로 숙인자세, 앞으로 숙인자세가 있다.

고정 디자인 라인(Stationary D.L) 61p
모든 모발을 어느 한 점 혹은 하나의 선에 모아서 커트하는 것. (ex) High Layer

구조그래픽(Structure graphic) 24p
두개골의 곡선에 따른 모발의 길이배열을 구조적으로 그래픽화 시킨 것

그래쥬에이션(Graduation) 30p
아래의 모발이 짧고 위의 모발이 길게 커트되어 작은 단차가 생기며, 볼륨감과 무게감을 형성한다. 시술 각도의 정도에 따라 로우(Low), 미디움(Medium), 하이(High) 로 나뉜다.

그래쥬에이션 패턴(Graduation pattern)
헤어커트 패턴의 3가지 중 하나로 고객의 두발 길이를 그대로 놓고 어떻게 미세한 층을 지게 할 지 고려하는 것으로 헤어커트 시에도 디자인 라인(무게 선)이 눈으로 보기에 어떻게 변하여 가고 있는지를 감각적인 느낌으로서 알아야 한다.

그래쥬에이션형(Graduationform)
크레스트를 중심으로 외부에서 내부로 갈수록 두발 길이가 점진적으로 길어지는 구조. 자연시술각 상태에서 무게 선은 미세한 그라데이션을 이룬 것처럼 보인다. 외부의 활동적인 질감과 내부의 비활동적인 질감이 혼합된 무게(경사)선을 나타내며 형태 분석 시 삼각형으로 나타난다.

기법적 디자인 관찰
디자인을 결정할 때 관찰하는 3가지 관찰 종류 중 하나로 두상, 얼굴모양, 신체균형, 모류, 모질, 모량과 모발색 등을 고려

- 고객의 라이프 스타일과 헤어스타일에 대한 선호도 등을 고려.
- 디자인을 시각화하기 위해 고객의 신체적, 정서적 조건을 면밀히 고려.

기본관찰 19p
1차적 관찰로서 단순한 시각적 관찰. 즉, 디자인의 전체적 외형의 윤곽, 실루엣을 관찰하는 단계. ex) 디자인의 윤곽(머리형)을 살피는 것

끌어깎기(In cut over direction) 35p
가윗날 끝을 왼손의 모지 완충면 위에 고정한 후 시술자 앞으로 당겨주며, 동인을 연속으로 개폐 조작시키는 커트 기법

ㄴ

나칭(Notching) 41p
가위, 레이저, 바리캉을 사용하여 모발길이를 잘라내거나 제거하거나 무게감을 줄이기 위해 모다발의 표면이나 모발 끝을 따라 적용. 이 기법은 모발 끝을 따라 45° 각도로 지그재그의 움직임이 있는 형태선을 만들어 2개의 선이 두껍고 불규칙한 질감을 만들어 낸다.

네이프 존(Nape Zone)
E.B.P~B.P까지의 지점을 연결한 영역. 길이, 언더라인, 모발의 두께, 무게감을 형성한다.

네이프(Nape) 25p
목덜미

네이프 라인(Nape Line) 26p
E.B.P에서 N.P에 이르기까지의 부위

노멀 테이퍼링(Normal tapering) 38p
모다발의 1/2지점에서 모량(숱)을 감소하는 질감 기법

ㄷ

다중 디자인 라인(Multiple D.L)
High Layer 커트 시 둘 이상의 디자인 라인을 사용하는 것. 엑스테리어 부분의 길이가 충분하지 않을 때, 또다른 새로운 디자인 라인을 만들어 사용한다.

단발가위(Bobscissors)
가위 중심부에서 앞쪽이 뒤쪽보다 약간 짧다.

가위 날판의 부피가 두꺼우며, 가윗날의 넓이는 2.5~3mm 정도로 좁게 갈아서 사용.

길고 강한 두발이나 솔리드형 에주로 사용.

단차(Stepped pulley) 20p
모발이 거듭 포개져 생긴 위와 아래의 차이. 층

대조(Contrast) 18p
서로 상반되는 요소들이 인접해 있는 것을 말하며, 상반되는 요소들이 다양한 디자인을 만들어 낸다.

댄디 커트(Dandy Hair cut) 54p

댄디 커트는 앞머리 부분은 보통 앞으로 내리며, 전체적으로 머리는 가볍지 않으면서 거친 이미지보다 직선적이고 부드러우면서 클래식한 느낌이고 질감처리는 끝을 무겁게 처리한다. 머리의 위쪽은 볼륨을 강하게 넣어 모던한 스타일을 만들어주며, 헤어스타일을 만들기 쉽다. 대부분 정장, 캐주얼 등의 어떠한 패션 스타일도 잘 어울리고 단정하면서 세련된 헤어커트이다.

돌려깎기(Around rotation cut) 35p

빗을 시계방향 또는 시계반대방향으로 돌려가며 커트하는 기법으로, 부드러운 곡선라인을 연출하며 주로 귀 주변에서 많이 사용되는 기법

두상 위치(Head position) 33p

머리 형태의 결과에 가장 직접적인 영향을 주는 요소. 두상의 위치는 똑바로(Upright), 앞 숙임(Forward), 옆 기울임(Tilter) 등이 있다.

두정융기

T.P를 기준으로 스퀘어라인으로 위로 빗질

디렉션(Direction)

방향

디자인 라인

동일한 각도를 유지하면서 자르므로 단차가 일정하다.

디자인의 원리 18p

디자인 원리를 디자인 법칙이라고도 하며 반복, 교대, 대조, 강조, 진행, 조화, 비조화가 있다.

디자인의 요소 18p

형태, 질감, 컬러로서 헤어커트에 가장 중요한 요소는 형태(Form)

딥 테이퍼링(Deep tapering) 38p

모량이 많은 사람의 모발을 제거시키기 위해 사용되는 기법으로서 모다발 끝에서 2/3 정도를 테이퍼하는 방식

떠내려깎기(Shearovercomb cut)

빗살 밖으로 거칠게 깎는 기법으로서 위에서부터 빗으로 두발을 떠내어 나온 긴 두발을 잘라 형태를 만들며 하향으로 커트

떠올려 깎기(Shearupcomb cut) 36p

아래서부터 빗으로 두발을 떠내어 빗살 밖으로 나온 긴 두발을 잘라 형태를 만들며 상향으로 커트

ㄹ

라인 틴닝(Line thinning) 43p

커트 형태선에서 질감을 정리하는 방법으로 가위의 자국을 최소화하거나 손질이 쉽도록 방향성을 만드는 질감 기법

라인, 선(Line) 13p

직선 또는 곡선의 연속된 점들이 모여 선이된다. 1차원

라인드로잉(Line drawing)

두개피부 관점에서 두상에 그어진 선. 전체 영역에서 드러나는 선(형태선)을 의미

레이어(Layer) 19p

위가 짧고 밑이 긴 두발의 길이 구조 상태로서 두피에 대해서 90° 이상으로 들어서 자르는 기법. 두발 길이는 동일하나 두상 자체가 이루는 각도에 의해 단차를 갖는다.

레이어드 형(Layered form)
내측 두발과 외측 두발 간의 큰 단차로서 중력에 의한 자연시술각은 길어지는 구조. 일반시술각에서 흐름은 두개 곡면을 따라 분산되므로 활동적인 원형 또는 타원형으로 나타난다.

레이어드형 패턴(Layered form pattern)
헤어커트 패턴의 3가지 중 하나로 두상 내에서 탑의 짧은 길이와 헤어 라인의 길이를 어떻게 연결할지 고려하는 것으로 인(In layer line) 또는 아웃(Out layer line)커트 방법이 있다.

레이저(Razor) 36p
테이퍼(Taper)의 부드러움과 모발 끝이 연결되는 질감에서 경쾌함, 매끈함, 율동감 등의 이미지를 갖게 하는 커트 도구

레져 로테이션(Razor Rotation) 36p
레져 회전 기법으로 주로 네이프 부분에 사용하며, 레저와 빗이 원형을 그리면서 회전하여 모발에 대한 무게를 제거시켜 부피감을 줄이고 커트 선의 연결감을 더해주는 기법

레져 아킹(Razor arcing) 36p
레져를 모발의 안쪽에서 모발을 들어 올리면서 홀을 그리듯이 커트하는 기법. 들어올리는 각도에 따라 층이 달라진다.

레져 에칭(Razor eating) 36p
모발과 레져가 예각(약 45° 정도)으로 쳐내듯이 커트하는 기법

레져 필링(Razor pilling) 36p
모발 다발에 레져를 90° 각도로 넣어 뜯듯이 커트하는 기법

레져(Razor) 36p
모발길이의 중간 부분에 수직으로 긁어내듯이 질감 처리하여 가볍고 부드러운 스타일을 만들 때 사용되는 도구

로우 그래쥬에이션(Low Graduation)
낮은 시술각으로 1~30° 이하의 낮은 경사선과 무게 선이 생기는 커트

롱 스트로크(Long Stroke)
모다발에 대해 가윗날은 45°~90° 정도 개폐하면서 잘린 두발길이와 모량은 깊게, 많이 제거된다.

루트 틴닝(Roots thinning) 35p
모근부분의 모량 조절과 버릇머리가 있는 곳의 강한 모류를 교정하기 위한 질감 기법

리젠트 커트(Rresent Hair cut) 47p
앞머리 부분을 위로 세우듯이 넘겨서 연출하며, 대표적으로 1950년대 스타일의 아이콘이었던 엘비스 프레슬리(Elvis Presley)를 예로 들을 수 있다.

ㅁ

머릿결(질감, Hair texture) 11p
촉각과 시각으로 느낄 수 있는 표면의 질, 매끄럽고 거친 정도의 느낌. 엑티베이트, 언엑티베이트가 있다.

머쉬룸 커트(Mushroom Hair cut)
전체적으로 라인이 둥근 느낌으로 바가지머리, 버섯머리, 초코송이라 일컫는다. 미소년 같은 이미지와 귀엽고, 깜찍함을 강조하는 헤어커트이다.

면(Face) 113p
선이 모여 만들어낸 평평한 표면(삼각형, 사각형, 원 등)

모던(Modern) 37p
간결하고 도시적인 현대적 이미지

모량 10p
모발의 밀도. 머리 숱의 정도

모류 12p
모발의 방향

모양 10p
선(가로선과 세로선)이 결합하여 모양을 만든다. 헤어디자인의 모양은 형태선으로서 바깥 경계 또는 윤곽으로 나타난다.

모질 12p
모발의 질감

모히칸 커트(Mohican Hair cut) 49p
모히칸 인디언의 헤어스타일로 수탉의 벼슬 모양처럼 가운데 부분만 기르고 좌우를 깎거나 삭발을 하는 헤어스타일

목뒤 선
얼굴선(발제선)에 해당되며 목뒤 선 – N.P를 중심으로 양 측면의 N.S.P를 연결하는 선

목옆 선
얼굴선(발제선)에 해당되며 목옆 선 – E.S.C.P에서 N.S.P까지 연결하는 선

무게 17p
특정한 부분에 모발이 모이는 것

물리적 소독법
커트 사용 도구의 소독법 중 하나로 건열, 습열, 비열이 있다.

미듐 그래쥬에이션(Medium Graduation)
중간 시술각으로 31~60° 이하의 중간 경사선으로 무게 선이 생기는 커트

미디엄 스트로크(Medium stroke)
모다발에 대해 가윗날은 10°~45° 정도로 개폐하면서 두발 길이와 모량은 중간 정도 제거된다.

밀어 깎기(Out cut over direction)
두발길이를 미세하게 제거시키는 방법. 정인의 가윗날 끝을 왼손 엄지에 고정하여 밀어주며, 동인을 연속으로 개폐조작시키는 커트기법
개폐시 일정 각도를 유지하기 위해 중지, 약지, 소지가 두개 피부에 지지하여 순조로운 움직임을 조작하는 역할

ㅂ

바리캉(Clipper) 37p
잘라 마무리하기 위해 또는 극히 짧게 모발을 밀어 올릴 때 주로 사용하는 커트 기계

방사선 섹션(Radial section) 23p
피봇섹션이라고도 하며, 탑을 중심으로 두상의 곡면을 따라 나눈 섹션

방향(Drection) 10p
선의 진로(상, 하, 좌, 우)

방향빗질(Directional Distribution)
두상의 곡면으로부터 모발을 위로, 옆으로, 뒤로 빗질된다.
두정융기, 측두융기, 후두융기가 있다.

방향성 35p
방향이 나타내는 특성

백 존(Back Zone)
G.P~B.P 사이의 영역. 무게감(Weight), 흐름 컨트롤

버즈 커트(Buzz cut)
바리캉을 두개 피부면에 대고 자르는 짧은 남성 커트 스타일로 일명 삭발 또는 반삭발 스타일

베벨언더(Bevel under) 36p
레져를 이용하여 모발 안쪽에 경사를 주는 질감 기법

베벨업(Bevel up) 36p
레져를 이용하여 모발 바깥쪽에 경사를 주는 질감 기법

베이스(Base) 20p
파팅과 파팅 사이의 모다발

베이직(Basic) 46p
기초. 기본

변형빗질(Shifted direction)
내 임의로 정해서 빗는 빗질. 자연 빗질, 직각빗질 외의 모든 빗질

보정커트
커트의 형태선 보정과 모량조절을 말한다.

불규칙라인
규칙에서 벗어나 있거나 규칙이 없는 라인

브로스 커트(Broth cut) 215p
브러시의 솔 부분처럼 짧게 깎인 스타일로 일명 스포츠 스타일이라고. '솔, 브러시(Brosse)'라는 뜻의 프랑스어에서 유래되었다.

블런트 가위(Blunt scissors)
조발 가위(Big scissors)와 단발 가위(Mini scissors)로 나뉘며 가위는 손가락의 연장선으로서 커트 작업을 하고자 하는 의도대로 자유자재로 움직일 수 있다.

블런트 커트(Blunt cut) 30p
직선으로 커트 하는 방법. 커트라인이 강하고 정교하게 잘려진 형태로 깨끗한 라인을 만들 때 사용

블로킹(Blocking) 50p

블록커트(Block cut) 30p
모량이 적은 사람 혹은 빠른 시간 내 커트를 끝내고자 할 때 많은 양의 모발을 한꺼번에 자르는 방법

비대칭 커트(Asymmetric Hair cut)
비대칭 헤어커트는 좌, 우가 대칭이 되지 않는 조화롭지 않은 스타일을 말한다.

비연결 그라데이션(Non blended gradation)
내측보다 외측(후두면의 하부) 두발이 짧아 두발길이에 극도의 대조감을 이룬다. 내측보다 외측이 짧은 모양이 되도록 두발의 길이에 15~45° 정도 단차를 주어 층을 낸다.

비열
자외선 멸균법, 방사선 멸균법, 여과 멸균법, 초음파 멸균법과같은 광선을 활용한 멸균법

비평행 손 자세
파팅과 평행하지 않은 손 자세

빗질(Combing, Distribution) 22p
분배라고도 하며 모발을 빗질하는 방향 또는 각도를 포함하여 일컫는다.

ㅅ

사선 섹션(Diagonal section) 23p
평면에 대하여 사선인 섹션. 그래쥬에이션 스타일에 주로 사용되며 부드러운 볼륨감을 형성한다.

사이드 베이스(Side base)
베이스의 한쪽면으로 접점이 형성되는 것이며 한 쪽 길이를 길어지게 만들 때 사용한다.

사이드 존(Side Zone)
F.S.P~E.B.P 사이의 영역. 측면 실루엣, 흐름 컨트롤, 방향(A라인/U라인)을 형성

상용 면도기(Ordinary razor)
보통의 칼 모양으로 된 면도기로서 자루 면도, 양도, 일도, 페더 면도 등으로 구분된다.

색상(Color)
시각적인 착시효과로 인해 팽창과 수축, 생동감을 나타내는 것으로 방향, 깊이감, 부피감 등에 영향을 미치며 수치화(1~10Lv) 할 수 있다.

서브 섹션(Serve section)
모발 관점에서 블로킹된 영역을 다시 1~1.5cm 정도로 파팅을 작게 나누었을 때 상하, 좌우로 섹션이 구획 되는 것

선 10p
점과 점이 연속되어 이루어지는 조형요소

세로 섹션(Vertical section) 22p
평면에 대하여 수직인 섹션. 가벼운 단차를 내기 쉬우며 주로 세임 레이어 커트 시 사용

세임 레이어(Same Layer)
일반각도(두상각도) 90°의 커트. 전체적으로 두상의 곡면으로부터 동일한 길이의 커트. 거친 질감을 표현하며 무게감을 나타내지 않는 액티베이트한 질감의 커트

섹션(Section) 22p
커트를 좀 더 쉽고 편리하게 하기 위해 작게 나누는 방법. 섹션에는 Horizontal(가로)섹션, Vertical(세로)섹션, Diagonal(사선)섹션, Radial(방사선)섹션이 있다.

섹셔닝(Sectioning)
디자인적 의도에 따라 영역화 하는 것

센터 파트(Center Part) 18p
정중선이라고도 하며 C.P에서 N.P에 이르기까지의 선

솎음깎기(Taper shear cut) 29p

두발의 일정량을 골고루 정확하게 사이사이를 솎아 내거나 불필요한 모발을 제거 및 필요한 스타일에 맞게 전체 두발의 양을 조정하는 커팅법

손 위치

파팅(두상)에 대한 손 위치(평행, 비평행)

손가락과 도구 위치(Finger & Tool position)

섹션과 빗질에 따른 자르기 전의 손가락 위치는 평행 또는 비평행

솔리드형(Solid form)

두발 동일선상(내측과 외측)으로 맞추는 커트 기법을 통해 솔리드(덩어리) 형태를 갖는다.

솔리드형 패턴(Solid form pattern)

헤어 커트 패턴의 3가지 중 하나로 무게와 부피감이 없이 "자연스럽게 흘러 내린 곳을 자르는 것"으로서 중력에 의해(시술각 0°) 겹쳐 떨어진 부분을 갖는다.

쇼트 스트로크(Short stroke)

모다발에 대해 가윗날은 0°~10° 정도로 개폐하면서 자르며, 적은 모량이 제거된다.

수정깎기(Crosscheck cut)

모든 깎기 작업의 마지막에 행하는 자르기 기법

수평라인(Parallel line) 111p

직선형의 스타일을 만들고자 할 때 이용된다. 강하고 분명한 이미지이다. 일자라인이라 불리기도 한다.

스트록 가위(Stroke scissors)

가위 양날이 스트레이트 형이 아닌 콘벡스 형으로 곡선의 양 만큼 가위가 미끄러지면서 커트되는 가위

스트록 커트(Stroke cut)

커트라인의 깔끔한 직선 부분을 만들지 않고 깃털처럼 가볍게(일명 샤기컷) 질감을 표현할 때 가위나 레져를 이용하여 커트하는 방법

스파니엘(Spaniel)

앞 내림형으로서 사선(전대각), 컨케이브 라인으로 연결된다.

스포츠 커트(Sports Hair cut) 48p

전체를 하나의 사각 형태로 머리 모양을 연출한 뒤, 뒷머리와 옆머리를 매우 짧게 올려쳐주는 형태

슬라이드(Slide) 30p

모다발을 잡고 가윗날을 벌려 모다발 끝을 향해 미끄러지듯이 훑어내리면서 자르는 방법으로, 레이저 대신 가위를 이용

커트 형태선을 따라 모류 흐름대로 모다발 표면으로 가위가 미끄러지듯이 자르는 방법

슬라이드(Slide) 30p

모다발에 가위를 개폐했다 오므렸다 하면서 미끄러지듯이 커트하는 질감 기법

슬라이싱 가위(Slicing scissors) 35p

슬라이싱 커트(slicing cut)를 위한 가위로 C커브 모양으로 외곡선이 된 가위

슬리더링(Slithering) 30p

가위를 이용하여 모다발을 틴닝하는 것으로 모발 표면(질감)의 머리카락을 훑어내리는 듯한 방법으로 모량을 감소시키는 방법

습열

자비 소독법, 고압 증기 멸균법, 유통 증기 멸균법, 저온 살균법, 순간 멸균법과 같은 습한 열을 사용한 소독법

시술각(Projection) 75p

두상으로부터 모발이 빗질되는 시술각은 자연 시술각(0°), 낮은 시술각(1~30°), 중간 시술각(31~60°), 높은 시술각(61~89°), 직각 시술각(90°) 등이 있다.

시저 오버 콤(Scissor over comb) 기법

쇼트커트 시 주로 사용하는 기법으로서, 빗으로 방향성을 잡고 빗 밖으로 튀어 나온 모발을 가위의 정인을 빗 위에 놓고 동인만 이용하여 커트하는 기법

신체적 디자인 관찰

디자인을 결정할 때 관찰하는 3가지 관찰 종류 중 하나로 헤어스타일리스트는 고객이 살롱에 들어오자마자 문 앞에 서서 3분 정도 짧은 대화를 나눈다(고객의 얼굴, 두상, 신체 모양, 이미지 등 파악). 그 후 자리를 안내하여 질감과 모량, 모류, 모발색 등의 특성들을 분석한다.

ㅇ

아웃 커트(Out cut)

손등을 향하여 자르는 커트

아이비리그(Ivyleague, Princeton) 커트 스타일

아이비리그는 미국 동부에 있는 8개의 명문 대학을 통틀어 말한 것으로, 대학의 학생들이 즐겨하는 아주 깔끔한 남자헤어스타일. 후두부에서 전두부로 올수록 두발 길이를 길게하는 전형적인 상고스타일로 전두부의 두발길이가 가르마를 탈 수 있을 정도의 긴 길이로 마무리하는 것이 특징이며, 인테리어와 엑스테리어는 커넥션 또는 디스커넥션으로 디자인할 수 있다.

앞 내림형

두부라인의 명칭 중 하나로 후대각이 오른쪽 왼쪽으로 향해 연결되었을 때 컨케이브 라인이 된다.

앞 올림형

두부라인의 명칭 중 하나로 전대각이 오른쪽 왼쪽으로 향해 연결되었을 때 컨벡스 라인이 된다.

앞머리(Fringe/Front) 13p

얼굴의 앞쪽으로 흐르는 모발

얼굴선

얼굴선(발제선)에 해당되며 C.P를 중심으로 양 측면의 E.S.C.P를 연결하는 선

얼굴형 10p

얼굴의 형태

업 베이스(Up base) 21p

베이스의 패널 위쪽으로 당겨 잡는 것. 수평 파팅이나 사선 파팅에서 위로 들어 아래 길이를 증가시킬 때 사용한다.

엑스테리어(Exterior) 17p

두상의 가장 넓은 부분인 크레스트를 중심으로 아랫 부분

엔드 테이퍼링(End tapering) 30p

모발 다발의 1/3 지점에서 숱량을 감소하는 질감 기법

엘리베이션(Elevation)

각도, 들어올리기

역곡선

움직임이 반대되는 두 개의 곡선이 연결된 선. 즉, 컨케이브와 컨벡스가 한 형태에서 이루어진 것

연결 그라데이션(Blended gradation)
모자(Cap)를 엎어 놓은 것과 같은 모양으로서 연결 무게는 수평 또는 수직의 디자인 라인에 의해 형성된다.

연속 깎기(Elevation over comb cut) 27p
짧은 두발의 형태를 만들거나, 긴 두발을 다듬어줄 때 가장 많이 사용되는 기법. 빗 운행 시 두개피부의 면을 따라 이동하면서 가위를 빗 각도에 맞게 조절하여 연속 동작으로 조작된다.

오프 더 베이스(Off the base) 21p
베이스에서 벗어난 상태로서 길이의 기준에 따라 많이 증가 또는 감소시킬 때 사용한다.

온 더 베이스(On the base) 20p
폭의 중앙에 접점이 형성되는 것이며 좌우 길이를 동일하게 같은 길이로 커트할 때 사용한다.

원랭스(One length, Solid) 19p
모발을 중력 방향으로 빗질하여 단차 없이 동일한 하나의 선과 형태이다. 네이프에서 탑으로 갈수록 모발의 길이가 점점 길어진다. 층이 전혀 없는 스타일로 매끄러운 질감이 형성되며 단정한 이미지, 무거운 이미지, 차가운 이미지이다.

유니폼 레이어드 형(Unifrom Layered form)
두개골의 곡면과 평행되게 모발을 잘랐을 때 두상 내(레벨과 존을 포함) 모발은 균일한 길이를 유지함으로써 활동적 질감을 만들어 낸다. 두상곡면에서의 곡선적인 곡면으로 라운드(Round) 느낌의 모양

이너 틴닝(Thinning) 35p
골격이 납작하거나 튀어나온 곳을 보정하기 위한 커트 방법

이동 디자인 라인(Mobile D.L) 55p
커트 된 모발의 일부분을 다음 커트할 섹션의 길이 디자인으로 사용하는 것. (ex) 세임레이어, 그래쥬에이션

이사도라(Isadora)
앞 올림형으로서 사선(후대각), 컨벡스 라인으로 연결된다.

이어 투 이어 파트(Ear to Ear Part) 18p
측중선이라고도 하며 E.P에서 T.P를 지나 반대편 E.P까지 이르는 선

인 커트(In cut)
손바닥을 향하여 자르는 커트

인크리스 레이어 형
내측에서 외측으로 점진적으로 두발 길이가 길어지는 구조로서 활동적인 표면의 질감을 만들며 헤어스타일의 모양은 곡선적인 면과 단차의 이동이 크다.

인테리어(Interior) 17p
두상의 가장 넓은 부분인 크레스트를 중심으로 한 윗 부분

일반각도(General Fall) 19p
두상에 의한 각도, 모발을 두상의 곡면에서 90°로 들어올린 상태로서 디자인의 길이 배열을 분석할 수 있다.

ㅈ

자연각도(Natural Fall) 19p
중력에 의한 각도(천체축을 중심), 중력에 의해 모발이 자연스럽게 늘어뜨려지는 상태. 원랭스, 그래쥬에이션 커트에 사용

자연빗질(Natural comb)
두상의 곡면으로부터 자연스럽게 흘러 내린 모발 상태로서 각도가 전혀 없는 0° 로 빗질 된다.

전강가위
가윗날과 몸체 전체가 특수강철로 이루어졌다.

전개도
헤어커트 형태의 패턴을 도식화한 것

전대각 12p
앞쪽이 길어지는 모양. 모발이 얼굴면을 향해 흐르는 대각선

정밀 관찰 11p
신체적 특징과 구체적 특징의 비교 관찰

정서적 디자인 관찰
디자인을 결정할 때 관찰하는 3가지 관찰 종류 중 하나로 디자인을 연출하기 위해 고객의 모습에 따른 생활양식과 성격, 고객 자신의 모발에 대한 선호 정도를 파악한다.

정중선 18p
두부라인의 명칭 중 하나로 프런트 센터 라인, C.P~G.P까지 이어지는 선. 혹은 백 센터 라인, G.P~N.P까지 이어지는 선을 말한다.

조발(調髮) 가위
가위 중심부에서 앞날 쪽은 길고 뒤쪽 날은 짧다.
가윗날은 가윗날 판의 부피에 따라 3~4mm 정도로 넓게 갈아서 사용. 보통 조발과 특수 조발에 공통적으로 사용

조화 10p
비슷한 단위들의 어울리는 혼합

지간깎기(Planar cut technique, Fingers horizontally cut) 26p
빗으로 올린 두발을 왼손으로 검지와 중지 사이에 끼고 일정하게 커트하는 것. 지간깎기는 손등을 향해 자르는 아웃커트와 손바닥을 향해 자르는 인커트가 있다.

직각빗질(Perpendicular Direction)
수직빗질, 파팅선에서 직각의 빗질

직선 13p
천체축에 의한 4가지 기본 직선(수평선, 수직선, 우대각선, 좌대각선)

진행 10p
점진적으로 차차 커지거나 작아지는 변화의 패턴

질감 10p
시각적 혹은 촉각적인 표면의 느낌

질적 분석 11p
물질의 성질, 특성 등을 관찰, 분석

ㅊ

착강가위
가윗날 협신부는 특수 강철이며 몸체는 연질 강철로 이루어졌다.

천체축 19p
직선, 곡선, 각도, 방향을 나타내는 기호

추상적 관찰 11p
기본과 정밀을 발판으로 구조로서의 형태적인 길이 배열과 해부학적 높이를 이용. 일반시술각이 갖는 두상의 곡면으로부터 90°로 펼쳤을 때에 대한 전개도

측두선
두부라인의 명칭 중 하나로 오른쪽 및 왼쪽 파트라인을 말한다.

측두융기
측두면 융기점을 기준으로 귀 방향 바깥쪽의 옆으로 빗질

측수직선
두부라인 의 명칭 중 하나로 T.P~E.B.P까지 이어지는 선을 말한다.

측수평선
두부라인의 명칭 중 하나로 사이드 포인트에서 T.P로 이어지는 선, 사이드 포인트에서 G.P로 이어지는 선, 사이드 포인트에서 B.P로 이어지는 선을 말한다.

ㅋ

커트 빗(Sculpting comb) 24p
짧은 길이의 두발을 자를 때 사용하는 빗으로서 중지에 빗살 끝이 닿으면 엄지는 빗등에 대고 손가락을 오목이 원을 두르듯 인지는 빗살몸체 부분에 살짝 갖다 댄 후 중지를 엄지 쪽으로 굽혀지므로 연속된 떠올려 깎기(Elevation) 빗 동작이 취해진다.

컨벡스(Convex) 16p
U자형 볼록곡선, 구의 바깥(exterior)처럼 바깥쪽으로 휘어진 형상

컨케이브(Concave) 16p
A자형, 오목곡선, 두상(bone structure)의 둥근 형태와는 역으로 아치 상태로 되어 있는 라인

콤 커트(Comb cut) 30p
최소한의 텐션으로 커트하고자 할 때 빗살로 모발을 고정하여 커트하는 방식

크기 10p
사물의 넓이, 부피, 양 따위의 큰 정도

크라운 존(Crown Zone)
C.T.M.P~G.B.N.P 사이의 영역. 볼륨, 입체감을 형성

크레스트(Crest) 17p
두상의 가장 넓은 부분

크로스 체크(Cross check) 87p
서로 교차하여 길이를 체크하는 방법(가로커트는 세로체크, 세로커트는 가로체크)

ㅌ

테이퍼 빗(Taper comb)
두께가 가장 얇으며 좁은 부분에서 약간 넓은 부분으로 연결되어 있다. 이 빗은 인지로 빗살 부분을 잡고 엄지로 빗등을 잡는다. 빗살은 양쪽으로 되어 있는데 짧은 두발은 두께가 가장 얇은부분으로 자르거나 디자인 라인을 정리하고 가장자리(Perimeter, Out line)를 다듬는 데 쓰인다.

테이퍼링(Tapering) 30p
끝을 점점 가늘게 하는 기법으로 주로 양감을 조절하여 형(形)을 정리하는 질감 처리 기법. 모다발의 지점에 따른(엔드, 노멀, 딥) 테이퍼링과 볼륨과 생동감에 따른(컨투어, 익스텐션, 폼라인) 테이퍼링으로 나뉜다.

테크닉(Technic) 26p
훌륭하게 해내는 기술이나 능력

텍스춰라이징(Texturizing)
커트 라인 작업이 끝난 후 모발의 방향성, 디자인의 생동감 또는 확장감을 더해주기 위해 커트 라인의 가장자리나 형태 내의 모발에 질감을 만들어 주는 것

텐션(Tension) 30p
팽팽함, 당김 정도

투블럭 커트(Two-blocks Hair cut) 143p
투블럭 헤어 커트는 파트를 둘로 나누어 시작하며, 옆머리와 뒷머리의 뻗치기 쉬운 머리를 짧게 커트하고, 윗머리는 기장에 따라 다양한 헤어 커트를 만들어 내는 스타일이다.

트위스트베이스(Twist base) 21p
베이스를 잡고 비튼 것으로 차이가 많은 서로 다른 길이를 연결할 때 사용한다.

틴닝(Thining) 35p
끝을 자르거나 머리 숱이 많은 곳을 쳐내는 기법

틴닝가위(Thinning scissors, Taper shear) 35p
한쪽날은 곧고 한쪽날은 톱니모양으로 모발 끝을 불규칙하게 만들기 위해 사용되는 도구, 라인 커트가 끝난 후 모량을 조절하고자 할 때 사용

ㅍ

파팅(Parting) 20p
모발 관점에서 원하는 파트 방향을 기점으로 상하, 좌우로 나누는 것을 의미한다.

페이드(Fade) 커트 스타일
'점차 흐릿해지다, 희미해지다'라는 뜻의 '페이드(Fade)'를 적용한 헤어스타일로 엑스테리어 부분의 그라데이션 표현이 잘 되도록 커트하는 것이 중요하다.

페이스라인(Face Line) 18p
얼굴 주변의 모발이 나기 시작한 부위

평면 그라데이션
평면 커팅은 그라데이션형과 혼합하여 크레스트 아래 부분(Exterior)에서 짧은 사각형을 만들어낸다.

평면 인크리스
크레스트 윗부분(Interior)에서 평면 커팅된 스타일로서 짧은 길이 형태의 커트 기법

평면 커트(Square or Planar sculpting)
모발 길이의 빗질 방향(毛流, Hair direction)을 일컫는다. 이는 두정면의 두발을 두정융기(Top) 위로 똑바로 직각 방향(Perpendicular direction)으로 빗질하여 자르는 방법

평면 커팅(Planar sculpting)
방향 분배에 의해 만들어지며 천정면의 두발을 똑바로 위로 빗질하거나 떠내 빗어 두정융기를 기점으로 수직평행하게 커트

평행 보브
수평 일직선의 덩어리 모양 스타일

평행 손 자세
파팅과 평행한 손 자세

포마드(Pomade) 43p
반고체의 젤리형의 제품으로 광택과 두발을 정리하는 데 사용하는 스타일링 제품으로 식물성 포마드의 주원료는 피마자 오일과 목납이고, 광물성 포마드는 바세린을 주원료로 하여 식물성보다 끈적임이 적다.

포인트커트(Point cut) 30p
패널에 대해서 비스듬한 각도로 커트하는 기법이며, 모발 끝의 모량을 감소시키고 아웃라인을 부드럽게 만든다.

포인팅(Pointing) 34p
가위 끝이 손가락에서 모발 끝을 향하게 하면서 커트를 하는 것

포인팅(pointing) 기법
가윗날 끝을 45°로 세워서 모다발의 끝을 불규칙하게 커트하는 기법

프리베이스(Free base) 20p
온 더 베이스와 사이드 베이스 사이에 있는 베이스이며, 미세한 길이 증가 또는 감소시킬 때 사용한다.

프린지 존(Fringe/Front Zone) 17p
T.P~F.S.P 사이의 영역. 앞머리(bang), 인상, 이미지 컨트롤

ㅎ

하관
광대뼈를 중심으로 얼굴의 아래쪽 턱 부분

하이 그래쥬에이션(High Graduation) 121p
높은 시술각으로 61~89° 이하의 높은 경사선과 무게 선이 생기는 커트

하이레이어(High Layer) 19p
일반각도 90° 이상의 커트. 위에서 아래로 갈수록 모발이 길어지며 단차가 많이 생기는 커트. 거친 질감을 표현하며 움직임의 표현이 많은 자유로운 이미지

햄라인(Hem Line) 18p

두상에서 모발이 나기 시작하는 전체 부위

헤어 로션(Hair lotion) 258p

모발에 유분과 수분을 주어 광택과 유연성을 부여하며, 열로부터 모발을 보호하며 헤어 스타일 지속성을 높이는 스타일링 제품

헤어 모이스처(Hair moisture)

헤어 스타일 연출 전 모발에 수분 공급을 위해 사용하며 엉킨 모발의 빗질을 용이하게 하는 액상타입 스타일링 제품으로 분무하여 사용

헤어무스(Hairmousse)

분사제를 이용한 거품 형태의 제품으로 용기를 충분히 흔들어 고르게 형성된 거품을 약간 젖은 모발에 도포하여 원하는 스타일로 쉽게 스타일링하는 스타일링 제품

헤어 스프레이(Hair spray)

세팅한 모발에 골고루 분사하여 스타일을 유지시키는 에어로졸타입의 스타일링 제품으로서 세팅력이 우수하며, 스타일링시 모양을 장시간 고정시킬 수 있다.

가스 주입식과 분사형이 있으며, 자연스러운 연출을 위해 모발에서 약 20cm 정도의 거리에서 분무

헤어 앰플(Hair ample)

비타민, 식물성 오일, 아미노산 등을 함유하고 있어 펌이나 염색 등으로 거칠어진 모발에 영양과 수분을 공급하는 제품이며 도포 후 헹구어 내지 않는다.

헤어 에센스(Hair essence)

투명한 기름으로 점성이 작은 유성 물질을 주원료로 사용하여 모발에 유분 공급, 광택, 유연성을 주고 모발보호와 윤기를 부여하는 스타일링 제품. 두피쪽에 도포하면 기름져 보일 수 있으므로 주의하며, 젖은 모발과 마른 모발에 모두 사용이 가능하다.

헤어 왁스(Hair wax)

자연스러운 스타일 연출이 가능하며 지속력과 고정력이 좋고 굳지 않아 변형이 가능한 장점이 있는 스타일링 제품. 껌 타입(볼륨용), 크리스털 타입(웨이브용), 크림 타입이 있으며 짧은 모발의 포인트나 거친 질감 표현 시 사용

헤어젤(Hair gel)

짧은 모발에 효과적이며 젖거나 마른 모발에 모두 사용할 수 있는 스타일링 제품. 수지를 첨가한 젤리 상태의 스타일링제로 세팅력이 우수하며 촉촉한 윤기를 부여

헤어 커트(Hair cut) 8p

모발 길이 변화의 결과물. 즉, 상하의 층, 좌우의 베이스의 변화를 포함한 길이 변화의 결과물이다.

헤어토닉(Hair tonic)

두발용 향수로서 혈액 순환을 촉진시키고 생리 기능을 높이며 가려움과 비듬을 억제하여 모근을 강하게 하는 효과가 있다.

헤어디자인(Hair design)

가장 아름다운 헤어스타일을 창출하기 위한 디자인적 구성계획. 디자인 요소(형태, 질감, 컬러)와 디자인 원리(법칙)를 적절히 위치하고 배열하여 고객에게 가장 조화롭고 아름다운 헤어스타일을 완성하는 것

헤어 세트 로션(Hair setting lotion)

도포 후 헤어드라이가 가능한 스타일링 제품. 타월 드라이 후 사용하며 강한 세팅 효과가 있다.

헤어 스타일(Hair style) 10p

머리카락의 모양을 낸 형(型). 머리 모양

헤어 타투(Hair tattoo)

미니 바리캉을 이용하여 직선, 곡선, 면, 문양 등을 작업하여 스타일을 만드는 것을 말한다.

형태면이 겹쳐 3차원 입체(3D)를 나타냄

형태선(Form line) 12p

바깥 경계 또는 윤곽, 커트의 형태선을 사용하느냐에 따라 부각되고 강조가 될 수 있다.

혼합 디자인 라인

자연스러운 단차가 나면서 무게감을 더해 주고자 할 때 그래쥬에이션, 인크리스 레이어드 형태가 갖는 헤어커트 스타일

혼합(진행+정점) 디자인 라인

정점 디자인 라인은 무게감을 더해 주고자 할 때 사용되며 자연스런 단차가 나면서 무게감이 생긴다.

혼합형 11p

둘 이상이 모여 하나로 이루어진 형

혼합형 커트

4가지 기본형(원랭스, 그래쥬에이션, 하이 레이어, 세임 레이어)을 2가지 이상 혼합한 커트

화학적 소독법

커트 사용 도구의 소독법 중 하나로 알코올, 포름알데히드, 역성비누, 약용비누, 과산화수소, 승홍수, 머큐로크롬, 크레졸, 석탄산류(페놀화합류) 등의 화학적 제품을 사용하여 행하는 소독법

후대각 12p

뒷쪽이 길어지는 모양. 모발이 백으로 향해 흐르는 대각선

후두융기

B.P를 기준으로 귀 반대 방향인 뒤로 빗질

참고문헌

1) 공복례, 배호, 김경득(2015). Men's Cut, 구민사.

2) 김민석(2016). 연령별 남성 헤어커트스타일 인식 및 선호도 연구. 건국대학교 산업대학원, 향장미용학과 뷰티싸이언스.

3) 김순희(2016). 헤어커트에 있어서 커트 블럭의 량과 모발의 길이, 섹션 라인의 변화에 따른 헤어스타일의 형태 변화에 관한 연구-원랭스 커트와 인크리스 레이어 커트를 중심으로. 한국미용학회지, 22(6), 1341-1351.

4) 김혜민,이재숙(2017), 남성 헤어커트 섹션 분할 연구, 한국미용학회지, Vol.23 No.4

5) 노진태(2002). Formular Cut Book, 대명출판사.

6) 문금순. (2007). 섹션의 형태와 시술 각도에 따른보브스타일 (Bob style) 변형 연구. 서경대학교 미용예술대학원 석사학위논문.

7) 박상국,서윤경(2009). 섹션의 변화를 활용한 헤어디자인 연구. 한국인체미용예술학회지, 10, 127-138.

8) 이재숙, 우선제, 김용순, 전소리, 문소희(2017). Basic Cut Pro, 구민사.

9) Q-net(2016). 이용사 출제기준(2016.7.1.~2020.12.31). 한국산업인력공단.

10) Q-net(2017). 2017년 이용사 공개문제(보통조발)_신_Vol_1.3. 한국산업인력공단

11) Q-net(2017). 2017년 이용사 공개문제(장교머리형)_신_Vol.1.2. 한국산업인력공단

12) Q-net(2017). 2017년 이용사 공개문제(라운드브로스)_신_Vol_1.2. 한국산업인력공단

BASIC MAN'S CUT PRO | 베이직 맨즈 컷 프로 |

초판 인쇄 | 2018년 10월 1일
초판 발행 | 2018년 10월 5일
초판 2쇄 발행 | 2022년 10월 31일

지은이 | 이재숙, 김용순, 전소리, 문소희

발행인 | 조규백
발행처 | 도서출판 구민사
서울특별시 영등포구 문래북로 116, 604호 (문래동 3가 46, 트리플렉스)

전화 | 02.701.7421~2
팩스 | 02.3273.9642
홈페이지 | www.kuhminsa.co.kr

신고번호 | 제2012-000055호(1980년 2월 4일)
I S B N | 979-11-5813-572-0 (93590)

값 30,000원